第二版

电路（上）

李裕能　夏长征　主编

WUHAN UNIVERSITY PRESS

武汉大学出版社

图书在版编目(CIP)数据

电路. 上/李裕能,夏长征主编. —2 版.—武汉:武汉大学出版社,2014.9
(2025.1 重印)
　ISBN 978-7-307-13907-7

　Ⅰ.电…　Ⅱ.①李…　②夏…　Ⅲ.电路理论—高等学校—教材
Ⅳ.TM13

　中国版本图书馆 CIP 数据核字(2014)第 172921 号

责任编辑:胡　艳　　　责任校对:鄢春梅　　　版式设计:马　佳

出版发行:**武汉大学出版社**　　(430072　武昌　珞珈山)
　　　　　(电子邮箱:cbs22@whu.edu.cn 网址:www.wdp.com.cn)
印刷:武汉邮科印务有限公司
开本:787×1092　1/16　　印张:13.75　　字数:322 千字　　插页:1
版次:2004 年 7 月第 1 版　　2014 年 9 月第 2 版
　　　2025 年 1 月第 2 版第 3 次印刷
ISBN 978-7-307-13907-7　　　　定价:27.00 元

前　言

　　"电路"是工科电类专业的一门重要的技术基础课,是大学生接触到的一门理论严密、逻辑性强、内容繁多而难以掌握的课程。通过本课程的学习,为后续课程的学习提供了具有一定深度和广度的电路理论知识。要真正学好这门课,并非易事,为此,本书力求遵循由浅入深、由易到难的原则,注重于基本原理、基本概念、基本分析方法的阐述,并尽力使难点分散。本书具有较完善的体系,在内容的编排上,充分考虑到学生的数学、物理基础;在内容的选择上,尽量满足电类各专业教学的需要。为了帮助读者深入理解基本概念和灵活选择分析方法,在书中引入了较多的例题,以便于读者自学;各章末还附有难易适度的练习题供教学选用。

　　电路理论主要包括电路分析和电路综合两个方面的内容,本书以电路分析为主。考虑到某些专业的教学需要,下册书末编入了磁路和电路计算机辅助分析简介。

　　全书以课内教学 130 学时编写的。书中第 3、4、5、6、7、8、9、10、11 章和附录 B 由李裕能编写;第 1、2、12、13、14、15 章和附录 A 由夏长征编写。全书承蒙杨宪章教授仔细审阅,并提出许多宝贵意见;本书编写过程中曾得到彭正未教授的指导;在书稿审订过程中,武汉大学电气工程学院电工原理教研室熊元新教授、胡钋副教授、樊亚东副教授等全体同仁提出了许多有益的建议。谨在此一并表示衷心感谢。

　　由于编者水平有限,谬误之处在所难免,恳请广大读者批评指正。

编　者

2014 年 6 月

目　　录

第1章 电路的基本概念和基本定律

本章介绍电路的基本概念和基本定律,所涉及到的内容主要有:电路和理想电路模型,电压和电流的概念及其参考方向,电功率和能量,三种基本的理想无源元件电阻、电感和电容的特性,理想电压源和理想电流源及实际电源的等效电路模型,受控电源的基本概念和基尔霍夫定律。

1.1 电路和电路模型

1.1.1 实际电路及其基本功能

随着社会的不断进步和科学技术的飞速发展,电几乎已渗透到社会生活的各个领域。各种各样的电力、电信及自动控制等设备随处可见,这些设备本身以及对它们供电或提供控制信号的系统就构成了实际的电路。这些实际电路通常由一些如电阻器、电容器、电感线圈及集成电路等电路部件按照一定的方式相互连接而构成。之所以称其为电路,是因为当这些设备及系统处于运行状态时,就会在其中形成电流流动的通路。

例如图 1-1 所示手电筒电路即为一最简单的实际电路,它由连接线将干电池、灯泡、开关连接而成。当开关闭合时,就会形成电流通路产生电流点亮灯泡。

利用实际电路可以实现各种各样的功能,概括起来主要有:

(1)实现能量的转换、传输和分配。典型的例子是电力系统。发电厂(站)的发电机将热能、水能、核能和风能等转换成电能,经变压器、输电线等输送给用户,再将电能转换成用户所需的机械能、光能和热能等。在系统中,提供电能的设备统称为电源,而吸收和消耗电能的设备则称为负载。

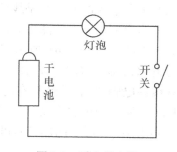

图 1-1 手电筒电路

(2)实现信号加工。利用适当的电路设备,可对给定的信号进行放大、滤波、调制和解调,以获取所需的信号。

(3)实现信息的储存、数学运算和设备运行的控制等。计算机中的寄存器和 CPU 就是典型的实现信息的储存和数学运算的电路,而实现控制功能的电路则不胜枚举。

1.1.2 电路模型

电路理论的主要任务是研究电路中所发生的电磁现象,而了解电路中各元器件的物理特性是研究电路的基本前提。由于研究电路的目标通常是计算电路中各器件的端电流和端子间的电压,一般不考虑器件内部发生的物理过程,因此可根据各(实际)元器件端部主要物理量间的约束关系对电路中的元器件进行理想化处理,获得理想化的元器件模型,再根据电路的实际连接情况将这些理想化元器件加以连接,就可建立起适当的电路模型。所以可将由理想元器件所构成的电路称之为实际电路的电路模型,简称电路模型。电路模型的建立使对电路的分析和计算更简便易行。

　　建立电路模型的首要任务是必须客观地反映实际电路中元器件的基本特性,因此在建立电路模型时要根据计算条件和计算精度要求突出主要矛盾,忽略次要因素,以获得适当的理想电路模型。

　　严格地说,所有实际电路元器件的特性都与其中所发生的电磁现象和过程有关。一般情况下,这些电磁现象和过程又与实际电路元器件的尺寸相关,但当元器件的尺寸远小于电路中工作的电磁波波长时,元器件尺寸的影响很小可近似忽略不计,此时可用若干个具有理想特性的集中元件或它们的组合来模拟实际电路元器件。这些具有理想特性的集中元件简称为集中元件,全部由集中的理想元件通过适当方式连接而成的电路模型称为集中参数电路模型,简称集中(参数)电路。当元器件的尺寸与电路中工作的电磁波波长相比较不是很小时,必须考虑电路元器件尺寸的影响,与此相应的电路模型称为分布参数电路模型,其内容将在后面章节介绍。

　　理想电路元件根据其与电路其他部分所连接的端子个数可划分为二端元件和多端元件,其中多端元件又可用若干个二端元件的组合来等效,因此,二端元件是最基本的电路元件。

　　严格地说,所有实际电路元器件的特性都是非线性的,但有时在计算精度允许的前提下可用近似的线性特性取代。这样处理后所得到的元件称为理想线性元件,简称线性元件。如电路中所包含的元件都是线性元件则对应的电路模型称为线性电路模型,简称线性电路。

　　电路模型采用电路图来表示,常用的理想电路元件国家标准电路图形符号如图 1-2 所示。其中图 1-2(a)、(b)所示图形符号分别表示理想电压源和理想电流源,为两种基本的理想电源,又称为有源元件;图 1-2(d)、(e)和(f)所示图形符号分别表示线性电阻、线性电容和线性电感,它们是最基本的电路元件,它们都不能产生电能量,因此又称为无源元件;图1-2(c)所示为理想电路开关,仅用来反映电路的通断状态。

　　利用图 1-2 所示图形符号可得到与图 1-1 所示手电筒电路对应的等效电路模型如图1-3所示。

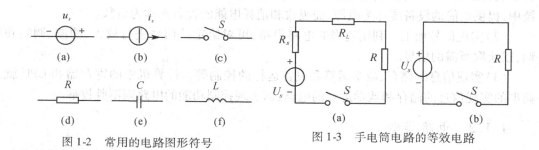

图 1-2　常用的电路图形符号　　　图 1-3　手电筒电路的等效电路

图 1-3(a)中,用理想直流电压源 U_s 和反映干电池内部损耗的电压源内电阻 R_s 的串联组合来等效表示原实际电路中作为电源的干电池;灯泡作为消耗能量的负载用线性电阻 R 来等效;而连接导线则用理想线性电阻 R_L 来代替。

通常电压源内电阻 R_s 和连接导线电阻 R_L 比负载电阻 R 小得多,在计算精度要求不高的情况下,有时可忽略 R_s 和 R_L 的影响,而采用图 1-3(b)所示的等效电路模型。

1.2 电流、电压及其参考方向

1.2.1 电流

在电场力的作用下,导体中的电荷作有规则的运动,从而形成电流。电流的强弱用单位时间内沿正电荷运动方向流过导体横截面的电荷量来衡量,称为电流强度,用符号 i 来表示,其数学表达式为

$$i = \frac{\mathrm{d}q}{\mathrm{d}t} \tag{1-1}$$

因此,电流即流过导体横截面的电荷量关于时间的变化率。式中,电荷量 q 的单位为库(C),时间 t 的单位为秒(s),电流的单位为安(A)。一般情况下,电流为时间 t 的函数,以小写字母 i 表示,称为瞬时电流。当电流为恒定值时称为直流电流,用大写字母 I 表示。

1.2.2 电位和电压

电场中电场力将单位正电荷从任意点 a 移到无穷远处所作的功称为点 a 处的电位,其数学表达式可写为

$$u_a = \int_a^\infty \boldsymbol{E} \cdot \mathrm{d}l \tag{1-2}$$

式中,u_a——电场中点 a 处的电位,单位为伏,V;

$\boldsymbol{E}$——电场强度矢量,单位为伏特每米,V/m;

l——积分路径的长度,单位为米,m。

从表达式可见,u_a 的值仅取决于点 a 的位置,与积分路径的选取无关。

电场中任意两点 a、b 之间的电位差称为 a、b 之间的电压降,简称电压,记为 u_{ab}。由式(1-2)可知

$$u_{ab} = u_a - u_b = \int_a^b \boldsymbol{E} \cdot \mathrm{d}l \tag{1-3}$$

因此,点 a、b 之间的电压就是电场力将单位正电荷从点 a 移到点 b 处所作的功。

由于点 a、b 的任意性,当 $u_a > u_b$ 时,$u_{ab} > 0$,电场力将单位正电荷从点 a 移到点 b 时作正功,ab 之间的这段电路将吸收能量。当 $u_a < u_b$ 时,$u_{ab} < 0$,电场力将单位正电荷从点 a 移到点 b 时作负功,ab 之间的这段电路将释放能量,此时实际上是外力作功,在电源内部即是这种情况。

在实际电路中,通常总是在电路中选定一个节点作零电位点或参考节点,而将其他节点与该节点之间的电压称为节点电位,因此电位是一个相对的概念。

3

1.2.3　直流电流、电压和正弦交变电流、电压

如前所述不随时间变化的电流称为直流电流。直流电流随时间变化的波形曲线如图1-4(a)所示,是一条平行于时间轴的直线。

同样,不随时间变化的电压称为直流电压,用大写英文字母 U 表示。直流电压随时间变化的波形曲线如图 1-4(b) 所示,也是一条平行于时间轴的直线。

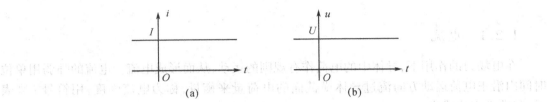

图 1-4　直流电流(压)的波形

电流(压)值随时间按正弦规律交变的电流(压)称为正弦交变电流(压),统称为正弦量。正弦交变电流(压)的数学表达式分别为

$$i(t) = I_{\mathrm{m}}\sin(\omega t + \psi_i)$$
$$u(t) = U_{\mathrm{m}}\sin(\omega t + \psi_u)$$

式中,$\omega t + \psi_i$——电流的相位角,单位为弧度,rad;

$\omega t + \psi_u$——电压的相位角,单位为弧度,rad;

ψ_i——正弦交变电流的初相角(位),即 $t=0$ 时电流的相位角;

ψ_u——正弦交变电压的初相角(位),即 $t=0$ 时电压的相位角;

I_{m}——正弦交变电流的幅值;

U_{m}——正弦交变电压的幅值;

ω——正弦交变电流(压)的角频率,单位为弧度每秒(rad/s),$\omega = 2\pi f$;

f——正弦交变电流(压)的频率,单位为赫兹,Hz。

正弦量的幅值、角频率和初相角是决定一个正弦量大小和变化规律的三个要素。正弦交变电流和电压的波形曲线如图 1-5 所示。由该图可见,一个正弦量的初相角并不是一成不变的,它们的大小与这些电量的计时起点有关。

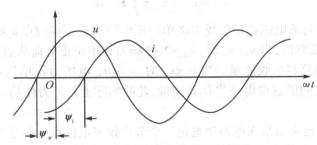

图 1-5　正弦交变电流(压)的波形

1.2.4 电流和电压的参考方向

导体中正电荷的运动方向即电流流动的方向,称为电流的实际方向,如图 1-6(a)、(b)所示,用带虚线段的箭头表示。而电压的实际方向则是指由实际高电位点指向实际低电位点的方向,通常将高电位点称为"+"极,低电位点称为"−"极,统称为电压的实际极性。电压的实际方向如图 1-6(c)、(d)所示。

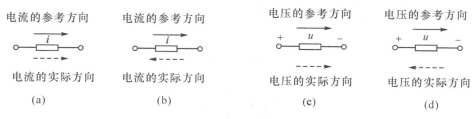

图 1-6 电流和电压的实际方向和参考方向的关系

对一些简单电路,各元件中电流和电压的实际方向比较容易确定。但对复杂电路,其某些元件中电流和电压的实际方向往往难以直接判断,而且在交流电路中,电流和电压的实际方向还会随时间而不断地改变。例如对图 1-7 所示直流电桥电路,当电桥处于不平衡状态时,通过检流计的电流和检流计两端电压的方向就只有通过计算来确定。

由于计算复杂电路各元件中的电流和电压时需列出电路方程,当元件中电流和电压的方向不确定的情况下,电路方程的列写缺乏依据,无法进行。为了解决此困难,可引入参考方向的概念。如图 1-6 所示,在任何二端电路元件上,电流和电压的实际方向都只有两种可能。所谓电流和电压的参考方向,就是在其两个实际方向中任取一个作为假定的方向,从而可将电流和电压当作代数量列写电路方程求解。电流的参考方向如图 1-6(a)、(b)所示,用带实线段的箭头表示。电压的参考方向如图 1-6(c)、(d)所示,用实线段箭头和标"+"极和"−"极两种方法表示。若电流和电压的实际方向和其参考方向一致,则计算所得结果将为正值,反之为负值,因此可结合参考方向和计算结果的正负来确定电流和电压的实际方向。

一般情况下,电流和电压的参考方向可以独立地任意指定,若如图 1-8(a)所示,取电流的参考方向从电压参考方向的"+"极指向"−"极,即两者参考方向一致时,就称电流和电压的这种参考方向为关联参考方向,否则(如图 1-8(b)所示)称为非关联参考方向。

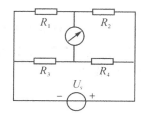

图 1-7 直流电桥电路

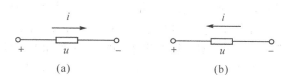

图 1-8 电流和电压的关联参考方向和非关联参考方向

应当注意的是,参考方向的概念虽然非常简单,但却极其重要。而且参考方向一旦取定,在电路的分析过程中就不能进行更改,同时还应注意不要将参考方向和实际方向混淆,否则将造成计算错误。

1.3　功率和能量

设任意二端元件上电流和电压取关联参考方向,并设在微元时间 dt 内,电场力将电荷量 dq 从元件的电压"+"极移到电压"−"极。由电压定义可知,此时电场力移动电荷量 dq 所作的功为

$$dW = udq \qquad (1\text{-}4)$$

如将式(1-4)两侧同除以 dt,则可得

$$\frac{dW}{dt} = u\,\frac{dq}{dt} = ui \qquad (1\text{-}5)$$

式中,dW/dt——单位时间内电场力所作的功,同时又是该元件所吸收的功率。从式(1-5)可见,功率一般情况下是时间 t 的函数,因此又称为瞬时功率,用小写英文字母 p 表示,于是任意二端元件所吸收的功率又可写成下式:

$$p = ui \qquad (1\text{-}6)$$

上述三式中,各物理量的单位分别为:

电荷——库 C

电压——伏 V

电流——安 A

能量——焦 J

功率——瓦 W

其中,$1J = 1W \cdot s$。通常用 $1kW \cdot h$(千瓦时)$= 3600kJ$ 作为能量单位,1 千瓦时又称为 1 度。

式(1-6)表明,任意二端元件在任意瞬间所吸收的功率等于该瞬间作用在该元件上的电压和流过该元件的电流的乘积,而与该元件本身的特性无关。该式可看做二端元件所吸收的功率的定义式,它是电路理论中一个非常重要的基本关系式。

在具体的电路中,有些二端元件吸收功率,另一些二端元件则发出功率,而式(1-6)定义的是元件吸收的功率,这时可根据计算结果的正负来判断元件实际上是吸收功率还是发出功率。

当 $p > 0$ 时,元件吸收正的功率,即实际上是吸收功率;

当 $p < 0$ 时,元件吸收负的功率,即实际上是发出功率。

需要强调的是,式(1-6)是在二端元件上电流和电压取关联参考方向的条件下得到的。如某二端元件上电流和电压取非关联参考方向,则由式(1-6)定义得的就是该二端元件发出的功率,此时可根据计算结果来判断元件实际上是发出功率还是吸收功率。

当 $p > 0$ 时,元件发出正的功率,即实际上是发出功率;

当 $p < 0$ 时,元件发出负的功率,即实际上是吸收功率。

在二端元件上电流和电压取关联参考方向的前提下,利用式(1-5)或式(1-6),可得从 t_1

到 t_2 的时段内该二端元件所吸收的电能为

$$W = \int_{t_1}^{t_2} p\,\mathrm{d}t = \int_{t_1}^{t_2} ui\,\mathrm{d}t \qquad (1\text{-}7)$$

1.4 电 阻 元 件

1.4.1 线性电阻元件及其伏安特性

电阻、电容和电感元件是电路中三种最基本的无源元件,了解它们的特性是分析电路的基础,其中非线性电阻、电容和电感的特性将在后面章节介绍,此处主要介绍线性电阻、电容和电感的特性。

描述电阻元件特性的物理量是电阻元件的电压 u 和电流 i,u 与 i 之间的关系称为电阻的伏安特性。当 u 与 i 之间的关系是线性关系时,就称该电阻为线性电阻。在后面的内容中,如不特别指明,所讨论的电阻都是指线性电阻,简称为电阻。

线性电阻的图形符号如图 1-9(a)所示。电阻上 u 与 i 取关联参考方向时,根据欧姆定律,有

$$u = Ri \qquad (1\text{-}8)$$

式中,R——大于或等于零的实常数,称为该电阻元件的电阻,Ω。

如令 $G = \dfrac{1}{R}$,则式(1-8)变为

$$i = Gu \qquad (1\text{-}9)$$

式中,G——电阻元件的电导,单位为西(门子),S。

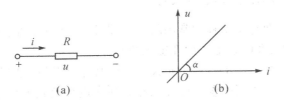

图 1-9 线性电阻元件及其伏安特性

线性电阻的伏安特性曲线如图 1-9(b)所示。它是一条过坐标原点的直线,而电阻的值则与该直线和电流轴的夹角 α 成正比,即

$$R \propto \tan\alpha$$

式(1-8)表明,任意时刻电阻元件上的电压都与该时刻的电流成正比,而与此前任意时刻的电流无关,因此电阻元件不具备记忆功能,故又称其为无记忆元件。

电阻元件存在两种极端情况,即 R 为零和无穷大的情况。

从式(1-8)可知,当 $R=0$ 时,对应电流轴上的任意 i 值,都有 $u=0$,所以这时的伏安特性曲线如图 1-9(a)所示,就是电流轴。在如图 1-9(b)所示理想情况下,将电路中任意两个端

点用理想导线相连接时,端点 a、b 间将出现这种结果,这种情况称为短路。

当 R 为无穷大时,对任意给定的 u 值,都有 $i=0$,所以这时的伏安特性曲线如图 1-10(c)所示,就是电压轴。如图 1-10(d)所示当电路中某两个端点间不接任何元件时,就会出现这种结果,这种情况称为开路。

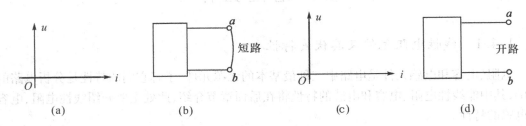

图 1-10　短路与开路

1.4.2　线性电阻元件的耗能特性

由式(1-6)可得线性电阻在任意瞬间吸收的电功率为

$$p=ui=Ri^2=Gu^2 \geqslant 0$$

该式表明线性电阻元件在任意瞬间都不可能发出功率,因此是无源元件。实际上,它所吸收的电能全部转换成热能形式而被消耗掉,因此线性电阻元件又是耗能元件。

1.5　电容元件

1.5.1　线性电容元件及其库伏特性

通常所说的电容主要是指工程中常用的电容器件,但实际上在任意两个导体之间都存在电容,本节所讨论的线性电容是一种理想化的元件。

线性电容的图形符号如图 1-11(a)所示。当对电容充电后,电容的两个极板上分别储存等量的异性电荷。电容极板的参考极性同样必须在进行电路分析前设定,相应的极板分别称为"+"极板和"-"极板。如图 1-11(a)所示,若电容元件上电压的参考方向由所设定的"+"极板指向"-"极板,则线性电容上储存的电荷量 q 与两极板间电压 u 之间存在如下线性关系:

$$q=Cu \tag{1-10}$$

式中,C——一个与电压 u 及电荷量 q 无关的正实常数,称为该电容元件的电容。当极板间电压 u 为 1V,极板上的电荷量为 1C(库仑)时,电容元件的电容为 1F(法拉)。工程实际应用中,法拉这个单位太大,通常用 μF(微法,$1\mu F=10^{-6}F$)和 pF(皮法,

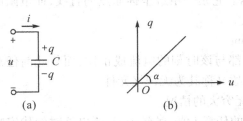

图 1-11　线性电容元件及其库伏特性

$1pF = 10^{-12}F$)来作电容的单位。

以电压 u 为横坐标,电荷量 q 为纵坐标构成直角坐标系,作出的 q 与 u 的关系曲线称为电容的库伏特性曲线。由式(1-10)可知,线性电容的库伏特性曲线如图 1-11(b)所示是过坐标原点的直线,而电容的值则与该直线和电压轴的夹角 α 成正比,即

$$C \propto \tan\alpha$$

1.5.2 线性电容元件上电压与电流的关系

式(1-10)表明,线性电容极板上的电荷量 q 与电容极板间电压 u 成正比,当电压 u 发生变化时,q 亦随之变化,因此在电容中形成电荷的流动从而形成电流。

如图 1-11(a)所示,若取电容元件中电流和电压的参考方向为关联参考方向,则当电容电压增大时,其极板上的电荷量也会成比例的增大,从而将有正电荷沿图中电流的参考方向流向"+"极板,即电流的实际方向将与其参考方向一致,这对应于电容的充电过程;反之,当电容电压减小时,其极板上的电荷量也会成比例的减小,从而将有正电荷沿图中电流的参考方向的反方向从"+"极板流出,即电流的实际方向将与其参考方向相反,这对应于电容的放电过程。

由于电流等于电荷关于时间的变化率,所以由式(1-10)便可得电容元件上电流和电压的关系式为

$$i = \frac{dq}{dt} = C\frac{du}{dt} \tag{1-11}$$

式(1-11)表明,流经线性电容元件的电流与该元件上所作用电压的变化率成正比,而与该电压的大小无关。

由此可知,线性电容元件中是否存在电流关键要看该元件上所作用的电压是否随时间变化。当所作用的电压是直流电压时,不论该电压值有多大,其变化率都等于零,因此电容中的电流恒等于零。电容的这种直流特性和上节所述电阻元件的开路特性类似,所以电容对直流电路而言相当于开路,或者说电容具有隔断直流的功能。

反之,只要电容元件上所作用的电压随时间变化,即使该电压瞬时值为零,电容电流也可能不等于零。最典型的例子是正弦交变电压作用的情况,例如,设电容电压为

$$u = U_m\sin\omega t$$

则电容电流为

$$i = C\frac{du}{dt} = \omega C U_m\cos\omega t$$

当 $t = 0$ 时,电压为零,而电流则不为零且达到最大值。

1.5.3 电容元件的记忆及储能特性

将式(1-11)改写为 $dq = idt$,考虑从某个 t_1 到任意时刻 t_2 的时段内电容极板上电荷量变化与电容电流的关系,可得

$$\int_{q(t_1)}^{q(t_2)} dq = \int_{t_1}^{t_2} idt$$

该式左侧积分后经移项得

$$q(t_2) = q(t_1) + \int_{t_1}^{t_2} i\,dt \tag{1-12}$$

于是由式(1-10)又可知,对线性电容有

$$u(t_2) = u(t_1) + \frac{1}{C}\int_{t_1}^{t_2} i\,dt \tag{1-13}$$

式(1-12)和式(1-13)表明,任意时刻 t_2 电容元件上的电压(或电荷量)不仅与此前某时刻 t_1 的电压(或电荷量)有关,还与从 t_1 到 t_2 这个时段内的电容电流有关,因此电容元件具有记忆功能,故又称其为有记忆元件。

当线性电容元件上电压和电流取关联参考方向时,由式(1-6)可得该电容元件在任意瞬间吸收的电功率为

$$p = ui = u\frac{\mathrm{d}q}{\mathrm{d}t} = Cu\frac{\mathrm{d}u}{\mathrm{d}t}$$

从 t_1 到 t_2 这个时段内的电容吸收的电能为

$$W = \int_{t_1}^{t_2} p\,\mathrm{d}t = \int_{t_1}^{t_2} ui\,\mathrm{d}t = \int_{u(t_1)}^{u(t_2)} Cu\,\mathrm{d}u$$
$$= \frac{C}{2}u^2(t_2) - \frac{C}{2}u^2(t_1)$$
$$= \frac{1}{2C}q^2(t_2) - \frac{1}{2C}q^2(t_1)$$

先取 $t_1 = -\infty$, $t_2 = t$ 为任意取定的时刻,考虑此时段内电容的充电过程。显然有 $u(-\infty)=0$, $q(-\infty)=0$,因此电容在此充电过程中所吸收的能量为

$$W = \frac{C}{2}u^2(t) = \frac{1}{2C}q^2(t) \tag{1-14}$$

再取 $t_1 = t$, $t_2 = +\infty$ 为任意取定的时刻,考虑此时段内电容的放电过程。当放电完毕后电压为零,显然有 $u(+\infty)=0$, $q(+\infty)=0$,因此电容在此放电过程中所吸收的能量为

$$W = -\frac{C}{2}u^2(t) = -\frac{1}{2C}q^2(t)$$

上式表明电容在此过程中实际上是释放能量,且电容在充电过程中所吸收的能量与其在放电过程中所释放的能量恰好相等,这表明电容既不能消耗能量也不能产生能量。所以电容和电阻一样为无源元件,不同的是电容不是耗能元件。实际上电容在充电过程中所吸收的能量是以电场能量的形式储存在电容极板周围,在放电过程中再将所储存的电场能量释放出来转换成其他的能量形式,所以电容又是储能元件。从上述推导过程可以看出,式(1-14)所表示的恰好就是电容在 t 时刻所储存的电场能量。

1.6　电 感 元 件

1.6.1　电感线圈中的磁通和磁链

当线圈中通以电流时,就会在其周围产生磁场,通常用磁力线来形象地描述磁场。磁力线的方向与电流的方向服从于右手螺旋定则(如图 1-12 所示)。穿过每一匝线圈所包围面

积的磁力线数称为磁通,记为 ϕ,单位为 Wb(韦伯)。当线圈的匝数为 n 时,穿过这 n 匝线圈的磁通的总和称为线圈所交链的磁链,记为 ψ,单位亦为 Wb(韦伯)。

若记穿过各匝线圈的磁通分别为

$$\phi_1,\phi_2,\cdots,\phi_n$$

则该线圈所交链的磁链为

$$\psi = \phi_1 + \phi_2 + \cdots + \phi_n = \sum_{k=1}^{n} \phi_k$$

如 $\phi_1 = \phi_2 = \cdots = \phi_n = \phi$,则有

$$\psi = n\phi$$

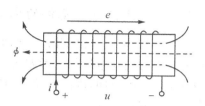

图 1-12 线圈的电流和磁通

1.6.2 线性电感元件的磁链和感应电动势

图 1-12 中,穿过每一匝线圈的磁通 ϕ_k 和线圈所交链的磁链 ψ 都是由流过线圈自身的电流所产生的,因此又分别称为自感磁通和自感磁链。磁链大小与电流大小存在一定的函数关系,称为电感线圈的韦安特性。理想情况下,当磁链与电流的关系是线性关系时,对应的电感元件就称为线性电感元件,简称为电感。

线性电感元件采用如图 1-13(a)所示图形符号表示,不必再画出对应线圈的具体绕向。线性电感元件磁链与电流的关系可写为

$$\psi = Li \tag{1-15}$$

式中,L 是一个正实常数,称为该电感元件的自电感或电感,其单位为 H(亨利)。

图 1-13(b)所示过坐标原点的直线为线性电感元件的韦安特性曲线。线性电感元件的电感值与该图中直线和电流轴的夹角 α 的正切成正比,即有

$$L \propto \tan\alpha$$

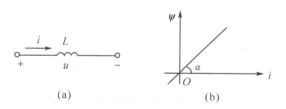

图 1-13 线性电感元件及其韦安特性

当通过电感线圈的电流随时间变化时,磁通和磁链亦随之变化,从而在线圈中感生出感应电动势。

根据电磁感应定律,知电感线圈中由于磁通随时间变化而在线圈中感生的感应电动势的大小与磁链的变化率成正比。

楞次定律指出,线圈中由磁通变化所引起的感应电动势总是试图阻碍磁通的变化,即当磁通随时间增大使磁链的变化率大于零时,线圈中就会感生出实际方向与参考方向相反的感应电动势以阻碍磁通的增大;当磁通随时间减小使磁链的变化率小于零时,线圈中就会感生出实际方向与参考方向相同的感应电动势以阻碍磁通的减小。

从而如图 1-12 所示,当磁通和磁链的参考方向与电流的参考方向符合右手螺旋定则,

而感应电动势的参考方向与电流的参考方向一致时,感应电动势的数学表达式为

$$e = -\frac{d\psi}{dt} \tag{1-16}$$

1.6.3　线性电感元件的感应电压与磁链和电流的关系

如图 1-12 所示,取线圈电压和电流的参考方向为关联参考方向,从而在该图中感应电动势的参考方向与电压的参考方向一致。由于电动势的方向为电位升的方向,而电压的方向为电位降落的方向,因此电动势与电压在数值上正好相差一个符号,从而由式(1-16)可得线圈电压的表达式为

$$u = -e = \frac{d\psi}{dt} \tag{1-17}$$

对线性电感元件,则由式(1-15)可得

$$u = L\frac{di}{dt} \tag{1-18}$$

式(1-18)表明,线性电感元件的端电压 u 与电流 i 关于时间的变化率成正比,因此,只有当流过线性电感元件的电流随时间变化时,该电感元件两端才可能有电压。当直流电流通过电感元件时,由于其关于时间的变化率为零,所以不论该电流值有多大,都不可能在电感元件两端产生电压。电感的这种直流特性和上节所述电阻元件的短路特性类似,所以电感对直流电路而言相当于短路。

1.6.4　电感元件的记忆及储能特性

由式(1-17)可得 $d\psi = udt$,考虑从某个 t_1 到任意时刻 t_2 的时段内电感线圈中的磁链变化与电感元件的端电压的关系,可得

$$\int_{\psi(t_1)}^{\psi(t_2)} d\psi = \int_{t_1}^{t_2} udt$$

该式左侧积分后经移项得

$$\psi(t_2) = \psi(t_1) + \int_{t_1}^{t_2} udt \tag{1-19}$$

对线性电感元件,由式(1-15)又可得从 t_1 到时刻 t_2 的时段内电感线圈中的电流变化与电感元件的端电压的关系

$$i(t_2) = i(t_1) + \frac{1}{L}\int_{t_1}^{t_2} udt \tag{1-20}$$

由式(1-19)和式(1-20)可知,任意时刻 t_2 电感元件上的电流(或磁链)不仅与此前某时刻 t_1 的电流(或磁链)有关,还与从 t_1 到 t_2 这个时段内的电感电压有关,因此电感元件和电容元件一样具有记忆功能,故也称其为记忆元件。

当线性电感元件上电压和电流取关联参考方向时,由式(1-6)可得该电感元件在任意瞬间吸收的电功率为

$$p = ui = Li\frac{di}{dt}$$

从 t_1 到 t_2 这个时段内的电感元件吸收的电能为

$$W = \int_{t_1}^{t_2} p\,dt = \int_{t_1}^{t_2} ui\,dt = \int_{i(t_1)}^{i(t_2)} Li\,di$$

$$= \frac{L}{2}i^2(t_2) - \frac{L}{2}i^2(t_1)$$

$$= \frac{1}{2L}\psi^2(t_2) - \frac{1}{2L}\psi^2(t_1)$$

按照上一节对电容充放电过程的分析,可证明线性电感元件是储能元件,也是不耗能的无源元件。在任意瞬间线性电感储存的磁场能量为

$$W(t) = \frac{L}{2}i^2(t) \tag{1-21}$$

亦可证明 $W(t)$ 恰好等于电感此前吸收能量的总和,同时也等于该电感所能释放出来的最大能量。

1.7 独 立 电 源

实际工程中常用的发电机、电池能够独立地输出电压,称为独立电压源;用电子器件做成的恒流源可独立地输出电流,称为独立电流源。二者统称为独立电源。实际独立电压源端电压和独立电流源端电流的变化规律主要由独立电源本身所决定,但其大小要受外电路的影响,因此在电路分析过程中直接使用将带来不便。通常采取的对策是先建立理想化的电源模型,再用理想化的电源模型和适当的无源元件的组合来构成实际的独立电源模型。理想化的电源模型有理想电压源和理想电流源两种类型。相对于无源元件而言,理想电压源和理想电流源又统称为有源元件。

1.7.1 理想电压源和实际电压源

理想电压源采用如图 1-14 所示图形符号表示,其中"+"、"-"号表示电压源的参考极性,U_s 为理想电压源的端电压。图 1-14 中,将理想电压源以外的电路其他部分统称为外电路。

理想电压源作为二端理想有源元件具有如下两个非常重要的特点:

(1)理想电压源端电压的变化规律(大小、变化趋势等)完全由电压源本身所决定,与外电路的变化无关。

(2)流经理想电压源的电流将随外电路的变化而变化。

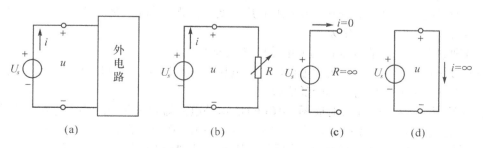

图 1-14 理想电压源和外电路

如图 1-14(b)所示理想直流电压源,其端电压以 U_s 表示。图中,为简化分析过程,取外电路为一可变电阻,如调节可变电阻 R 的值,则流经理想电压源的电流 $i=U_s/R$,将随可变电阻 R 的变化而变化,但理想电压源的端电压始终不变。特殊情况下,当 $R\to\infty$ 时,$i=0$,对应图 1-14(c)所示外电路断开的情况,也就是说理想电压源可以开路。但需注意的是,当 $U_s\neq 0$ 时,理想电压源不能短路。如图 1-14(d)所示,如将理想电压源短路,则相当于外接电阻 $R=0$,此时流经理想电压源的电流将为无穷大,没有意义。

如理想电压源为理想正弦交变电压源,设其端电压为

$$u_s=U_m\sin(\omega t+\psi_u)$$

则 u_s 将随时间 t 的变化而变化,但其变化规律(电压幅值、角频率)是由理想正弦交变电压源本身所决定的,与外电路无关。

严格的理想电压源实际上是不存在的,这是因为作为实际电压源的发电机或电池都存在一定大小的反映电源内部功率损耗的电源内电阻,如图 1-15(a)所示。当电路中的电流随外电路电阻 R 的变化而变化时,电源内电阻 R_s 上也会产生随电流的变化而变化的电压,从而使实际电压源的端电压 u 随外电路的变化而改变。因此实际电压源应考虑电源内电阻的影响,通常在直流情况下用一个理想直流电压源串联一个电源内电阻作为实际直流电压源的等效电路模型。作为正弦交变电压源的发电机除了需计及电源内电阻的影响外,还必须考虑发电机的定、转子线圈电感的影响,所以实际正弦交变电压源的等效电路模型采用如图 1-15(b)所示电源内电阻、内电感和理想正弦交变电压源的串联组合形式。

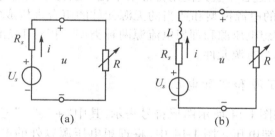

图 1-15　实际电压源等效电路

1.7.2　理想电流源和实际电流源

理想电流源采用如图 1-16 所示图形符号表示,其中箭头方向表示理想电流源电流的参考方向。

理想电流源作为另一个二端理想有源元件同样也具有两个非常重要的特点:

(1)理想电流源电流的变化规律(如正弦交变电流源的幅值、角频率等)完全由电流源本身所决定,与外电路的变化无关。

(2)理想电流源的端电压将随外电路的变化而变化。

如图 1-16(a)所示,可知理想电流源的端电压为 $u=Ri=Ri_s$,当调节可变电阻 R 使其值改变时,理想电流源的端电压亦会随之改变。

特殊情况下,当 $R=0$ 时,对应图 1-16(b)所示外电路短接的情况,此时电流源的端电压 $u=0$,即理想电流源可以短路。同样需注意的是,当 $i_s\neq 0$ 时,理想电流源不能开路。如图 1-16(c)所示,如将 $i_s\neq 0$ 的理想电流源开路,则相当于外接电阻 $R=\infty$ 的情况,此时理想电

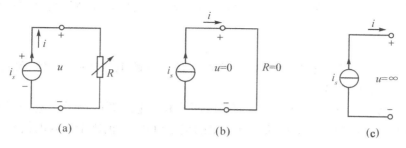

图 1-16　理想电流源及其开路和短路特性

流源的端电压将为无穷大,也没有意义。

　　严格的理想电流源实际上也是不存在的。由于理想电流源特点的限制,实际电流源不能再采用理想电流源和无源元件串联组合的形式,而是采用如图 1-17 所示理想电流源和无源元件并联组合的形式。其中图 1-17(a)所示理想电流源和电阻(或电导)元件的并联组合形式为实际直流电流源的等效电路模型;图 1-17(b)所示理想电流源与电阻(或电导)、电感元件的并联组合形式为实际正弦交变电流源的等效电路模型。

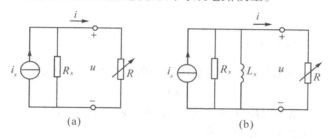

图 1-17　实际电流源的等效电路

1.8　受　控　源

　　在实际电路中经常会出现一些不同电量之间的控制关系,这些电量可以是任意两个端子(端子对或端口)之间的电压,也可以是流经任意支路的电流,但由于任何端子对都可以看作一条特殊的支路,所以可认为反映控制关系的电路中必定存在一个控制支路(输入端口)和一个受控支路(输出端口),控制支路和受控支路上的电量分别称为控制量和受控制量。控制量和受控制量之间的控制关系经过理想化处理后,可抽象成受控源。当控制关系是线性关系时,受控源为线性受控源。本节主要介绍四种基本的线性受控源。

1.8.1　四种线性受控源

1. 电压控制的电压源(VCVS)

　　电压控制的电压源的电路符号如图 1-18(a)所示,它们描述了支路 2 的电压 u_2 受支路

1 电压 u_1 的控制的关系。受控电压源支路采用菱形符号表示,控制量为开路电压 u_1,控制关系为

$$u_2 = \mu u_1$$

式中,控制系数 μ 是一个没有量纲的常数,反映了两个支路电压之间的比例关系,称为两个支路(或端口)之间的转移电压比。

图 1-18(b)所示电子管就是一个典型的电压控制的电压源的例子。电子管的功能是实现信号电压的放大,理想情况下可认为其输出的信号电压 u_2 正比于输入的信号电压 u_1。

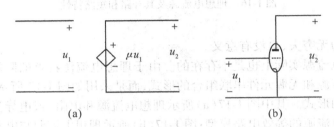

(a)　　　　　　　　　　　　(b)

图 1-18　VCVS 及其实例

2. 电压控制的电流源(VCCS)

电压控制的电流源的电路符号如图 1-19(a)所示,它们所描述的控制关系是

$$i_2 = g_m u_1$$

即支路 2 的电流 i_2 受支路 1 电压 u_1 的控制。此处控制系数 g_m 是一具有电导量纲的常数,称为两个支路(或端口)之间的转移电导。

如图 1-19(b)所示场效应管输出的电流信号在其线性工作区内正比于其输入端的信号电压,可看做一个电压控制的电流源。

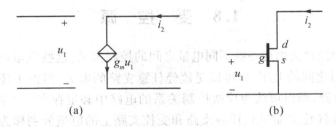

(a)　　　　　　　　　　　　(b)

图 1-19　VCCS 及其实例

3. 电流控制的电压源(CCVS)

电流控制的电压源的电路符号如图 1-20(a)所示,对应的控制关系为

$$u_2 = r_m i_1$$

即输出端的电压 u_2 受输入端电流 i_1 的控制,控制系数 r_m 是一具有电阻量纲的常数,称为两个支路(或端口)之间的转移电阻。

图 1-20(b)所示电路描述了直流发电机励磁电流 i_1 和发电机输出电压 u_2 之间的控制关系。在发电机转子的转速保持不变的条件下,u_2 正比于 i_1,所以可看做一个电流控制的电压源。

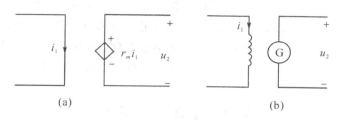

图 1-20　CCVS 及其实例

4. 电流控制的电流源(CCCS)

电流控制的电流源的电路符号如图 1-21(a)所示,对应的控制关系为

$$i_2 = \beta i_1$$

即输出端的电流 i_2 受输入端电流 i_1 的控制,控制系数 β 是一没有量纲的常数,称为两个支路(或端口)之间的转移电流比。

图 1-21(b)所示晶体三极管是一种起电流放大作用的器件,当晶体三极管工作在线性工作区时,其输出电流信号 i_2 正比于输入电流信号 i_1,所以是一种典型的电流控制的电流源。

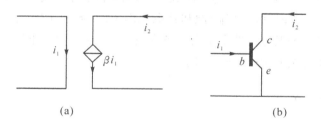

图 1-21　CCCS 及其实例

1.8.2　受控源与独立电源的区别

需要强调的是,受控源实际上并不是电源,它仅仅反映一个电量对另一个电量的控制关系。受控源与独立电源之间存在着本质上的区别。独立电压(流)源可以独立于外电路产生电压(流),而受控电压(流)源则不能独立产生电压(流),其电压(流)的大小完全取决于控制量。但当控制量确定且保持不变时,受控源的受控支路则具有独立电源的特征。

如图 1-22 所示,独立电压源 U_s 可以独立于外电路产生端电压 U_s,不论怎样改变可变电阻的 R_1 和 R 的值,其值都不会受到影响。由于当可变电阻的 R_1 的值改变时,电流 i_1 将变

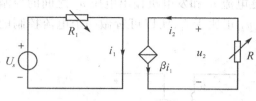

图 1-22 受控源部分的电源特性

化,所以受控电流源所输出的电流将随 R_1 的变化而变化,因此受控电流源电流与外电路有关。

在图 1-22 中,当 R_1 和独立电压源 U_s 电压保持不变时,$i_2 = \beta i_1$ 将取确定值,此时不论怎样调节可变电阻 R 的值,受控电流源输出的电流都不会变化,但电阻 R 的端电压将随之变化,在此条件下受控支路具有独立电流源的特征。

1.9 基尔霍夫定律

前面介绍了有源和无源线性元件的基本特性,但由于集中参数电路是由集中电路元件通过适当方式连接而成的有机的整体,所以只有在对电路整体结构上的特点有了完整的认识之后,才具备了对其进行分析计算的基础。本节所介绍的基尔霍夫定律是描述电路结构关系的基本电路定律,是贯穿于整个电路理论的基础。

1.9.1 节点、支路和回路

1. 简单支路和复合支路

电路中的任何一个二端电路元件都可以定义为一条支路,这种支路称为简单支路。由多个二端电路元件通过串并联方式连接而成的二端网络亦可定义为一条支路,称为复合支路。习惯上一般将一个理想电压(流)源和其电源内电阻(导)的串(并)联组合定义为一条支路,而将其他的每一个无源元件定义为一条支路。特殊情况下,开路或短路可看做是特殊的支路,即电阻分别为无穷大或零时的支路。

2. 节点和广义节点

电路中支路的连接点称为节点。

节点的定义与电路中支路的定义有关。如图 1-23(a)所示,如将每一个二端元件定义为一条支路,则该电路中具有 13 条支路、8 个节点;如将理想电压(流)源和其电源内电阻(导)的串(并)联组合定义为一条支路,将受控电压(流)源和其电源内电阻(导)的串(并)联组合也定义为一条支路,则 6、7、8 三点不再是节点,此时电路中只有 8 条支路、5 个节点。

电路中任何一个封闭面可定义为一个广义节点。

在对复杂电路进行分析时,会出现电路某些部分的电量不需考虑的情况,这时可将该部分电路进行等效化简,或只对这部分电路与其他部分相连接处的电量列写方程以简化整个电路的分析过程。采用广义节点的概念就可达到简化电路结构从而简化电路分析过程的目的。图 1-23(a)中,如对虚线所包围部分的电量不感兴趣的话,就可将该部分当做一个节点来处理,从而使电路结构简化。

3. 回路和广义回路

电路中任何一个由不重复出现的支路所构成的闭合路径称为一个回路。任何一个由不重复出现的支路所构成的非闭合路径可称为一个广义回路,所谓广义回路也可理解为在非闭合路径的断开处人为地添加一个电阻值为无穷大的电阻性支路后所得到的结果。定义广义回路的概念对拓广和加深对基尔霍夫电压定律的理解是非常有益的。

电路中回路通常可采用两种方法标示:

1)采用闭合节点序列标示

采用具有一定先后顺序的、始点和终点相同的闭合节点序列可标示回路的构成和方向,但要求序列中任意两个相邻节点之间至少必须有一条支路相连。图 1-23(b)中,闭合节点序列(1,2,4,1)构成了回路 1,它由支路 R_2、R_5 和 R_3 组成。由于节点 1、3 之间没有支路直接相连,所以闭合节点序列(1,3,4,1)不构成回路,但如果如图所示在节点 1、3 之间人为地添加一个电阻值为无穷大的电阻性支路后,就可将该闭合节点序列看做一个广义回路。

2)采用回路绕行方向标示

显然采用闭合节点序列标示回路不够直观,实用的方法是在电路图中用带箭头的绕行曲线直接标出回路的构成和绕行方向。图 1-23(b)中标出了 5 个回路的构成和绕行方向,结果一目了然。但用该法标示广义回路不方便。

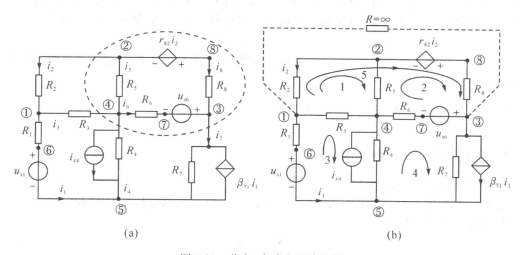

(a)   (b)

图 1-23 节点、支路和回路图例

1.9.2 基尔霍夫电流定律(KCL)

1. 基尔霍夫电流定律的一般形式

基尔霍夫电流定律指出:在集中参数电路中,任何时刻流入(或流出)任意节点的支路

电流的代数和恒等于零。该关系用数学表达式可写为

$$\sum i = 0 \tag{1-22}$$

在实际电路中对不同的节点总有某些支路电流流入该节点,而另一些支路电流流出该节点,所以式(1-22)又可写为

$$\sum i_{in} = \sum i_{out} \tag{1-23}$$

即流入任一节点的电流的和等于流出该节点电流的和。式(1-22)、(1-23)反映了基尔霍夫电流定律的本质,即电流的连续性。此两式又称为节点的基尔霍夫电流方程。例如图1-23(a)中,如设定流入节点的电流为正(也可取流出节点的电流为正),则对节点1、2、3、4可分别列写出如下基尔霍夫电流方程:

节点1 $-i_1 + i_2 - i_3 = 0$

节点2 $-i_2 - i_5 - i_8 = 0$

节点3 $i_6 - i_7 + i_8 = 0$

节点4 $i_3 - i_4 + i_5 - i_6 = 0$

2. 基尔霍夫电流定律的广义形式

基尔霍夫电流定律的一般形式是对电路中每一个节点而言的,但可拓广到封闭面(广义节点),称为基尔霍夫电流定律的广义形式。它表明任何时刻流入(或流出)电路中的任一个封闭面的支路电流的代数和恒等于零。例如对图1-23(a)所示电路中虚线框所表示的封闭面,如假定流入封闭面的电流为正,则可列出如下广义形式的基尔霍夫电流方程

$$-i_2 + i_3 - i_4 - i_7 = 0$$

实际上,只需将前面所列节点2、3、4的基尔霍夫电流方程左右两侧同时相加即可得到该式。

1.9.3 基尔霍夫电压定律(KVL)

1. 基尔霍夫电压定律的一般形式

基尔霍夫电压定律指出:

在集中参数电路中,任何时刻沿任意闭合回路的所有支路电压的代数和恒等于零。该关系用数学表达式可写为

$$\sum u = 0 \tag{1-24}$$

在该式中,通常取支路方向与回路绕行方向一致的支路电压为"+",否则为"−"。

图1-24所示电路中标出了三个回路的绕行方向和各支路电压的参考方向,于是根据基尔霍夫电压定律可分别列出各回路所对应的KVL方程:

回路1 $u_2 - u_3 - u_5 = 0$

回路2 $-u_1 + u_3 + u_4 = 0$

回路3 $-u_4 + u_5 + u_6 = 0$

由回路1的基尔霍夫电压方程和图1-24可得

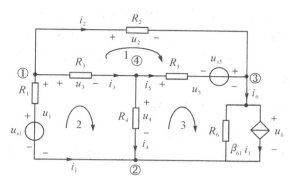

图 1-24 KVL 方程例图

$$u_2 = u_3 + u_5 = u_{13}$$

这表明基尔霍夫电压定律实质上是电压与路径无关这一性质的不同表现形式。由其他回路可得到同样的结论。

2. 基尔霍夫电压定律的广义形式

基尔霍夫电压定律亦有对应的广义形式。对电路中任意一个广义回路,即不构成回路的闭合节点序列,任何时刻沿该闭合路径的所有相邻节点间电压的代数和恒等于零。

例如图 1-23(b)中,对闭合节点序列(1,3,4,1),可列出如下广义的基尔霍夫电压方程

$$u_{13} + u_{34} + u_{41} = 0$$

式中,u_{34} 和 u_{41} 分别为支路 6 和支路 3 的电压,而节点 1 与 3 之间无支路直接相连,u_{13} 为此两节点间的开路电压。

1.9.4 独立节点和独立回路

1. 独立节点与基尔霍夫电流方程的独立性

对一个具有 n 个节点的电路一共可列出 n 个基尔霍夫电流方程,但这 n 个方程并不都是独立的。这是因为每一个支路电流必定从某一个节点流出而流进另一个节点,如假定在基尔霍夫电流方程中取流入节点的电流为"+",则在所列出的 n 个基尔霍夫电流方程中,每一个支路电流必定恰好取"+"和"−"各一次,将这 n 个方程左右两侧同时相加后必定恒等于零,因此它们不是独立的,任一方程都可由其他方程线性组合得到。

例如图 1-23(a)中,将理想电压(流)源和电源内电阻(导)的串(并)联组合、受控电压(流)源和电源内电阻(导)的串(并)联组合都定义为一条支路,则此时电路中只有 8 条支路、5 个节点。将前面所列节点 1、2、3、4 的基尔霍夫电流方程左右两侧同时相加后再乘以"−1"则可得

$$i_1 + i_4 + i_7 = 0$$

而这恰好是图中另一节点 5 的基尔霍夫电流方程,所以这 5 个节点的基尔霍夫电流方程不是独立的。

可以证明,一个具有 n 个节点的电路中独立的基尔霍夫电流方程的个数最多恰好为 $n-1$ 个。通常将与这些独立方程所对应的节点称为独立节点,因此通常又说具有 n 个节点的电路的最大独立节点数为 $n-1$。所以在列写电路的基尔霍夫电流方程时,只需任意选定 $n-1$ 个节点列写方程就可保证其独立性。

2. 独立回路与基尔霍夫电压方程的独立性

同样,如将一个给定电路的所有回路的基尔霍夫电压方程都列出,则这些方程一般也不都是独立的。可以证明,对一个具有 n 个节点、b 条支路的电路,所具有的独立回路的最大个数为

$$l_m = b-n+1 \qquad\qquad (1\text{-}25)$$

而在一个给定电路中,所具有的回路个数往往要比此多得多,因此为了保证所列 KVL 方程的独立性,必须先确定独立回路。

对一个给定电路,其独立节点的确定非常容易,但所需的独立回路的确定则非易事。确定独立回路的最基本的方法是借助于图论中"树"的单连支回路法,该方法将在后面章节予以介绍,下面介绍两种确定独立回路的简便方法:

1) 网孔法

所谓网孔法是指采用电路的内网孔作为独立回路的方法。

如电路图中用来标示回路的闭合绕行曲线不穿越任何支路,则称对应的回路为一个内网孔,简称为网孔;当闭合绕行曲线包围了整个电路时,则称该对应的回路为一个(外)网孔。图 1-25 中给出了采用图论的方法做出的电路的抽象图,该图用线段表示电路的支路,可充分反映电路的结构特征。

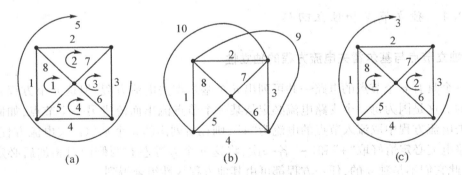

图 1-25　独立回路的确定

如图 1-25(a)中,回路 1、2、3、4 为内网孔,回路 5 为外网孔。

可以证明:平面电路中的所有内网孔数恰好等于该电路独立回路的最大个数。例如由式(1-25)可得图 1-25(a)所表示电路的最大独立回路数为

$$l_m = 8-5+1 = 4$$

正好等于其内网孔个数,因此可取其内网孔作独立回路。

但需注意的是网孔法只适用于平面电路。所谓平面电路就是指所有支路都可以在不相交的前提下布置在一个平面上的电路,如图 1-25(a)所示即表示平面电路。而该图 1-25(b)中,支路 9 或支路 10 不论怎样布置,在一个平面上都会与其他支路相交,因此该图所示对应非平面电路,不能用网孔法来确定其独立回路。

2)(新)支路添加法

(新)支路添加法采用添加前面所选定的独立回路中没有出现过的新支路的方法以保证回路的独立性。

例如图 1-25(a)中,首先选定回路 1 作独立回路,而一个回路总是独立的。再选回路 2 作独立回路,由于回路 2 中的支路 2 和支路 7 是回路 1 中未出现过的,所以这两个支路的电压不可能由前面所选回路的 KVL 方程通过线性组合而得到,因此该回路一定与前面所选回路相互独立。按同样方法在图 1-25(a)中选回路 3 和回路 4,由于每一次选定的回路中至少有一条新支路,故可保证所选回路的独立性。按该方法选回路直到回路个数等于所需最大独立回路数为止即可达到目的。

同样须指出的是,(新)支路添加法也有局限性。利用该法是否可找到足够的独立回路取决于新增支路的顺序。例如图 1-25(c)中,如采用新增支路的方法选定回路 1、2、3 作独立回路的话,则因为用完了所有的支路而无法再按该法确定另一独立回路。

网孔法和(新)支路添加法虽然有一定的局限性,但对一些简单电路,仍然是确定独立回路较为简便易行的方法。

在对 KVL 和 KCL 以及前面所述的基本元件特性有了充分的了解后,原则上来说就已经具备了分析求解电路的基本手段,而后面所介绍的分析电路的种种方法实际上不外乎都是这些定律的延伸和发展而已。

例 1-1　试利用基尔霍夫定律求解图 1-26 所示电路的各支路电流。

解　将 12V 电压源与 2Ω 电阻的串联组合当做一条支路,则该电路具有两个节点、三条支路,因此有一个独立节点两个独立回路。选节点 1 作独立节点、两个内网孔作独立回路可列写出如下 KVL、KCL 方程

图 1-26

$$2i_1 + 6i_2 = 12$$
$$-6i_2 + 3i_3 = 0$$
$$-i_1 + i_2 + i_3 = 0$$

对该方程组求解,得

$$i_1 = 3A$$
$$i_2 = 1A$$
$$i_3 = 2A$$

习　题

1-1　题 1-1 图中各元件的电流及电压的参考方向已经给定,试计算:

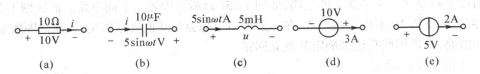

题 1-1 图

（1）三个无源元件的支路电流或电压；

（2）各元件所吸收的功率。

1-2　试计算题 1-2 图所示各电路中的元件端电压 u 与支路电流 i，以及电路中两理想电源发出的功率，并说明哪些电源实际上是发出功率，哪些电源实际上是吸收功率。

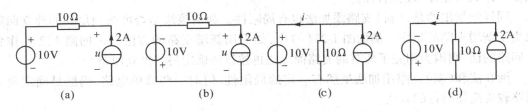

题 1-2 图

1-3　一个额定功率 0.25W，电阻值为 10kΩ 的电阻，使用时所能允许施加的最大端电压和所能通过的最大电流分别是多少？

1-4　一个手电筒用干电池，不接负载灯泡时用内电阻可近似看做无穷大的精密电压表测得其端电压为 3V，接通 10Ω 灯泡电阻后测得其端电压为 2.8V。试求：

（1）干电池的内电阻；

（2）干电池内部消耗的功率和实际发出的功率。

1-5　题 1-5 图所示分别为含受控电压源和受控电流源的电路，试问此两个受控源能用什么二端元件来等效代替，其参数是多少？

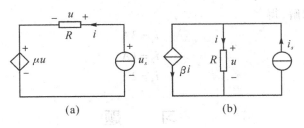

题 1-5 图

1-6　已知题1-6图所示电路中,理想电压源电压为$u_s = 10\sin 1\,000t$ V,理想电流源电流为$i_s = 5\sin 500t$ A。试求:

(1)流过电容和电阻的电流及作用在电感上的端电压;

(2)各无源元件吸收的功率和两理想电压源发出的功率。

1-7　题1-7图示电路中,已知:$R_1 = 1\Omega$,$R_2 = 2\Omega$,$R_3 = 3\Omega$,$R_4 = 4\Omega$,$u_s = 10$V,$i_s = 2$A,选f点为参考节点,计算其他各节点的电位值。

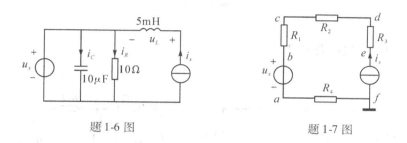

题1-6图　　　　　　　　题1-7图

1-8　题1-8图(a)所示为一滑线变阻器,其电阻$R = 1$kΩ,额定电流为1A。若已知外加电压$u = 500$V,电阻$R_1 = 200\Omega$,求:

(1)图(a)中的输出电压u_1。

(2)若如图(b)所示,用内阻分别为2kΩ和2MΩ的电压表去测量输出电压,问电压表的读数分别为多少?

(3)若如图(c)所示,误将内阻为1Ω,量程为1A的电流表当做电压表接入,将会发生什么后果?

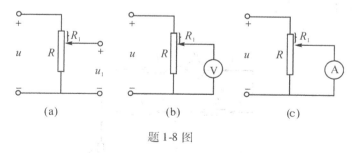

(a)　　　　　　　(b)　　　　　　　(c)

题1-8图

1-9　题1-9图所示电路中,试求:

(1)图(a)所示电路中受控电流源的端电压u和电阻R的值。

(2)图(b)所示电路中电流源的电流值。

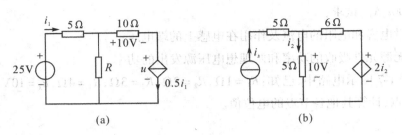

题 1-9 图

1-10　试利用基尔霍夫定律计算:

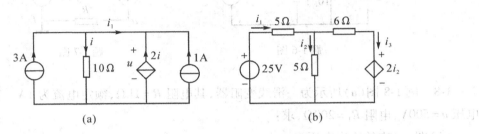

题 1-10 图

（1）题 1-10 图（a）所示电路中受控电流源的端电压。

（2）题 1-10 图（b）所示电路中的各支路电流。

1-11　试确定题 1-11 图所示电路独立的 KCL、KVL 方程的个数,并选定独立节点和独立回路列写 KCL、KVL 方程。

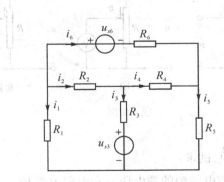

题 1-11 图

第2章 简单电阻电路的分析

本章介绍简单电阻电路等效变换的概念和分析方法,所涉及到的内容主要有:电阻的串联、并联和混联;电阻的星形连接与三角形连接的等效变换;无源一端口等效电阻的概念和计算方法;非理想电压源和非理想电流源的等效变换;电源的连接和含受控源简单电阻电路的分析。

2.1 电阻的串联、并联和混联

2.1.1 电阻的串联

电路中将若干个电阻元件如图2-1(a)所示两两首尾相联构成一串的连接方式称为电阻的串联。

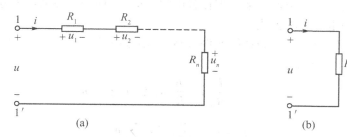

图 2-1 电阻的串联

由图2-1(a)可见,串联电阻电路具有如下特点:

当电路的端点1-1′处加电压源作用时,电路中只形成一个回路,电路中电流是公共量。利用这个特点,可对该电路进行等效化简从而分析该电路。

对该电路列写KVL方程,可得

$$u = u_1 + u_2 + \cdots + u_n \tag{2-1}$$

由于流过各个电阻元件的电流相同,设其为i,则按图2-1(a)所示参考方向可得各电阻元件上的电压分别为

$$u_1 = R_1 i, u_2 = R_2 i, \cdots, u_n = R_n i \tag{2-2}$$

将式(2-2)代入式(2-1)后可得

$$u = i \sum_{k=1}^{n} R_k \tag{2-3}$$

显然式(2-3)中和式部分是一具有电阻量纲的正实常数,可将其称为串联电阻电路的等效电阻,记为

$$R_{eq} = \frac{u}{i} = \sum_{k=1}^{n} R_k \tag{2-4}$$

用等效电阻 R_{eq} 取代串联电阻电路后就得到图 2-1(b)所示的简化电路,由于用该简化电路求得的端点 1-1′处的电压和电流的关系与由串联电阻电路计算的结果完全相同,因此图 2-1(b)所示电路与原串联电阻电路在端点 1-1′处完全等效,这种等效称为对外电路等效。将串联电阻电路等效为简化电路的过程称为电路的等效变换。

式(2-4)表明,串联电阻电路的等效电阻等于电路中各电阻的和。在已知电压 u 的情况下,只需由该式求得等效电阻,就可得电流

$$i = \frac{u}{R_{eq}} \tag{2-5}$$

从而可求得各电阻的端电压分别为

$$u_k = \frac{R_k}{R_{eq}} u, \ k = 1, 2, \cdots, n \tag{2-6}$$

式(2-6)表明:在串联电阻电路中,各电阻元件的电压与该电阻值成正比,与串联电阻电路的等效电阻值成反比。由于总有关系

$$R_k < R_{eq}, \ k = 1, 2, \cdots, n$$

成立,所以每个电阻元件的电压都小于外加电源电压。实际上由式(2-6)还可知外加电源电压是按各电阻值的大小成正比例地分配在各电阻上的,这种分配关系称为分压。式(2-6)称为串联电阻电路的电压分配公式。

在第一章已介绍电阻元件为耗能元件,设各电阻吸收的功率为 $p_k, k = 1, 2, \cdots, n$,整个电路吸收的功率为 p,则可得

$$p_k = u_k i = \frac{R_k}{R_{eq}} ui = \frac{R_k}{R_{eq}} p, \ k = 1, 2, \cdots n \tag{2-7}$$

$$p = ui = \sum_{k=1}^{n} u_k i = \sum_{k=1}^{n} p_k \tag{2-8}$$

式(2-7)、式(2-8)表明,串联电阻电路吸收的功率等于式中各电阻元件吸收功率的总和;各电阻元件吸收的功率可看做整个电路吸收的功率按各电阻值的大小成比例地分配在各电阻上的结果。

2.1.2　电阻的并联

如图 2-2(a)所示将若干个电阻元件的首尾两端分别连接在两个节点上的连接方式称为电阻元件的并联。

由图 2-2(a)可见,并联电阻电路具有如下特点:

当电路的端点 1-1′处加电源作用时,电路中只存在一个独立节点,电路中元件的端电压是公共量。利用这个特点,可对该电路进行等效化简从而分析该电路。

对该电路的端点 1 列写 KCL 方程,可得

$$i = i_1 + i_2 + \cdots + i_n \tag{2-9}$$

由于各个电阻元件的端电压相等,则按图示参考方向可得流经各电阻元件的电流分

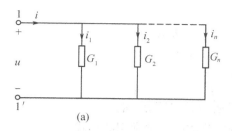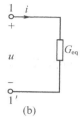

(a)　　　　　　　　　　　　　　(b)

图 2-2　电阻的并联

别为

$$i_1 = G_1 u, i_2 = G_2 u, \cdots, i_n = G_n u \tag{2-10}$$

于是可得

$$i = u \sum_{k=1}^{n} G_k \tag{2-11}$$

与串联电路一样,式(2-11)中和式部分也是一个正实常数,但具有电导量纲,可称为并联电阻电路的等效电导,记为

$$G_{eq} = \frac{i}{u} = \sum_{k=1}^{n} G_k \tag{2-12}$$

用等效电导 G_{eq} 取代并联电阻电路后就得到图 2-2(b)所示外部等效电路。

式(2-12)表明,并联电阻电路的等效电导等于电路中各电导的和。如已知外加电流源电流 i,只需由该式求得等效电导,就可求得元件端电压为

$$u = \frac{i}{G_{eq}} \tag{2-13}$$

从而可求得流经各电阻的电流分别为

$$i_k = \frac{G_k}{G_{eq}} i, \ k = 1, 2, \cdots, n \tag{2-14}$$

式(2-14)表明:在并联电阻电路中,流经各电阻元件的电流与该电阻的电导值成正比,与并联电阻电路的等效电导值成反比。由式(2-12)知总有关系

$$G_k < G_{eq}, \ k = 1, 2, \cdots, n$$

成立,所以流经每个电阻元件的电流都小于外加电流源电流。同样由式(2-14)也可知外加电流源电流是按并联电路中各电导的大小成正比例地分配到各支路中的,这种分配关系称为分流。式(2-14)称为并联电阻电路的电流分配公式。

同样可得并联电阻电路中各电阻及整个电路吸收的功率分别为

$$p_k = ui_k = \frac{G_k}{G_{eq}} ui = \frac{G_k}{G_{eq}} p, \ k = 1, 2, \cdots, n \tag{2-15}$$

$$p = ui = \sum_{k=1}^{n} i_k u = \sum_{k=1}^{n} p_k \tag{2-16}$$

实际上出现较多的是如图 2-3(a)所示两个电阻元件并联的情况。这时由式(2-12)可得等效电阻与各元件电阻之间的关系为

$$\frac{1}{R_{eq}} = \frac{1}{R_1} + \frac{1}{R_2}$$

因此可得

$$R_{eq} = \frac{R_1 R_2}{R_1 + R_2}\qquad\qquad(2\text{-}17)$$

由式(2-14)可得两个支路电流分别为

$$i_1 = \frac{R_2}{R_1 + R_2} i,\ i_2 = \frac{R_1}{R_1 + R_2} i\qquad\qquad(2\text{-}18)$$

式(2-18)是并联电阻电路电流分配公式的一种常用的形式。

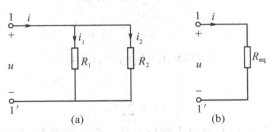

图 2-3　两个电阻元件的并联

2.1.3　电阻的串并联(混联)

电路中既有串联又有并联的联接方式称为电阻的串并联,或混联。

对串并联电路的分析只需反复运用前述串联和并联电路的等效电阻(电导)、分压和分流的计算公式求取电路的等效电阻(电导)和各支路电压、电流,即可达到目的。

图 2-4(a)所示的电路中,先将电阻 R_4 和 R_5 并联,可得图 2-4(b)所示电路,其中由式(2-17)得

$$R_6 = \frac{R_4 R_5}{R_4 + R_5}$$

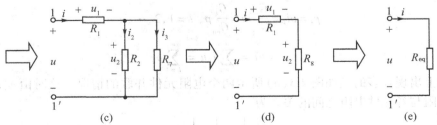

图 2-4　电阻的串并联

再依次将电阻 R_3、R_6 串联;R_2、R_7 并联;R_1、R_8 串联,就可得图 2-4(e)等效电路,其中

$$R_7 = R_3 + R_6, \quad R_8 = \frac{R_2 R_7}{R_2 + R_7}, \quad R_{eq} = R_1 + R_8$$

由图 2-4(e)等效电路求得电流 i 后,就可进一步利用上述各简化图和分压、分流公式求得各支路电压和支路电流分别为

$$u_1 = \frac{R_1}{R_1 + R_8} u, \quad u_2 = \frac{R_8}{R_1 + R_8} u$$

$$i_2 = \frac{R_7}{R_2 + R_7} i, \quad i_3 = \frac{R_2}{R_2 + R_7} i$$

$$u_3 = \frac{R_3}{R_3 + R_6} u_2, \quad u_4 = \frac{R_6}{R_3 + R_6} u_2$$

$$i_4 = \frac{R_5}{R_4 + R_5} i_3, \quad i_5 = \frac{R_4}{R_4 + R_5} i_3$$

2.2 电阻的星形连接与三角形连接的等效变换

实际情况中经常会遇到一些如图 2-5 所示的既不是串联又不是并联的电路。如图 2-5(a)中,三个电阻的一端连接在一个公共节点上,另一端与电路的其他部分相联,这种连接方式称为星形连接,简称为 Y 形连接。如图 2-5(b)中,三个电阻分别首尾相联成一个三角形,称为三角形连接,简称△形连接。

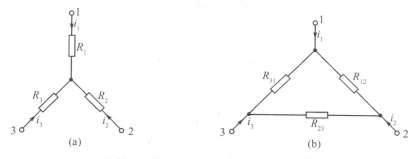

图 2-5 星形连接与三角形连接的等效变换

对存在 Y 形连接或△形连接的电路,一般不能直接用串并联的方法来等效化简,通常需先将 Y 形连接部分等效化简为△形连接,或将△形连接等效化简为 Y 形连接,然后再用串并联的方法来等效化简电路。

电路的 Y-△等效变换的基本要求是变换前后电路的外特性不变,如设作用在两电路各端子之间的电压相同,则变换前后流入两电路各端子的电流应保持不变。在此基础上由一个电路的已知元件参数求取对应等效电路的元件参数。

2.2.1 Y 形电路等效变换为△形电路

Y 形电路等效变换为△形电路,就是在已知 Y 形连接电路元件参数的条件下求取对应

△形连接等效电路的元件参数。

利用基尔霍夫定律先分别列出两电路的电路方程。由图 2-5(a)可得

$$u_{12} = R_1 i_1 - R_2 i_2 \tag{2-19}$$

$$u_{23} = R_2 i_2 - R_3 i_3 \tag{2-20}$$

$$u_{31} = R_3 i_3 - R_1 i_1 \tag{2-21}$$

由图 2-5(b)得

$$i_1 = \frac{u_{12}}{R_{12}} - \frac{u_{31}}{R_{31}} \tag{2-22}$$

$$i_2 = \frac{u_{23}}{R_{23}} - \frac{u_{12}}{R_{12}} \tag{2-23}$$

$$i_3 = \frac{u_{31}}{R_{31}} - \frac{u_{23}}{R_{23}} \tag{2-24}$$

对两电路还可同时列出 KCL 方程

$$i_1 = -(i_2 + i_3) \tag{2-25}$$

$$i_2 = -(i_1 + i_3) \tag{2-26}$$

$$i_3 = -(i_1 + i_2) \tag{2-27}$$

将式(2-26)代入式(2-19),得

$$u_{12} = (R_1 + R_2) i_1 + R_2 i_3 \tag{2-28}$$

再将式(2-28)两侧同时乘以 R_3、式(2-21)两侧同时乘以 R_2,分别得

$$R_3 u_{12} = (R_2 R_3 + R_3 R_1) i_1 + R_2 R_3 i_3$$

$$R_2 u_{31} = R_2 R_3 i_3 - R_1 R_2 i_1$$

两式相减后得

$$i_1 = \frac{R_3}{R_1 R_2 + R_2 R_3 + R_3 R_1} u_{12} - \frac{R_2}{R_1 R_2 + R_2 R_3 + R_3 R_1} u_{31} \tag{2-29}$$

按同样方法可得

$$i_2 = \frac{R_1}{R_1 R_2 + R_2 R_3 + R_3 R_1} u_{23} - \frac{R_3}{R_1 R_2 + R_2 R_3 + R_3 R_1} u_{12} \tag{2-30}$$

$$i_3 = \frac{R_2}{R_1 R_2 + R_2 R_3 + R_3 R_1} u_{31} - \frac{R_1}{R_1 R_2 + R_2 R_3 + R_3 R_1} u_{23} \tag{2-31}$$

按变换后电路的外特性不变的基本要求,将此三式与式(2-22)、(2-23)和式(2-24)比较并注意到 u_{12}、u_{23} 和 u_{31} 的任意性,可得

$$\left. \begin{aligned} R_{12} &= \frac{R_1 R_2 + R_2 R_3 + R_3 R_1}{R_3} = R_1 + R_2 + \frac{R_1 R_2}{R_3} \\ R_{23} &= \frac{R_1 R_2 + R_2 R_3 + R_3 R_1}{R_1} = R_2 + R_3 + \frac{R_2 R_3}{R_1} \\ R_{31} &= \frac{R_1 R_2 + R_2 R_3 + R_3 R_1}{R_2} = R_1 + R_3 + \frac{R_1 R_3}{R_2} \end{aligned} \right\} \tag{2-32}$$

由式(2-32)可求得与已知 Y 形连接电路等效的 △形连接电路的各电阻元件参数。

2.2.2 △形电路等效变换为 Y 形电路

式(2-32)确立了 Y 形连接电路与△形连接电路的各电阻元件参数之间的对应关系,对已知△形连接电路电阻元件参数的情况,只需在该式中将 Y 形连接电路各电阻当做未知量解出,就可得对应等效 Y 形连接电路各电阻的计算式

$$\left.\begin{array}{l} R_1 = \dfrac{R_{31}R_{12}}{R_{12}+R_{23}+R_{31}} \\[3mm] R_2 = \dfrac{R_{12}R_{23}}{R_{12}+R_{23}+R_{31}} \\[3mm] R_3 = \dfrac{R_{23}R_{31}}{R_{12}+R_{23}+R_{31}} \end{array}\right\} \tag{2-33}$$

在后面章节对称三相电路的分析计算中,经常会遇到 Y 形连接电路的各电阻或△形连接电路的各电阻相同的情况,此时式(2-32)和式(2-33)变得极其简单。如记 Y 形电路和△形电路的电阻分别为 R_Y 和 $R_\triangle$,则

$$R_Y = \frac{1}{3}R_\triangle , \quad R_\triangle = 3R_Y$$

例 2-1 图 2-6(a)所示桥形电路中,已知:
$R_1 = 4\Omega , R_2 = 2\Omega , R_3 = 12\Omega , R_4 = 2\Omega , R_5 = 1\Omega$,求该电路的等效电阻。

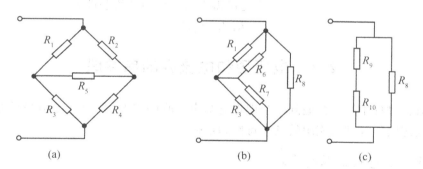

图 2-6 桥形电路的等效变换

解 先将图 2-6(a)所示电路中电阻 R_2、R_4 和 R_5 构成的 Y 形连接电路等效变换为图 2-6(b)所示的△形连接电路,得

$$R_6 = R_2 + R_5 + \frac{R_2 R_5}{R_4} = 2+1+\frac{2\times 1}{2} = 4\Omega$$

$$R_7 = R_4 + R_5 + \frac{R_4 R_5}{R_2} = 2+1+\frac{2\times 1}{2} = 4\Omega$$

$$R_8 = R_2 + R_4 + \frac{R_2 R_4}{R_5} = 2+2+\frac{2\times 2}{1} = 8\Omega$$

再由图 2-6(b)得

$$R_9 = \frac{R_1 R_6}{R_1 + R_6} = \frac{4 \times 4}{4 + 4} = 2\Omega$$

$$R_{10} = \frac{R_3 R_7}{R_3 + R_7} = \frac{12 \times 4}{12 + 4} = 3\Omega$$

最后由图 2-6(c)可得等效电阻为

$$R_{eq} = \frac{(R_9 + R_{10})R_8}{R_8 + R_9 + R_{10}} = \frac{(2+3) \times 8}{2+3+8} = 3.077\Omega$$

例 2-2　图 2-7 所示为一直流电桥,节点 B、D 间接有一精密检流计Ⓖ,当流过检流计的电流为零时,就称电桥达到了平衡。试求其平衡条件。

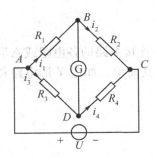

图 2-7　直流电桥电路

解　因为当流过检流计的电流为零时,检流计所在支路相当于断路,且节点 B、D 等电位,所以

$$i_1 = i_2, \ i_3 = i_4, \ u_{AB} = u_{AD}, \ u_{BC} = u_{DC}$$

又因

$$u_{AB} = R_1 i_1, \ u_{AD} = R_3 i_3$$

$$u_{BC} = R_2 i_2 = R_2 i_1, \ u_{DC} = R_4 i_4 = R_4 i_3$$

所以

$$\frac{u_{AB}}{u_{BC}} = \frac{R_1 i_1}{R_2 i_1} = \frac{u_{AD}}{u_{DC}} = \frac{R_3 i_3}{R_4 i_3}$$

于是可得直流电桥的平衡条件为

$$R_1 R_4 = R_2 R_3$$

2.3　电压源和电流源的串并联

电路分析过程中经常会遇到多个理想电源串并联的情况,理想电源串并联电路的构成和分析以理想电压源和电流源的基本特性为依据。

2.3.1　理想电压源的串联

如图 2-8(a)所示当有 n 个理想电压源串联时,对该电路列写 KVL 方程,可得

$$u = u_{s1} + u_{s2} + \cdots + u_{sn}$$

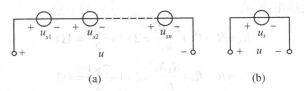

(a)　　　　　　　　　　(b)

图 2-8　理想电压源的串联

根据理想电压源的特点知理想电压源的端电压与外电路无关,电流与外电路有关,所以

n 个理想电压源的代数和 u 也是与外电路无关的量,但电流大小取决于外电路,因此 u 具有理想电压源的特征,故 n 个理想电压源串联可以一个理想电压源进行等效,其等效电路如图 2-8(b)所示。

2.3.2 理想电流源的并联

如图 2-9(a)所示当 n 个理想电流源并联时,其等效电路类似可根据理想电流源的特点得到。对端点 1 列 KCL 方程,得

$$i = i_{s1} + i_{s2} + \cdots + i_{sn}$$

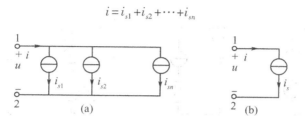

图 2-9 理想电流源的并联

因理想电流源电流与外电路无关,端电压与外电路有关,所以 n 个理想电流源的代数和 i 也是与外电路无关的量,但其端电压大小取决于外电路,因此 i 具有理想电流源的特征,故 n 个理想电流源并联,可以一个理想电流源进行等效,其等效电路如图 2-9(b)所示。

需注意的是:

多个理想电压源只有当其大小相等、极性相同时才能并联,否则根据理想电压源的特点对应并联电路的端电压将是不确定的量。

同样多个理想电流源也只有当其大小相等、极性相同时才能串联,否则根据理想电流源的特点对应串联电路的电流也将是不确定的量。

2.3.3 理想电压源与其他元件的并联

图 2-10 中给出了几种与理想电压源并联的典型电路。其中图 2-10(a)为理想电压源与理想电流源并联,该电路中由于理想电压源电压与外电路无关,而理想电流源端电压取决于外电路,所以其端电压由电压源决定;流过其端子的电流则由于流经电压源的电流随外电路变化从而取决于外电路,因此该并联电路与图 2-10(d)所示理想电压源外部等效。同样可知图 2-10(b)、(c)所示电路亦等效于图 2-10(d)所示理想电压源。

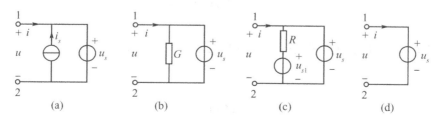

图 2-10 理想电压源与其他元件的并联

2.3.4 理想电流源与其他元件的串联

图 2-11 中给出了几种与理想电流源串联的典型电路。其中图 2-11(a)为理想电压源与理想电流源串联,该电路中由于理想电流源电流与外电路无关而流经理想电压源的电流取决于外电路,所以该支路电流由电流源决定;其端子间电压则由于电流源的端电压随外电路变化从而取决于外电路,因此该串联电路与图 2-11(d)所示理想电流源外部等效。同样可知图 2-11(b)、(c)所示电路亦等效于图 2-11(d)所示理想电流源。

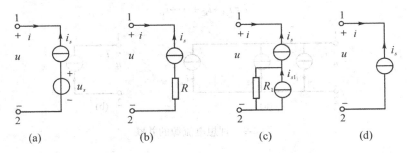

图 2-11 理想电流源与其他元件的串联

2.4 实际电源、受控源的等效变换

2.4.1 实际电源的等效变换

第一章介绍了实际电源的电路模型,其中(实际)直流电压源和电流源的电路模型分别如图 2-12(a)、(b)所示。可以证明,在保持电路外特性不变的前提下,可将直流电压源等效变换为直流电流源,反之亦然。

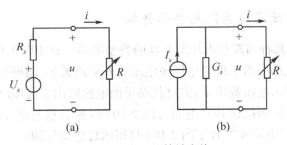

图 2-12 电源的等效变换

由图 2-12 所示电路可得描述电压源和电流源端特性的方程分别为

$$u = U_s - R_s i \tag{2-34}$$

和

$$i = I_s - G_s u \tag{2-35}$$

将式(2-34)改写为

$$i = \frac{U_s}{R_s} - \frac{u}{R_s}$$

将该式与式(2-35)比较,知欲保持外特性不变,应有

$$\left.\begin{aligned} I_s &= \frac{U_s}{R_s} \\ G_s &= \frac{1}{R_s} \end{aligned}\right\} \tag{2-36}$$

类似由式(2-35)也可得

$$\left.\begin{aligned} U_s &= R_s I_s \\ R_s &= \frac{1}{G_s} \end{aligned}\right\} \tag{2-37}$$

式(2-36)、式(2-37)为(直流)电压源和电流源等效变换的关系式。在使用该式进行电源的等效变换时,应注意电压源和电流源的对应参考方向。

需强调的是,电源的等效变换是一种外部等效。例如在图2-12中,当电阻 R 被断开时,$i=0$,理想电压源不发出功率,与其串联的电源内电阻也不吸收功率;但在等效的实际电流源内部,理想电流源要发出功率,其发出的功率恰好被与其并联的电源内电导所吸收,因此在两电源内部是不等效的。

电源的等效变换是一种化简有源网络的有效方法,通常用于求解一些简单的由电源和电阻构成的串并联电路,或用于电路中某些个别支路电量的分析计算。

例 2-3 试用电源等效变换的方法计算图 2-13(a)所示电路中的电流 i。

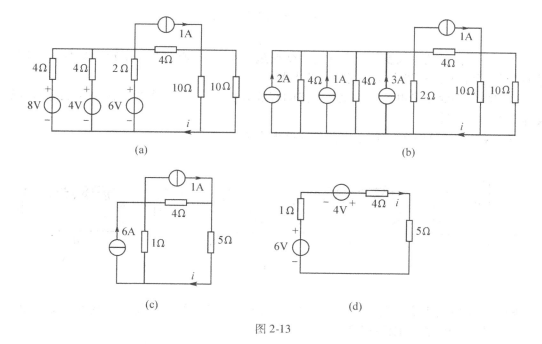

图 2-13

解 先将图 2-13(a)所示电路中三个电压源与电阻的串联组合等效变换为电流源与电

阻的并联组合,得图 2-13(b)所示电路。再将三个并联的理想电流源和与其相连的三个电阻分别合并,得图 2-13(c)所示等效电路。然后再将图 2-13(c)电路中电流源与电阻的并联组合等效变换为电压源与电阻的串联组合,得图 2-13(d)所示等效电路。最后由图 2-13(d)即可求得

$$i = \frac{6+4}{1+4+5} = 1\,\text{A}$$

2.4.2 受控源的等效变换

由于受控源的受控支路在控制量确定的情况下具有理想电源的特征,所以受控电压源受控支路与电阻的串联组合也可以仿照电压源等效变换为受控电流源受控支路与电阻的并联组合,反之亦然。

图 2-14(a)中给出了一个电压控制的电压源,其受控支路与电阻 R 串联。该支路可与图 2-14(b)所示受控电流源与电阻的并联组合等效互换。等效变换关系如图 2-14 所示,可仿照前面实际电源的等效变换的方法证明。

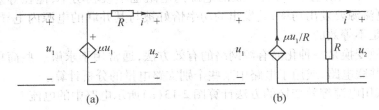

图 2-14 受控源的等效变换

在进行受控源的等效变换时需注意在变换过程中一般应保留控制支路,以保证控制关系的存在,除非通过适当变换可消除受控支路。

受控源的等效变换也是一种化简电路的有效方法,经常用于含受控源电路的分析计算及等效电阻的计算。

例 2-4 试计算图 2-15 所示电路的支路电流 I。

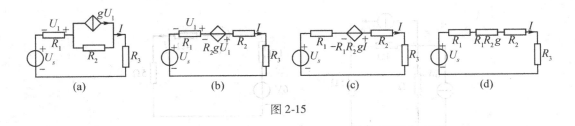

图 2-15

解 图示电路中含有受控电流源与电阻的并联组合,可先将其等效变换为如图 2-15(b)所示受控电压源与电阻的串联组合。

由于控制量是电阻电压,可将其变换为流经该电阻的电流,但控制关系也应作如图 2-15(c)所示调整。

图 2-15(c)中,受控电压源的控制量是流经该支路的电流,故该受控源相当于一个电阻,因此可进一步将该电路等效变换为图 2-15(d)所示电路,从而消去了受控源。最后由图 2-15(d)可得

$$I = \frac{U_s}{R_1 + R_2 + R_3 + R_1 R_2 g}$$

2.5　无源一端口的等效电阻和输入电阻

通过一对端子与外部或其他电路相连接的电路称为一端口或二端口网络。如果一端口网络中不含独立电源,则称其为无源一端口网络,否则称为有源一端口网络。一端口网络通常用图 2-16 所示方框来表示,而有源及无源一端口网络则分别通过在方框中标以英文字母"A"和"P"来描述。

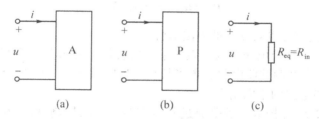

图 2-16　一端口及等效电阻和输入电阻

如果在无源一端口网络的端口处施加电压源或电流源,求得对应的端口电流或端口电压,则可证明端口电压与对应的端口电流的比值是一个与外加电源无关的确定的常数,称为无源一端口网络的输入电阻,记为

$$R_{in} = \frac{u}{i} \tag{2-38}$$

显然,在无源一端口网络的等效电阻上也存在此关系,所以无源一端口网络的等效电阻等于其输入电阻。

当无源一端口网络内部只包含电阻元件时,总可以用串并联或 Y-△变换的方法求得其等效电阻。但当无源一端口网络内部包含受控源时,其等效电阻就不能如此计算了,通常可采用计算输入电阻的方法来计算等效电阻。具体计算方法通过下面的例题予以介绍。

例 2-5　试计算图 2-17(a)所示电路的等效电阻。

解法一　计算含受控源无源一端口等效电阻的基本方法是在其端口处施加电压源或电流源的基础上通过列写方程解对应的端口电流或端口电压,从而计算其输入电阻。图 2-17(a)中在端口处施加了一个电压源,对该电路可列写出两个回路的 KVL 方程和节点 A 的 KCL 方程,即

$$10i_1 - 10i_2 - 5i = 0$$
$$10i_2 + 5i + 5i = u$$
$$i_1 + i_2 - i = 0$$

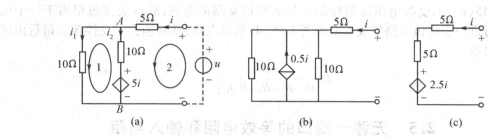

图 2-17　含受控源的无源—端口输入电阻的计算

从三个方程中消除变量 i_1，i_2，得

$$U = 12.5i$$

于是得

$$R_{eq} = R_{in} = \frac{u}{i} = 12.5\,\Omega$$

解法二　采用受控源等效变换的方法求解。

先将图 2-17(a) 中受控电压源与电阻的串联组合等效变换为图 2-17(b) 中受控电流源与电阻的并联组合，合并两并联电阻后再将其与受控电流源的并联组合等效变换为图 2-17(c) 中受控电压源与电阻的串联组合。

图 2-17(c) 中 2.5i 受控电压源受流过其本支路电流的控制，所以相当于一个 2.5Ω 的电阻，于是同样可得等效电阻为

$$R_{eq} = 5 + 5 + 2.5 = 12.5\,\Omega$$

需强调的是，用受控源等效变换的方法求解等效电阻是有局限性的。当控制量为端口电量时可使用该法；而当控制量处于端口内部时，由于在受控支路未消除前必须保留控制支路，所以一般不能使用该法。

当控制量处于端口内部时有时可采用齐性原理计算输入电阻，该法将在后面学习了齐性原理后再予以介绍。

习　题

2-1　试采用串并联的方法计算题 2-1 图所示电路的各支路电流。

2-2　试计算题 2-2 图所示电路的电流 I。

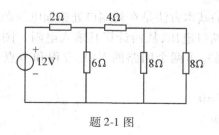

题 2-1 图

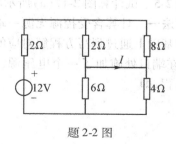

题 2-2 图

2-3   试计算题 2-3 图所示各电路的等效电阻。

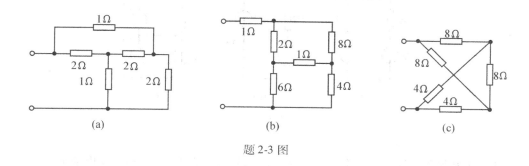

(a)   (b)   (c)

题 2-3 图

2-4   试用 Y-△ 变换的方法计算题 2-4 图所示电路的等效电阻。

2-5   试计算题 2-5 图所示电路的等效电阻。

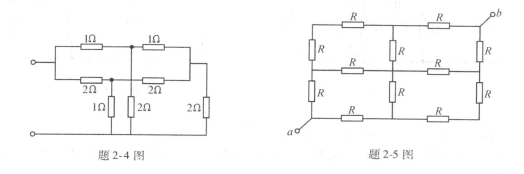

题 2-4 图   题 2-5 图

2-6   试用电源等效变换的方法计算题 2-6 图所示电路中与电流源并联的 4Ω 电阻的电流 i。

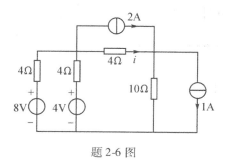

题 2-6 图

2-7   试求题 2-7 图所示各电路的最简等效电路。

2-8   试计算题 2-8 图所示含受控源电路的输入电阻。

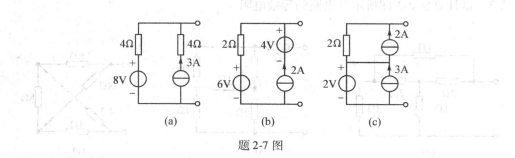

题 2-7 图

2-9　试求题 2-9 图所示电路 a、b 两端右侧部分的输入电阻 R_{in} 和支路电流 i。

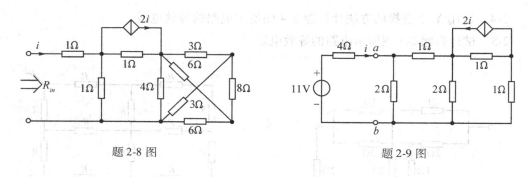

题 2-8 图　　　　　　　　　　　题 2-9 图

2-10　试求题 2-10 图所示电路的输出电压 u_0。

2-11　试求题 2-11 图所示电路 a、b 两端右侧含受控源部分的输入电阻 R_{in} 和支路电流 i。

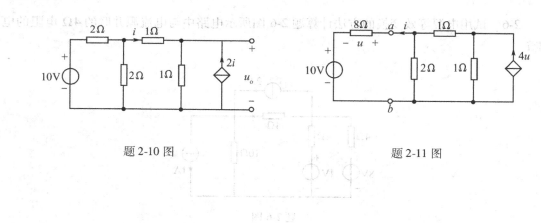

题 2-10 图　　　　　　　　　　　题 2-11 图

第3章　电路分析的一般方法

　　本章介绍电路方程的建立方法。分别选取支路电流、网孔电流、回路电流、节点电压、割集电压为变量建立方程,相应地就得出了建立电路方程的支路电流法、网孔电流和回路电流法、节点电压法、割集电压法。利用网络图论知识有助于建立独立的电路方程。这里仍然是对电阻性网络进行直流分析,但得出的结论可以推广到其他电路。

3.1　网络图论的概念

　　图论属于拓扑学的范畴,是数学的一个分支,是一门古老而又具有新兴发展潜力的学科。图论是瑞士数学家欧拉(1707—1783)于1736年在解决当时一个闻名的难题——七桥问题而创立的。德国东部的普雷格尔河流过肯尼希堡,河中有两个小岛,为了便于通行而在河岸与小岛及小岛间建有七座桥彼此连通,如图3-1(a)所示。七桥问题是:能否从河岸或小岛的任意地方出发,走过每座桥一次之后回到原地。欧拉将这一地理问题简化为一个数学问题,他把河岸与小岛分别用 a、b、c、d 四个点表示,称为节点;桥用线段表示,称为支路。桥与河岸、小岛的连接关系就用支路与节点的连接关系表示,如图3-1(b)所示。七桥问题变成:能否在连通图中从某一节点出发,沿着每一支路绕行一次再回到原节点,即在连通图中是否存在一条单行曲线。欧拉得出的结论是:连通图中存在单行曲线的充要条件是:连通图中所有节点连接的支路数都是偶数。显然,七桥问题是不满足这一条件的。早期的图论与游戏有紧密联系。而近几十年来,计算机技术的发展促进了图论的研究和应用,现在图论的应用已深入到许多学科领域。

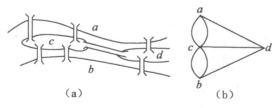

图3-1　肯尼希堡七桥问题

　　电网络分析是最早引进图论应用的学科之一,基尔霍夫于1847年提出电路的两个重要定律 KCL 及 KVL 时,就运用图论解决求解联立方程的问题,引进了图论中"树"的概念。应用图论通过网络的几何结构及其性质分析电网络问题,称为网络图论。

3.1.1 网络图论的名词及术语

将电网络中的每一个二端元件(可以是有源元件,也可以是无源元件)用一条线段来代替,该线段称为支路;而线段的两个端点称为节点。由这些线段和点所组成的图形称为网络的图或线图。这里还要补充说明的是,与实际的电路元件不一样,网络图论中支路、节点各是一个独立的整体,允许单独的节点存在。如图 3-2(a)、(c)所示的网络,就可以画出对应的线图 3-2(b)、(d)。如果线图的每一条支路都用箭头标出原网络中电流的参考方向,则称该图为有向图。在这里,支路电压与支路电流采用相关联参考方向,因此在有向图中,电压的参考方向就不必标出了。而未标出原网络电流参考方向的图则称为无向图。图 3-2(b)是一个有向图,而图 3-2(d)就是一个无向图。

如果图 G_1 的支路和节点都是图 G 的支路和节点中的一部分,则称图 G_1 是图 G 的一个子图。

从图 G 的一个节点出发,沿着一些支路连续移动到另一节点所经过的支路构成路径。

当图的任意二节点间至少存在一条连通的路径时,称它为连通图;否则称它为非连通图(或分离图)。例如图 3-2(b)就是一个连通图,而图 3-2(d)是一个非连通图。而当图的任意两节点间都有一条支路直接相通时,称它为全通图,例如图 3-2(b)。

在图论中,没有任何支路与之连接的节点,称为孤立点,仅由孤立点组成的图称为退化子图。图的任意支路与它两端的节点连接在一起,称为它们彼此相关联。

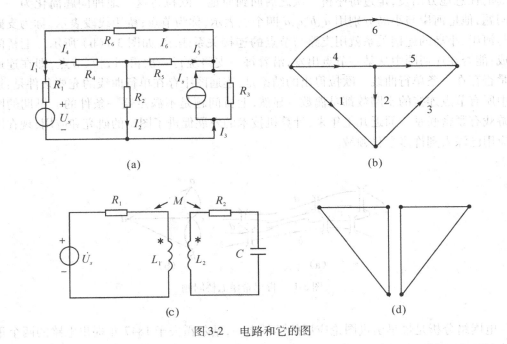

(a)   (b)

(c)   (d)

图 3-2 电路和它的图

如果图 G 能在一个平面上画出,且没有任何支路的交叉,则这样的图称为平面图;否则,称为非平面图。例如图 3-3(a)、(b)都是平面图。其中图 3-3(b)初看上去似有交叉,但将它改画成图3-3(c)时,就可看出它是一个平面图了。图3-3(d)为非平面图。平面图的概念在设计印刷电路板和集成电路布线时很重要。

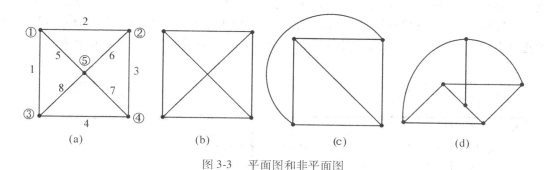

图 3-3 平面图和非平面图

3.1.2 几种重要的子图

1. 回路

在图 G 中,满足以下条件的一个子图,称为一个回路:

(1) 一条路径的起点与终点重合;

(2) 该路径中每个节点关联的支路数为 2。

例如在图 3-2(a) 中,支路(1、2、6、8)与(2、3、5、7)分别构成了回路,而支路(1、5、7、3、6、8)不构成回路。在一个图中,可以选取多个回路。在平面图中,那些中间不包含任何支路的回路称为网孔。图 3-2(a) 中,支路(1、5、8),(2、5、6),(3、6、7),(4、7、8)都分别构成网孔。网孔是一种具有最短路径的特殊回路。

2. 树

在连通图 G 中,符合下列三个条件的一个子图 T:

(1) T 仍是连通的;

(2) T 包含图 G 的全部节点;

(3) T 不构成任何回路。

称 T 是图 G 的一个树。例如在图 3-2(b) 中,支路(2、4、5),(1、4、6),(1、2、3) 等都是图 G 的树。由于选树的途径不同,一个图可以选取许多个树。对于一个有 n 个节点的全通图,其树的个数为 n^{n-2} 个。而图 3-2(b) 就是一个全通图,它可以选 16 个树。

组成树的支路称为树支;不包含在树中的支路称为连支。在一个连通图中,虽然它的树有不同的选法,但其树支的数目总是相同的。在一个有 n 个节点、b 条支路图 G 中,树支数为

$$b_t = n - 1 \tag{3-1}$$

这是因为在选一个树的过程中,首先选定的第一条树支具有两个节点,随后每新增一条树支就增加一个节点,直至包含图 G 的全部节点。由此可见,树支数比节点数少一个。连支数为

$$b_l = b - (n - 1) = b - n + 1 \tag{3-2}$$

在图 3-4（a）所示的连通图中，当选定支路（2、4、5）为树支（用粗线表示），显然仅由树支是不能构成回路的。对这个树分别添上支路（1、3、6）就形成了三个回路，如图 3-4（b）、（c）、（d）所示。每个回路只含有一条连支，这种回路称为基本回路或单连支回路。显然，一个连通图的基本回路数与连支数相等，为 $b - n + 1$。基本回路是一组独立的回路。

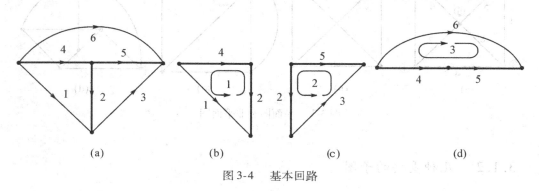

图 3-4　基本回路

3. 割集

与树的概念具有同样重要性的是关于割集的概念。在连通图 G 中，符合下列两个条件的一个支路集合：

（1）该支路集合全部去掉，原连通图分离成两部分；

（2）该支路集合中，如果留下任一条支路不去掉，则图 G 仍是连通的。

这一支部的集合称为图 G 的一个割集。

与回路相仿，在一个连通图中可以选取多个割集。在图 3-5（a）中，支路集合（1、6、9）、（2、8、9）、（3、4、5）等都是割集。支路集合（1、6、9）去掉后，连通图 G 就分离成为两部分（一个孤立节点是一个退化子图），当留下任一支路时，则图 G 仍然是连通的。割集用圆弧画线来表示，并用字母 Q 来标记。上述的三个割集分别记作 Q_1（1、6、9），Q_2（2、8、9）和 Q_3（3、4、5）等。但支路集合（3、5、6、7、8）就不是割集，因为支路 8 不去掉，图 G 仍是分离的。

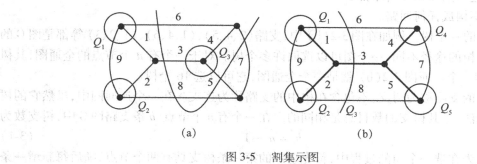

图 3-5　割集示图

在选定树的连通图中,只含有一条树支的割集,称为基本割集或单树支割集。在图 3-5(b) 中,当选取支路(1、2、3、4、5) 为树支时(用粗线表示),则 $Q_1(1、6、9)$,$Q_2(2、8、9)$,$Q_3(3、6、8)$,$Q_4(4、6、7)$ 和 $Q_5(5、7、8)$ 为基本割集组。显然,一个连通图的基本割集数与树支数相等,为 $n-1$。因为每一基本割集都只含有一条唯一的树支,因此,基本割集组是一组独立的割集。

3.1.3　KCL、KVL 的独立方程数

图 3-6(a) 所示的有 4 个节点、6 条支路的电路中,可以列写多少个独立的 KCL 和 KVL 方程呢? 首先我们来列写它的 KCL 方程,有:

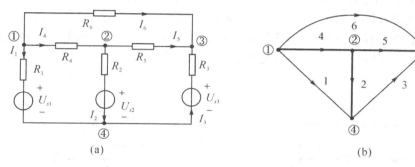

图 3-6　KCL 独立方程

节点 ① 　　　　　　　　　$I_1 + I_4 + I_6 = 0$
节点 ② 　　　　　　　　　$I_2 - I_4 + I_5 = 0$
节点 ③ 　　　　　　　　　$-I_3 - I_5 - I_6 = 0$
节点 ④ 　　　　　　　　　$-I_1 - I_2 + I_3 = 0$

对于以上 4 个方程,仔细分析一下,发现它们是不独立的。因为我们把这 4 个方程的左右两边分别相加,得到的结果为:0 = 0。这是因为每一条支路分别与两个节点相关联,例如支路 1 与节点 1 和节点 4 相关联,对于节点 1 而言,电流 I_1 是流出的,在节点 1 的方程中它被表示为正;但对于节点 4 而言,电流 I_1 是流入的,在节点 4 的方程中它被表示为负。也就是说,每一个支路电流分别在它相关联的两个节点上各出现一次,一次为图 3-6(b) 所示,并选支路(2、4、5) 为树支,余下的支路(1、3、6) 为连支。该电路共有 7 个回路,它们分别由(1、2、4),(2、3、5),(4、5、6),(1、3、6),(1、3、4、5),(1、2、5、6),(2、3、4、6) 支路构成。由这些回路所构成的 KVL 方程也不是独立的。这是因为后面 4 个回路中的每一个回路所构成的支路,在前面 3 个回路中都出现过,也就是说,后 4 个回路方程可以通过前 3 个回路方程的加减运算而获得。所以独立回路数应是 3 个,即独立回路方程的个数等于连支数,为 $b-n+1$ 个。前 3 个回路还是按照单连支回路的规则选出来的,按照这 3 个回路列出的 KVL 方程是独立的,因为它的每个方程中肯定有一条新的支路(连支)是另两个回路中所没有的。

对于一个电路,其独立的 KCL 方程和 KVL 方程的总合计数为

$$(n-1) + (b-n+1) = b$$

即它的独立方程的个数等于其支路数。

线性电路分析的一般问题是:已知电路的结构和电路元件参数,求解电路中各元件的电流、电压及其他物理量。电路分析的一般方法有:支路电流法、网孔电流法、回路电流法、节点电压法和割集电压法,后面将分别详细介绍。

3.2　支路电流法

当电路中的电阻和各电源的电压或电流均为已知时,要计算各条支路的电流、电压或功率,可以用支路电流法来计算。所谓支路电流,就是以支路电流作为未知量,对于电路中的独立节点列写 KCL 方程;对于独立回路,列写 KVL 方程,这两组方程的总个数刚好等于支路电流数,联立求解这些方程即可求出各支路电流。如图 3-7(a) 所示电路,要求计算各支路的电流和电压。画出该电路的有向图如图 3-7(b) 所示,选支路(2、3、4) 为树支,支路(1、5、6) 为连支,选基本回路如图 3-7(b) 所示。该电路有三个独立节点和三个独立回路。根据基尔霍夫电流定律,对于节点 ①、②、③ 有

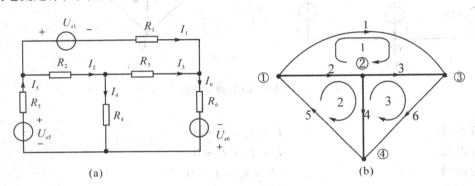

(a)　　　　　　　　　　　　(b)

图 3-7　支路电流法

$$\left.\begin{aligned} I_1 + I_2 - I_5 &= 0 \\ -I_2 + I_3 + I_4 &= 0 \\ -I_1 - I_3 + I_6 &= 0 \end{aligned}\right\} \tag{3-3}$$

在图 3-7(b) 所示的有向图中,其支路电压参考方向与支路电流的参考方向相关联,它的三个独立回路(也就是三个网孔)的 KVL 方程为

$$\left.\begin{aligned} u_1 - u_2 - u_3 &= 0 \\ u_2 + u_4 + u_5 &= 0 \\ u_3 - u_4 + u_6 &= 0 \end{aligned}\right\} \tag{3-4}$$

回到图 3-7(a) 所示的电路中,代入支路电压与电流、电阻以及电压源的关系,可得

回路 1　　　　　　$R_1 I_1 - R_2 I_2 - R_3 I_3 = -U_{s1}$

回路 2　　　　　　$R_2 I_2 + R_4 I_4 + R_5 I_5 = U_{s5}$　　$\left.\right\}$　　(3-5)

回路 3　　　　　　$R_3 I_3 - R_4 I_4 + R_6 I_6 = U_{s6}$

式(3-3)与式(3-5)中的 6 个方程都是用支路电流表示的,联立求解可以得到支路电流,再根据各支路的元件方程可求得各支路电压,进而可以求出其他物理量。

例 3-1　图 3-7(a)所示电路,已知 $R_1 = 2\Omega$,$R_2 = 1\Omega$,$R_3 = 1\Omega$,$R_4 = 1\Omega$,$R_5 = 2\Omega$,$R_6 = 2\Omega$,$U_{s1} = 1\text{V}$,$U_{s5} = 4\text{V}$,$U_{s6} = 9\text{V}$。求各支路电流和电压。

解　根据基尔霍夫电流定律,对于节点 ①、②、③,有

$$\left.\begin{array}{r} I_1 + I_2 - I_5 = 0 \\ -I_2 + I_3 + I_4 = 0 \\ -I_1 - I_3 + I_6 = 0 \end{array}\right\}$$

对于图 3-7(b)所示的有向图,在它 3 个网孔的 KVL 方程中,代入电阻、电压源的参数,有

回路 1 $\qquad\qquad\qquad 2I_1 - I_2 - I_3 = -1$
回路 2 $\qquad\qquad\qquad\qquad I_2 + I_4 + 2I_5 = 4$
回路 3 $\qquad\qquad\qquad\qquad\quad I_3 - I_4 + 2I_6 = 9$

联立求解得以上两组方程,可求出支路电流分别为

$$I_1 = 1\text{A}, I_2 = 1\text{A}, I_3 = 2\text{A}, I_4 = -1\text{A}, I_5 = 2\text{A}, I_6 = 3\text{A}$$

由以上 6 个支路电流,再根据各支路的元件方程可求得各支路电压,有

$$U_1 = U_{s1} + R_1 I_1 = 1 + 2 \times 1 = 3\text{V}$$

$$U_2 = R_2 I_2 = 1\text{V}$$

$$U_3 = R_3 I_3 = 2\text{V}$$

$$U_4 = R_4 I_4 = -1\text{V}$$

$$U_5 = -U_{s5} + R_4 I_4 = -4 + 2 \times 2 = 0\text{V}$$

$$U_6 = R_6 I_6 - U_{s6} = 2 \times 3 - 9 = -3\text{V}$$

例 3-2　试用支路电流法求图 3-8 所示电路中的支路电流和两个电源发出的功率。已知:$R_1 = 7\Omega$,$R_2 = 11\Omega$,$R_3 = 7\Omega$,$U_{s1} = 70\text{V}$,$U_{s2} = 6\text{V}$。

解　对于独立节点 1 列 KCL 方程,有

$$-I_1 - I_2 + I_3 = 0$$

对于两个网孔列写 KVL 方程

$$7I_1 - 11I_2 = 70 - 6$$

$$11I_2 + 7I_3 = 6$$

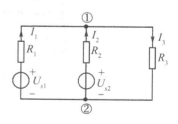

图 3-8　例 3-2 图

求解以上 3 个方程,得

$$I_1 = 6\text{A}, I_2 = -2\text{A}, I_3 = 4\text{A}$$

两个电源发出的功率为

$$P_1 = 70 \times I_1 = 420\text{W}（发出）$$

$$P_2 = 6 \times I_2 = -12\text{W}（吸收）$$

验算一下电路中发出的功率和吸收的功率是否相等。分别计算 3 个电阻吸收的功率为

$$P_{R1} = I_1^2 R_1 = 6^2 \times 7 = 252\text{W}$$

$$P_{R2} = I_2^2 R_2 = (-2)^2 \times 11 = 44\text{W}$$

$$P_{R3} = I_3^2 R_3 = 4^2 \times 7 = 112\text{W}$$

显然，$P_1 + P_2 = P_{R1} + P_{R2} + P_{R3}$。在此需要说明，电路中的电源不一定全都是输出功率的，应由它的电压、电流的实际方向或参考方向来确定。本例题中，6V 的电压源就是吸收功率的。

应用支路电流法分析电路的优点是方法简单、直观，但也有其明显的缺点：在对较复杂的电路分析时，方程个数多，所以它一般只适用于简单电路的计算。

3.3　网孔电流法与回路电流法

对于一个具有 n 条支路的电路，用支路电流法分析电路时，其独立节点电流方程和独立回路电压方程一共有 n 个，由于要求解的方程太多，计算工作量大，对于较为复杂的电路，应寻求其他的方法。

3.3.1　网孔电流法

对于图 3-9（a）所示的电路，其有向图如图 3-9（b）所示，选支路（2、3、4）为树支，其余为连支。该电路有 3 个网孔，以假想的 3 个网孔电流 I_{m1}、I_{m2}、I_{m3} 代替支路电流作为过渡待求量。网孔电流与支路电路的关系为：$I_{m1} = I_1$，$I_{m2} = I_5$，$I_{m3} = I_6$，$I_2 = I_5 - I_1 = I_{m2} - I_{m1}$，$I_3 = I_6 - I_1 = I_{m3} - I_{m1}$，$I_4 = I_5 - I_6 = I_{m2} - I_{m3}$，网孔电流就是 3 个连支电流，树支电流就是网孔电流在该树支上的代数和。对于 3 个独立的网孔可以列 KVL 方程如下：

网孔 1 　　　　　　　　$u_1 - u_2 - u_3 = 0$

网孔 2 　　　　　　　　$u_2 + u_4 + u_5 = 0$　　　　　　　　　　　(3-6)

网孔 3 　　　　　　　　$u_3 - u_4 + u_6 = 0$

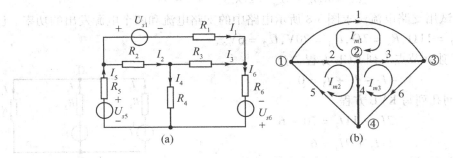

图 3-9　网孔电流法

回到图 3-9（a）所示的电路中，代入支路电压与电流、电阻以及电压源的关系，有

$$\begin{aligned} R_1 I_1 - R_2 I_2 - R_3 I_3 &= -U_{s1} \\ R_2 I_2 + R_4 I_4 + R_5 I_5 &= U_{s5} \\ R_3 I_3 - R_4 I_4 + R_6 I_6 &= U_{s6} \end{aligned}$$　　　(3-7)

再用网孔电流代替式(3-7)中的支路电流，得

$$R_1 I_{m1} - R_2(I_{m2} - I_{m1}) - R_3(I_{m3} - I_{m1}) = -U_{s1}$$
$$R_2(I_{m2} - I_{m1}) + R_4(I_{m2} - I_{m3}) + R_5 I_{m2} = U_{s5}$$
$$R_3(I_{m3} - I_{m1}) - R_4(I_{m2} - I_{m3}) + R_6 I_{m3} = U_{s6}$$
$$(3\text{-}8)$$

把以上方程整理如下：

$$(R_1 + R_2 + R_3)I_{m1} - R_2 I_{m2} - R_3 I_{m3} = -U_{s1}$$
$$-R_2 I_{m1} + (R_2 + R_4 + R_5)I_{m2} - R_4 I_{m3} = U_{s5}$$
$$-R_3 I_{m1} - R_4 I_{m2} + (R_3 + R_4 + R_6)I_{m3} = U_{s6}$$
$$(3\text{-}9)$$

这就是具有 3 个网孔电路的网孔电流与网孔电阻及电源关系的 KVL 方程。在此方程中,设:

$R_{11} = R_1 + R_2 + R_3$ 为网孔 1 的自电阻,也就是网孔 1 各支路电阻的总和;

$R_{22} = R_2 + R_4 + R_5$ 为网孔 2 的自电阻,也就是网孔 2 各支路电阻的总和;

$R_{33} = R_3 + R_4 + R_6$ 为网孔 3 的自电阻,也就是网孔 3 各支路电阻的总和;

$R_{12} = R_{21} = -R_2$ 为网孔 1、2(或网孔 2、1)之间的互电阻,也就是网孔 1、2 之间的公共电阻,当两个网孔电流在该电阻上的方向不一致时,它为负值,反之为正值;

$R_{13} = R_{31} = -R_3$ 为网孔 1、3(或网孔 3、1)之间的互电阻,也就是网孔 1、3 之间的公共电阻,当两个网孔电流在该电阻上的方向不一致时,它为负值,反之为正值;

$R_{23} = R_{32} = -R_4$ 为网孔 2、3(或网孔 3、2)之间的互电阻,也就是网孔 2、3 之间的公共电阻,当两个网孔电流在该电阻上的方向不一致时,它为负值,反之为正值。

$U_{s11} = -U_{s1}$ 为网孔 1 电压源代数和,电压源的方向(由负极到正极)与网孔电流绕行方向一致时取正号,反之取负号;

$U_{s22} = U_{s5}$ 为网孔 2 电压源代数和,其取正负号的原则与网孔 1 相同;

$U_{s33} = U_{s6}$ 为网孔 3 电压源代数和,其取正负号的原则也与网孔 1 相同。

式(3-9)的标准形式为

$$R_{11} I_{m1} + R_{12} I_{m2} + R_{13} I_{m3} = U_{s11}$$
$$R_{21} I_{m1} + R_{22} I_{m2} + R_{23} I_{m3} = U_{s22}$$
$$R_{31} I_{m1} + R_{32} I_{m2} + R_{33} I_{m3} = U_{s33}$$
$$(3\text{-}10)$$

解式(3-10)即可求得网孔电流,再由网孔电流与支路电流的关系求得各支路电流,进而可求电路的其他物理量。

式(3-10)可以用矩阵形式来表示,有

$$\begin{bmatrix} R_{11} & R_{12} & R_{13} \\ R_{21} & R_{22} & R_{23} \\ R_{31} & R_{32} & R_{33} \end{bmatrix} \begin{bmatrix} I_{m1} \\ I_{m2} \\ I_{m3} \end{bmatrix} = \begin{bmatrix} U_{s11} \\ U_{s22} \\ U_{s33} \end{bmatrix} \quad (3\text{-}11)$$

前面的分析可以推广到一般电路,对于具有 n 个节点,b 条支路的网络,其网孔电流数为 l(等于连支数),网孔电流方程用矩阵表示为

$$\begin{bmatrix} R_{11} & R_{12} & \cdots & R_{1l} \\ R_{21} & R_{22} & \cdots & R_{2l} \\ \vdots & \vdots & & \vdots \\ R_{l1} & R_{l2} & \cdots & R_{ll} \end{bmatrix} \begin{bmatrix} I_{m1} \\ I_{m2} \\ \vdots \\ I_{ml} \end{bmatrix} = \begin{bmatrix} U_{s11} \\ U_{s22} \\ \vdots \\ U_{sll} \end{bmatrix} \quad (3\text{-}12)$$

51

例 3-3　用网孔电流法重解例 3-1。

解　选取网孔电流 I_{m1},I_{m2},I_{m3}。网孔自阻抗和互阻抗分别为

$$R_{11} = R_1 + R_2 + R_3 = 4\Omega$$
$$R_{22} = R_2 + R_4 + R_5 = 4\Omega$$
$$R_{33} = R_3 + R_4 + R_6 = 4\Omega$$
$$R_{12} = R_{21} = -R_2 = -1\Omega$$
$$R_{13} = R_{31} = -R_3 = -1\Omega$$
$$R_{23} = R_{32} = -R_4 = -1\Omega$$

网孔电压源代数和分别为

$$U_{s11} = -U_{s1} = -1\text{V}$$
$$U_{s22} = U_{s5} = 4\text{V}$$
$$U_{s33} = U_{s6} = 9\text{V}$$

网孔电流方程为

$$4I_{m1} - I_{m2} - I_{m3} = -1$$
$$-I_{m1} + 4I_{m2} - I_{m3} = 4$$
$$-I_{m1} - I_{m2} + 4I_{m3} = 9$$

解以上方程为：$I_{m1} = 1\text{A}, I_{m2} = 2\text{A}, I_{m3} = 3\text{A}$。

再由支路电流与网孔电流的关系：$I_1 = I_{m1} = 1\text{A}, I_2 = I_{m2} - I_{m1} = 1\text{A}, I_3 = I_{m3} - I_{m1} = 2\text{A}$，$I_4 = I_{m2} - I_{m3} = -1\text{A}, I_5 = I_{m2} = 2\text{A}, I_6 = I_{m3} = 3\text{A}$。和例 3-1 的结果比较，各支路电流是完全相同的。各支路电压计算和例 3-1 一样，这里就不再计算了。

3.3.2　回路电流法

网孔电流法只适用于平面网络的分析，回路电流法既适用于平面网络，也适用于非平面网络，由于其适用面广，而在网络分析中获得广泛的应用。回路电流法是以假想的回路电流代替支路电流作为过渡待求量，列出独立回路的 KVL 方程，解此方程可获得回路电流，再由回路电流求出各支路电流以及电路中的其他物理量。可以说，网孔电流法只是回路电流法的一种特例，是按照网孔选择的一种特殊回路。

同样，可以借助于电路的有向图来辅助建立回路电流法的电路方程。对于图 3-10(a)所示电路，可画出其有向图如图 3-10(b)所示，选支路(3、4、5)为树支，支路(1、2、6)为连支，选单连支回路，3 个连支电流就是 3 个回路电流，即 $I_{l1} = I_1, I_{l2} = I_2, I_{l3} = I_6$；树支电流与连支电流的关系为：$I_3 = -I_{l1} + I_{l3}, I_4 = I_{l1} + I_{l2}, I_5 = I_{l1} + I_{l2} - I_{l3}$。对于回路 1 由 KVL 可得

$$R_1 I_1 - R_3 I_3 + R_5 I_5 + R_4 I_4 = -U_{s1} + U_{s3}$$

代入回路电流与树支电流的关系式并经整理后得

$$(R_1 + R_3 + R_4 + R_5)I_{l1} + (R_4 + R_5)I_{l2} - (R_3 + R_5)I_{l3} = -U_{s1} + U_{s3}$$

对于回路 2 和回路 3，同理可得到方程

$$(R_4 + R_5)I_{l1} + (R_2 + R_4 + R_5)I_{l2} - R_5 I_{l3} = -U_{s2}$$
$$-(R_3 + R_5)I_{l1} - R_5 I_{l2} + (R_3 + R_5 + R_6)I_{l3} = -U_{s3}$$

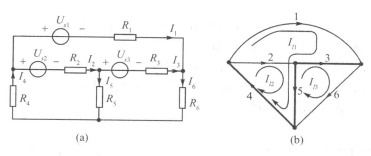

图 3-10 回路电流法示例

以上三个回路方程可以简写为

$$
\left.\begin{array}{l}
R_{11}I_{l1} + R_{12}I_{l2} + R_{13}I_{l3} = U_{s11} \\
R_{21}I_{l1} + R_{22}I_{l2} + R_{23}I_{l3} = U_{s22} \\
R_{31}I_{l1} + R_{32}I_{l2} + R_{33}I_{l3} = U_{s33}
\end{array}\right\}
\tag{3-13}
$$

其中,R_{11}、R_{22}、R_{33} 称为回路自电阻,即每个基本回路中的全部电阻之和,全部为正值;而 R_{12}、R_{13}、R_{23} 称为某两个单连支回路间的互电阻,是两个基本回路之间的公共电阻之和,其正负号取决于两上回路电流流过公共电阻时方向是否一致,一致时取正号,否则取负号;U_{s11}、U_{s22}、U_{s33} 为各回路电压源的代数和,电压源的方向(由负极到正极)与回路电流绕行方向一致时取正号,反之取负号。式(3-12)也可以像网孔电流法一样写成矩阵形式。

解式(3-13)即求得回路电流 I_{l1}、I_{l2}、I_{l3},也就是求出了连支电流 I_1、I_2、I_6,进而可求出树支电流和电路中的其他物理量。对于简单电路,可以不必画出它的有向图来选它的基本回路,可直接根据电路图选独立回路。

回路电流法也可以推广到一般电路。

例 3-4　在图 3-11(a)所示电路中,已知 $R_1 = 1\Omega$,$R_2 = 2\Omega$,$R_3 = 3\Omega$,$U_{s1} = 10V$,$U_{s2} = 13V$,试求各支路电流。

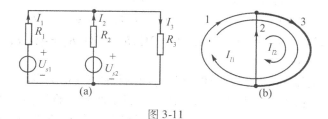

图 3-11

解　画出电路的有向图如图 3-11(b)所示,选择回路电流 I_{l1},I_{l2}。$R_{11} = R_1 + R_3 = 4\Omega$,$R_{22} = R_2 + R_3 = 5\Omega$,$R_{12} = R_{21} = R_3 = 3\Omega$;$U_{s11} = U_{s1} = 10V$,$U_{s22} = U_{s2} = 13V$。回路电流方程为

$$4I_{l1} + 3I_{l2} = 10$$
$$3I_{l1} + 5I_{l2} = 13$$

解以上方程得:$I_{l1} = 1A$,$I_{l2} = 2A$。从而可求得支路电流:$I_1 = I_{l1} = 1A$,$I_2 = I_{l2} = 2A$,$I_3 = $

$I_{l1} + I_{l2} = 3\text{A}$。

如果电路中含有非理想电流源,则应将电流源变换成电压源,然后再写回路电流方程。而当电路中含有理想电流源时,可将全部电流源选为连支,这样,这几个连支电流就等于电流源的电流,从而使未知的回路电流数相应地减少。

例3-5　图3-12(a) 电路中,已知 $R_1 = 1\Omega$,$I_{s2} = 2\text{A}$,$I_{s3} = 3\text{A}$,$R_4 = 4\Omega$,$U_{s4} = 4\text{V}$,$R_5 = 5\Omega$,$R_6 = 6\Omega$,试用回路电流法求各支路电流。

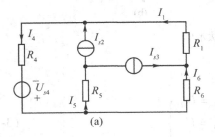 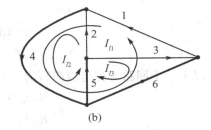

图 3-12

解　画出电路有向图如图 3-12(b) 所示,选支路(1、2、3) 为连支,支路(4、5、6) 为树支,3 个回路电流如图所示。未知的回路电流为 I_{l1},而另外两个回路电流 $I_{l2} = I_{s2} = 2\text{A}$,$I_{l3} = I_{s3} = 3\text{A}$。对于回路 1,有

$$(R_1 + R_4 + R_6)I_{l1} + R_4 I_{l2} - R_6 I_{l3} = U_{s4}$$

代入数据得

$$11I_{l1} + 4 \times 2 - 6 \times 3 = 4$$

解得

$$I_{l1} = \frac{14}{11} = 1.27\text{A}$$

根据树支电流与回路电流的关系,有

$$I_4 = I_1 + I_{s2} = I_{l1} + I_{s2} = 1.27 + 2 = 3.27\text{A}$$

$$I_5 = I_{s2} + I_{s3} = 2 + 3 = 5\text{A}$$

$$I_6 = I_1 - I_{s3} = I_{l1} - I_{s3} = 1.27 - 3 = -1.73\text{A}$$

例3-6　图3-13(a) 电路中 $R_1 = 1\Omega$,$R_2 = 2\Omega$,$R_3 = 3\Omega$,$R_4 = 4\Omega$,$I_{s5} = 5\text{A}$。问控制系数 g_m 为何值时,电流 $I_3 = 0$?

解　选用回路电流法分析。画出电路的有向图如图 3-13(b) 所示,选支路(4、5、6) 为连支,支路(1、2、3) 为树支,3 个回路电流如图 3-13(b) 所示。将受控源当做独立电源一样处理。回路电流 $I_{l1} = I_{s5} = 5\text{A}$,$I_{l2} = g_m U_4$,未知的回路电流是 I_{l3},回路 3 的 KVL 方程为

$$(R_1 + R_2 + R_3 + R_4)I_{l3} + (R_1 + R_2)g_m U_4 - (R_2 + R_3)I_{s5} = 0 \tag{1}$$

补充一个受控源的控制关系

$$U_4 = R_4 I_4 = 4I_{l3} \tag{2}$$

将式 (2) 代入(1) 并代入元件参数,得

$$(1 + 2 + 3 + 4)I_{l3} + (1 + 2)g_m \times 4I_{l3} - (2 + 3) \times 5 = 0$$

解得

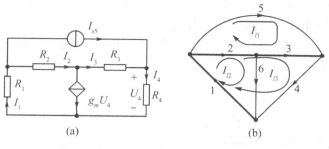

图 3-13

$$I_{l3} = \frac{25}{10 + 12g_m}$$

支路 3 中的电流为

$$I_3 = I_{l3} - I_{l1} = \frac{25}{10 + 12g_m} - 5$$

令 $I_3 = 0$,解得 $g_m = -\frac{5}{12}$ S。

　　当电路中含有理想电流源时,还可以应用另一种方法对理想电流源进行处理:把理想电流源沿着包含它所在支路的回路转移到其他电阻支路中去,使它和这些电阻形成并联结构,如图 3-14 所示。图 3-14(a) 所示的电路中,节点 ①、④ 之间有一个理想电流源支路。图 3-14(b) 是它的等效电路,原来的那个理想电流源支路已被转移掉,而代之以理想电流源分别与 R_1、R_2、R_3 相并联,并使电路少了一个回路。对于理想电流源转移前后的两个电路,分别对各个节点列出的电流方程显然是一样的。这是因为图 3-14(a) 所示的电路中,节点 ① 流入一个电流源,节点 ④ 流出一个电流源;而在图 3-14 (b) 所示的电路中,仍然是节点 ① 流入一个电流源,节点 ④ 流出一个电流源;节点 ②、③ 有一个电流源流入,同时又有一个电流源流出,等同于既无电流源流入,也无电流源流出。

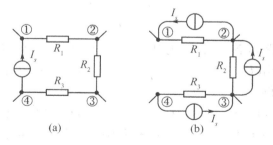

图 3-14

3.4　节点电压法

　　在电路中,如果选取任意一个节点作为参考节点,设其电位为零,其余各节点与参考点之间的电压称为节点电压。节点电压的参考方向,按照惯例选参考节点为负极性,其余各节点为正极性。如图 3-15 所示,选节点 ④ 作为参考节点,节点 ①、②、③ 对参考点的电压为节点电压,分别表示为 U_{n1}、U_{n2}、U_{n3}。在回路中,节点电压和支路电压自动满足 KVL 方程,例如在支路(1、2、4)构成的回路中,$U_{n1} - U_{n2} - U_4 = 0$。

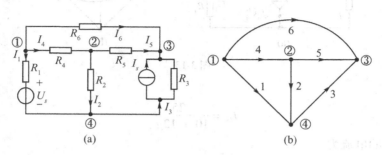

图 3-15 节点电压法示例

以节点电压作为过渡待求量建立电路方程并解出节点电压,再根据支路特性确定支路电压并解出支路电流,进而可求出电路中的其他物理量,这样的方法称为节点电压法。对于具有 n 个节点的电路,其独立节点数为 $n - 1$ 个,我们以那个非独立节点为参考点,则应有 $n - 1$ 个节点电压,其节点电压方程的个数也就是 $n - 1$ 个。

现在针对图 3-15 电路来说明如何列节点电压方程。首先设定各支路电流的参考方向并选定节点 ④ 为参考点,节点 ①、②、③ 对参考点的电压为节点电压,表示为 U_{n1}、U_{n2}、U_{n3}。设 $G_1 = \frac{1}{R_1}, G_2 = \frac{1}{R_2}, G_3 = \frac{1}{R_3}, G_4 = \frac{1}{R_4}, G_5 = \frac{1}{R_5}, G_6 = \frac{1}{R_6}$。对于独立节点 ①、②、③,其电流方程为

$$\left.\begin{aligned} I_1 + I_4 + I_6 &= 0 \\ I_2 - I_4 + I_5 &= 0 \\ - I_3 - I_5 - I_6 &= 0 \end{aligned}\right\} \tag{3-14}$$

其次,把 6 条支路电流用节点电压表示。由于 $I_1 = G_1(U_{n1} - U_s)$,$I_2 = G_2 U_{n2}$,$I_3 = - G_3 U_{n3} + I_s$,$I_4 = G_4(U_{n1} - U_{n2})$,$I_5 = G_5(U_{n2} - U_{n3})$,$I_6 = G_6(U_{n1} - U_{n3})$。将上述关系代入式(3-14),经整理后得

$$\left.\begin{aligned} (G_1 + G_4 + G_6)U_{n1} - G_4 U_{n2} - G_6 U_{n3} &= G_1 U_s \\ - G_4 U_{n1} + (G_2 + G_4 + G_5)U_{n2} - G_5 U_{n3} &= 0 \\ - G_6 U_{n1} - G_5 U_{n2} + (G_3 + G_5 + G_6)U_{n3} &= I_s \end{aligned}\right\} \tag{3-15}$$

这就是该电路的节点电压方程。在此方程中,设

$G_{11} = G_1 + G_4 + G_6$ 为节点 ① 的自电导,也就是与节点 ① 相连接各支路电导的总和;

$G_{22} = G_2 + G_4 + G_5$ 为节点 ② 的自电导,也就是与节点 ② 相连接各支路电导的总和;

$G_{33} = G_3 + G_5 + G_6$ 为节点 ③ 的自电导,也就是与节点 ③ 相连接各支路电导的总和;各节点的自电导总为正值;

$G_{12} = G_{21} = - G_4$ 为节点 ① 和节点 ② 之间的互电导,也就是连接在节点 ① 与节点 ② 之间电导的负值;

$G_{13} = G_{31} = - G_6$ 为节点 ① 和节点 ③ 之间的互电导,也就是连接在节点 ① 与节点 ③ 之间电导的负值;

$G_{23} = G_{32} = - G_5$ 为节点 ② 和节点 ③ 之间的互电导,也就是连接在节点 ② 与节点 ③ 之间电导的负值。两节点之间的互电导总为负值。

请注意:在计算节点的自电导与互电导时,独立电源应处于置零状态。

$I_{s11} = G_1 U_s$ 为流进节点 ① 的电流源电流代数和,$G_1 U_s$ 也就是将电压源变换成为电流源之后的电流源电流;

$I_{s22} = 0$ 为流进节点 ② 的电流源电流代数和;

$I_{s33} = I_s$ 为流进节点 ③ 的电流源电流代数和。

方程组(3-15)可进一步改写为

$$\left.\begin{array}{l} G_{11} U_{n1} + G_{12} U_{n2} + G_{13} U_{n3} = I_{s11} \\ G_{21} U_{n1} + G_{22} U_{n2} + G_{23} U_{n3} = I_{s22} \\ G_{31} U_{n1} + G_{32} U_{n2} + G_{33} U_{n3} = I_{s33} \end{array}\right\} \tag{3-16}$$

求解方程组(3-16),可求得节点电压,再由节点电压与支路电流的关系求得支路电流,进而可求电路的其他物理量。

方程组(3-16)可以用矩阵方程表示,有

$$\begin{bmatrix} G_{11} & G_{12} & G_{13} \\ G_{21} & G_{22} & G_{23} \\ G_{31} & G_{32} & G_{33} \end{bmatrix} \begin{bmatrix} U_{n1} \\ U_{n2} \\ U_{n3} \end{bmatrix} = \begin{bmatrix} I_{s11} \\ I_{s22} \\ I_{s33} \end{bmatrix} \tag{3-17}$$

前面的分析可以推广到一般电路,对于具有 n 个节点,b 条支路的网络,其节点电压数为 $n - 1$(也就是独立节点数),节点电压方程用矩阵表示为

$$\begin{bmatrix} G_{11} & G_{12} & \cdots & G_{1(n-1)} \\ G_{21} & G_{22} & \cdots & G_{2(n-1)} \\ \vdots & \vdots & & \vdots \\ G_{(n-1)1} & G_{(n-1)2} & \cdots & G_{(n-1)(n-1)} \end{bmatrix} \begin{bmatrix} U_{n1} \\ U_{n2} \\ \vdots \\ U_{n(n-1)} \end{bmatrix} = \begin{bmatrix} I_{s11} \\ I_{s22} \\ \vdots \\ I_{s(n-1)(n-1)} \end{bmatrix} \tag{3-18}$$

例 3-7 在图 3-16 所示电路中,$R_1 = R_3 = R_4 = R_5 = 1\Omega, U_{s1} = 1\text{V}, U_{s3} = 3\text{V}, I_{s2} = 2\text{A},$ $I_{s6} = 6\text{A}$,试用节点电压法求各支路电流。

解 选节点 ③ 为参考点,节点 ①、② 对节点 ③ 的电压为 U_{n1}、U_{n2}。设 $G_1 = \dfrac{1}{R_1}, G_3 = \dfrac{1}{R_3}, G_4 = \dfrac{1}{R_4}, G_5 = \dfrac{1}{R_5}$。$G_{11} = G_1 + G_3 + G_4 = 3\text{S}, G_{22} = G_3 + G_4 + G_5 = 3\text{S}, G_{12} = G_{21} = - G_3 - G_4 = - 2\text{S}; I_{s11} = G_1 U_{s1} - I_{s2} - G_3 U_{s3} = - 4\text{A}, I_{s22} = G_3 U_{s3} + I_{s6} = 9\text{A}。$

电路的节点电压方程为

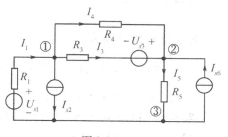

图 3-16

$$G_{11}U_{n1} + G_{12}U_{n2} = I_{s11}$$
$$G_{21}U_{n1} + G_{22}U_{n2} = I_{s22}$$

代入数字后得

$$3U_{n1} - 2U_{n2} = -4$$
$$-2U_{n1} + 3U_{n2} = 9$$

解上述方程得 $U_{n1} = 1.2V, U_{n2} = 3.8V$。各支路电流分别为

$$I_1 = \frac{-U_{n1} + U_{s1}}{R_1} = \frac{-1.2 + 1}{1} = -0.2A$$

$$I_3 = \frac{U_{n1} - U_{n2} + U_{s3}}{R_3} = \frac{1.2 - 3.8 + 3}{1} = 0.4A$$

$$I_4 = \frac{U_{n1} - U_{n2}}{R_4} = \frac{1.2 - 3.8}{1} = -2.6A$$

$$I_5 = \frac{U_{n2}}{R_5} = \frac{3.8}{1} = 3.8A$$

如果电路中含有一个理想电压源时,可选理想电压源负极连接的节点为参考点,则理想电压源的电压为一个节点电压;如果电路含有的理想电压源不止一个,且其负极不在同一个节点上时,仍然可以选其中的一个电压源的负极连接的节点为参考点,而对于另外的理想电压源,可以设其电流为一个未知量并补充相应的电压方程。

例 3-8　试用节点电压法求图 3-17 所示电路中的各支路电流。

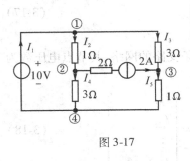

图 3-17

解　选节点 ④ 为参考点,则 $U_{n1} = 10V, G_{11} = 1 + \frac{1}{3} = \frac{4}{3}S, G_{22} = 1 + \frac{1}{3} = \frac{4}{3}S, G_{33} = 1 + \frac{1}{3} = \frac{4}{3}S, G_{12} = G_{21} = -1S, G_{13} = G_{31} = -\frac{1}{3}S, G_{23} = G_{32} = 0$。节点电压方程为

$$U_{n1} = 10$$

$$-U_{n1} + \frac{4}{3}U_{n2} = -2$$

$$-\frac{1}{3}U_{n1} + \frac{4}{3}U_{n3} = 2$$

解以上方程得

$$U_{n2} = 6V, U_{n3} = 4V$$

各支路电流分别为

$$I_4 = \frac{U_{n2}}{3} = \frac{6}{3} = 2A, I_5 = \frac{U_{n3}}{1} = \frac{4}{1} = 4A, I_1 = I_4 + I_5 = 2 + 4 = 6A$$
$$I_2 = I_4 + 2 = 2 + 2 = 4A, I_3 = I_5 - 2 = 4 - 2 = 2A$$

例 3-9　试求 3-18 所示电路的节点电压 U_{n1} 和 U_{n2}。已知 $R_1 = R_3 = 1\Omega, R_2 = R_4 = 0.5\Omega$, $U_{s1} = 1V, U_{s3} = 3V, I_s = 1A, \beta = 10$。

解　将受控电流源作为独立电流源看待列入节点电压方程中,有

$$\left(\frac{1}{R_1}+\frac{1}{R_2}+\frac{1}{R_4}\right)U_{n1}-\frac{1}{R_4}U_{n2}=-\frac{U_{s1}}{R_1}-I_s$$

$$-\frac{1}{R_4}U_{n1}+\left(\frac{1}{R_3}+\frac{1}{R_4}\right)U_{n2}=I_s+\frac{U_{s3}}{R_3}-\beta I_2$$

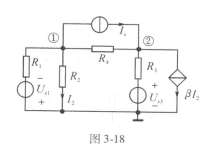

其中,控制电流 $I_2=\dfrac{U_{n1}}{R_2}$,代入数据并整理后得

$$5U_{n1}-2U_{n2}=-2$$

$$18U_{n1}+3U_{n2}=4$$

图 3-18

解以上方程得 $U_{n1}=\dfrac{2}{51}\text{V}$, $U_{n2}=\dfrac{56}{51}\text{V}$。

当电路中含有理想电压源时,还可以应用另一种方法对理想电压源进行处理:把理想电压源沿着包含它所在节点的支路转移到其他电阻支路中去,使它和这些电阻形成串联结构,如图3-19所示。图3-19(a)所示的电路中,节点①、②之间有一个理想电压源支路。图3-19(b)是它的等效电路,在原来的那个理想电压源支路的左、右两边分别并联一个等值的电压源后,是不会改变各电阻支路的电流的,因为节点①、②之间的电压没有发生任何改变。图(c)又是图(b)的等效电路,由于图(b)中在节点①上的电阻间连线可以断开。显然,在图(c)中理想电压源已被转移掉,而代之以理想电压源分别与 R_1、R_2、R_3 相串联,并使原电路少了一个节点。

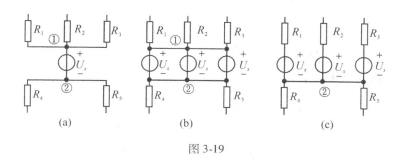

图 3-19

3.5 割集电压法

在电路中,如果选取树支电压为变量,当求出树支电压后,再由基本回路应用 KVL 方程可求得连支电压,最后根据支路特性即可求出支路电流及其他的物理量。这种计算电路的方法称为割集电压法,其树支电压的参考方向应与树支电流取相关联参考方向,树支电压也称为割集电压。对于图 3-20(a) 所示电路,列写其割集电压方程。首先,画出该电路的有向图如图3-20(b) 所示,选支路(4,5,6)为树支,其余支路为连支,选单树支割集 Q_1、Q_2、Q_3,树支电流的方向为割集方向,如图3-20(b) 所示。其次,对于每一单树支割集列出 KCL 方程(支路电流方向与割集方向一致者为正,否则为负),有

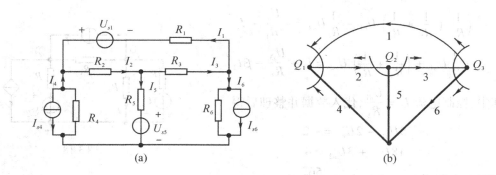

图 3-20 割集电压法示例

割集 1 $I_1 - I_2 + I_4 = 0$

割集 2 $-I_2 + I_3 + I_5 = 0$ (3-19)

割集 3 $I_1 - I_3 + I_6 = 0$

3 个树支电压分别用 U_{q1}、U_{q2}、U_{q3} 表示,连支电压与树支电压的关系为:$U_1 = U_{q1} + U_{q3}$,
$U_2 = -U_{q1} - U_{q2}$,$U_3 = U_{q2} - U_{q3}$。连支电流用树支电压表示为

$$
\left.
\begin{aligned}
I_1 &= \frac{U_1 + U_{s1}}{R_1} = G_1(U_{q1} + U_{q3} + U_{s1}) \\[2mm]
I_2 &= \frac{U_2}{R_2} = G_2(-U_{q1} - U_{q2}) \\[2mm]
I_3 &= \frac{U_3}{R_3} = G_3(U_{q2} - U_{q3})
\end{aligned}
\right\}
\tag{3-20}
$$

树支电流用树支电压表示为

$$
\left.
\begin{aligned}
I_4 &= \frac{U_{q1}}{R_4} - I_{s4} = G_4 U_{q1} - I_{s4} \\[2mm]
I_5 &= \frac{U_{q2} - U_{s5}}{R_5} = G_5(U_{q2} - U_{s5}) \\[2mm]
I_6 &= \frac{U_{q3}}{R_6} + I_{s6} = G_6 U_{q3} + I_{s6}
\end{aligned}
\right\}
\tag{3-21}
$$

最后,把式(3-20)、式(3-21)代入式(3-19),并整理得

$$
\left.
\begin{aligned}
(G_1 + G_2 + G_4)U_{q1} + G_2 U_{q2} + G_1 U_{q3} &= -G_1 U_{s1} + I_{s4} \\
G_2 U_{q1} + (G_2 + G_3 + G_5)U_{q2} - G_3 U_{q3} &= G_5 U_{s5} \\
G_1 U_{q1} - G_3 U_{q2} + (G_1 + G_3 + G_6)U_{q3} &= -G_1 U_{s1} - I_{s6}
\end{aligned}
\right\}
\tag{3-22}
$$

这就是该电路的割集电压方程。在此方程中,设

$G_{11} = G_1 + G_2 + G_4$ 为割集 1 的自电导,也就是与割集 1 相关联各支路电导的总和;

$G_{22} = G_2 + G_3 + G_5$ 为割集 2 的自电导,也就是与割集 2 相关联各支路电导的总和;

$G_{33} = G_1 + G_3 + G_6$ 为割集 3 的自电导,也就是与割集 3 相关联各支路电导的总和;割集自电导总为正值;

$G_{12} = G_{21} = G_2$ 为割集 1 与割集 2 之间的互电导,也就是在割集 1 与割集 2 之间直接连接的 2 支路的电导;由于在 2 支路上两割集的方向是一致的,互电导为正值;

$G_{13} = G_{31} = G_1$ 为割集 1 与割集 3 之间的互电导,也就是在割集 1 与割集 3 之间直接连接的 1 支路的电导;由于在 1 支路上,两割集的方向也是一致的,故互电导为正值;

$G_{23} = G_{32} = -G_3$ 为割集 2 与割集 3 之间的互电导,也就是在割集 2 与割集 3 之间直接连接的 3 支路的电导;由于在 3 支路上,两割集的方向是相反的,故互电导为负值;

请注意:在计算割集的自电导与互电导时,独立电源应处于置零状态。

$I_{s11} = -G_1 U_{s1} + I_{s4}$ 为流进割集 1(树支 4 电压的负极侧)的电流源电流代数和,$G_1 U_{s1}$ 是将电压源模型变成电流源模型后之电流;I_{s4} 流进树支电压的正极,故为正;$G_1 U_{s1}$ 流进树支电压的负极,故为负。

$I_{s22} = G_5 U_{s5}$ 为流进割集 2(树支 5 电压的正极侧)的电流源电流代数和,$G_5 U_{s5}$ 是将电压源模型变成电流源模型后之电流;由于 $G_5 U_{s5}$ 是流进树支电压的正极,故为正。

$I_{s33} = -G_1 U_{s1} - I_{s6}$ 为流进割集 3(树支 6 电压的正极侧)的电流源电流代数和,由于都是流出树支电压的正极,故为负。

方程组(3-22)可进一步改写成

$$\left.\begin{array}{l} G_{11} U_{q1} + G_{12} U_{q2} + G_{13} U_{q3} = I_{s11} \\ G_{21} U_{q1} + G_{22} U_{q2} + G_{23} U_{q3} = I_{s22} \\ G_{31} U_{q1} + G_{32} U_{q2} + G_{33} U_{q3} = I_{s33} \end{array}\right\} \tag{3-23}$$

求解方程组(3-23),可求得割集电压(树支电压),再由基本回路的 KVL 方程求连支电压,最后由支路元件的特性方程求出支路电流其他物理量。

方程组(3-23)可以用矩阵方程表示,有

$$\begin{bmatrix} G_{11} & G_{12} & G_{13} \\ G_{21} & G_{22} & G_{23} \\ G_{31} & G_{32} & G_{33} \end{bmatrix} \begin{bmatrix} U_{q1} \\ U_{q2} \\ U_{q3} \end{bmatrix} = \begin{bmatrix} I_{s11} \\ I_{s22} \\ I_{s33} \end{bmatrix} \tag{3-24}$$

以上分析方法可以推广到一般电路。

例 3-10　图 3-21(a)所示电路中,已知 $G_1 = 1S, G_2 = 2S, G_3 = 3S, G_5 = 5S, U_{s1} = 1V$,$I_{s3} = 3A, U_{s4} = 4V, U_{s6} = 6V$。试用割集法求各支路电流。

解　画出电路的有向图,选支路 4、5、6 为树支,选基本割集并标示出割集的方向,如图 3-21(b)所示。割集电压 $U_{q1} = U_{s4} = 4V, U_{q3} = U_{s6} = 6V$。待求的割集电压只有 U_{q2},对于割集 2 的电压方程为

$$(G_1 + G_2) U_{q1} + (G_1 + G_2 + G_5) U_{q2} - G_1 U_{q3} = G_1 U_{s1} - I_{s3} \tag{1}$$

方程中割集 2 的自电导为 $G_{22} = G_1 + G_2 + G_5$,支路 3 虽被割集 2 割到,但因电流源 I_{s3} 处于置零状态,该支路开路,故自电导不会包含 G_3,同理,割集 2 与割集 3 间的互电导也不包含 G_3。代入已知数据,方程(1)为

$$(1 + 2) \times 4 + (1 + 2 + 5) U_{q2} - 1 \times 6 = 1 \times 1 - 3$$

解得

$$U_{q2} = -1V$$

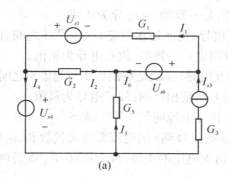 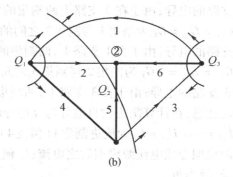

图 3-21

在基本回路中,可求出连支电压为

$$U_1 = U_{q3} - U_{q2} - U_{q1} = 6 + 1 - 4 = 3\text{V}$$
$$U_2 = U_{q1} + U_{q2} = 4 - 1 = 3\text{V}$$
$$U_3 = U_{q2} - U_{q3} = -1 - 6 = -7\text{V}$$

各支路电流为

$$I_1 = G_1(U_1 + U_{s1}) = 1 \times (3 + 1) = 4\text{A}$$
$$I_2 = G_2 U_2 = 2 \times 3 = 6\text{A}$$
$$I_3 = I_{s3} = 3\text{A}$$
$$I_4 = I_1 - I_2 = 4 - 6 = -2\text{A}$$
$$I_5 = G_5 U_{q2} = 5 \times (-1) = -5\text{A}$$
$$I_6 = I_{s3} - I_1 = 3 - 4 = -1\text{A}$$

习　　题

3-1　画出题 3-1 图(a)、(b)电路的图,说明它们的节点数和支路数分别是多少。分别在它们的图中选一个树。

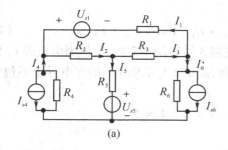 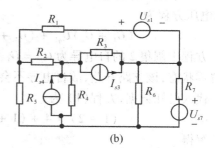

题 3-1 图

3-2　在题 3-1 图(a) 中,分别选基本回路和基本割集。

3-3　对题 3-3 图所示的有向图,选支路(6、7、8、9、10) 为树支,试写出基本回路组和基本割集组。

3-4　试用支路电流法求图示电路中各支路电流。

3-5　试用网孔电流法求题 3-4 图所示电路中各支路电流和两个电源输出的功率。

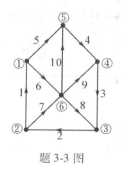

题 3-3 图

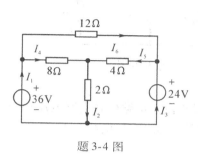

题 3-4 图

3-6　题 3-6 图所示电路是一个直流供电电路,已知电源电压 $U_{s1} = U_{s2} = 115\text{V}$,输电线电阻 $R_1 = 0.02\Omega$,负载电阻 $R_2 = 50\Omega$,求电路中全部负载吸收的功率。

3-7　试用回路电流法求图示电路中各支路电流。

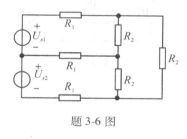

题 3-6 图

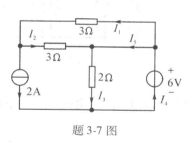

题 3-7 图

3-8　试用回路电流法求题 3-8 图所示电路中支路电流 I_1、I_2、I_3 和两个电源输出的功率。

3-9　试求图示电路中三个独立节点的节点电压和各支路电流。

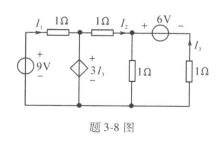

题 3-8 图

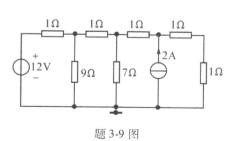

题 3-9 图

3-10　试用节点电压法求图示电路中各支路电流。

3-11　试求图示电路中的节点电压。

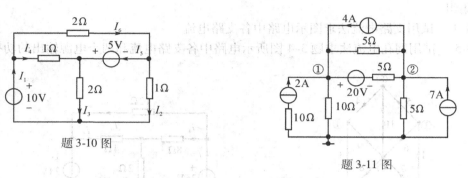

题 3-10 图　　　　题 3-11 图

3-12　试求图示电路中各支路电流和受控电流源两端电压 U_1。

3-13　图示电路中已知：$G_1 = 1\text{S}, G_2 = 2\text{S}, G_3 = 3\text{S}, U_s = 4\text{V}, I_s = 5\text{A}, r = 0.5$。求各支路电流。

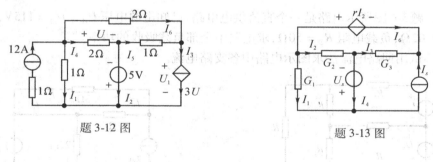

题 3-12 图　　　　题 3-13 图

3-14　试列出图示电路的节点电压方程。

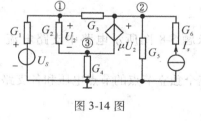

图 3-14 图

第4章 电路定理

第3章介绍的方法是分析线性电路的通用方法。本章将通过直流电阻电路介绍叠加定理、替代定理、戴维南定理、诺顿定理、特勒根定理、互易定理和对偶原理。这几个定理也是分析电路的方法,但这些方法大多属于针对某些特殊电路或特殊要求的解题技巧,应用这些方法可使电路分析得到简化。本章得出的结论,可以推广到直流稳态以外的其他电路的分析。

4.1 叠 加 定 理

4.1.1 叠加定理

叠加定理是线性电路的一个重要性质,定理的内容为:在具有两个或两个以上独立电源作用的线性电路中,任一支路的电压、电流都是电路中各独立电源单独作用时在该支路产生的电压、电流之代数和。这里所谓某一个电源单独作用,是指其他所有独立电源不作用,即这些电源的参数全部为零。在实际的电路器件中,电压源不作用,是将电压源移去之后把遗留下的两个端钮短接起来;电流源不作用,是将电流源移去后使该支路断开。在电路图中处理就更简单一些,只要将独立电源图形中的圆圈去掉就可以了。叠加定理可以把一个含有多个独立电源的电路计算分解成多个只含有一个独立电源的简单电路计算。

4.1.2 叠加定理的证明

现在以图 4-1(a)所示电路为例,来证明叠加定理的正确性。对于这个含有两个电压源的电路,要计算三条支路的电流 I_1、I_2、I_3 与节点电压 U_{n1},可以先应用网孔电流法计算出三个支路电流。选定网孔电流 I_{m1}、I_{m2},其网孔电流方程为

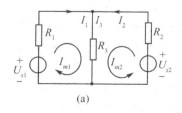
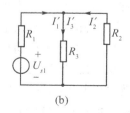
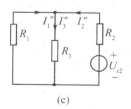

图 4-1 叠加定理证明

$$(R_1 + R_3)I_{m1} + R_3 I_{m2} = U_{s1}$$
$$R_3 I_{m1} + (R_2 + R_3)I_{m2} = U_{s2}$$

求解上述网孔电流方程可得

$$
\left.
\begin{aligned}
I_{m1} = I_1 &= \frac{U_{s1}(R_2 + R_3)}{R_1 R_2 + R_2 R_3 + R_3 R_1} - \frac{U_{s2}R_3}{R_1 R_2 + R_2 R_3 + R_3 R_1} \\
I_{m2} = I_2 &= -\frac{U_{s1}R_3}{R_1 R_2 + R_2 R_3 + R_3 R_1} + \frac{U_{s2}(R_1 + R_3)}{R_1 R_2 + R_2 R_3 + R_3 R_1} \\
I_{m1} + I_{m2} = I_3 &= \frac{U_{s1}R_2}{R_1 R_2 + R_2 R_3 + R_3 R_1} + \frac{U_{s2}R_1}{R_1 R_2 + R_2 R_3 + R_3 R_1}
\end{aligned}
\right\}
\tag{4-1}
$$

上式中,设

$$
\left.
\begin{aligned}
k_1 &= \frac{(R_2 + R_3)}{R_1 R_2 + R_2 R_3 + R_3 R_1}, \\
k_2 &= -\frac{R_3}{R_1 R_2 + R_2 R_3 + R_3 R_1} \\
k_3 &= \frac{(R_1 + R_3)}{R_1 R_2 + R_2 R_3 + R_3 R_1} \\
k_4 &= \frac{R_2}{R_1 R_2 + R_2 R_3 + R_3 R_1}, \\
k_5 &= \frac{R_1}{R_1 R_2 + R_2 R_3 + R_3 R_1}
\end{aligned}
\right\}
\tag{4-2}
$$

即电路中各支路电流可表示为

$$
\left.
\begin{aligned}
I_1 &= k_1 U_{S1} + k_2 U_{S2} = I_1' + I_1'' \\
I_2 &= k_2 U_{S1} + k_3 U_{S2} = I_2' + I_2'' \\
I_3 &= k_4 U_{S1} + k_5 U_{S2} = I_3' + I_3''
\end{aligned}
\right\}
\tag{4-3}
$$

而电路中的节点电压也可表示为

$$
\begin{aligned}
U_{n1} = R_3 I_3 &= k_4 R_3 U_{S1} + k_5 R_3 U_{S2} \\
&= k_6 U_{S1} + k_7 U_{S2} = U_{n1}' + U_{n1}''
\end{aligned}
\tag{4-4}
$$

通过分析与计算可知,线性电路中的各支路电流与节点电压均为各电源的一次函数,可看成是各独立电源单独作用时,产生的响应之叠加。在叠加过程中,当一个电源作用而其它电源不作用时,则应令不作用的电源为零。电压源为零应为短路,如图4-1(b)、(c)所示;电流源为零,应为开路。对于含有多个电源的任意复杂电路,仿照这种方法同样可证明叠加定理的正确性。在应用叠加定理分析电路时,还可以将电路中的独立电源分组分别作用于电路,各组电源作用下所产生的电压、电流之和,即为全部电源共同作用时的电压、电流。

由于电路中电阻元件的功率为 $I^2 R$ 或 $U^2 G$,即功率与电流、电压不是线性关系,故功率不能仿照计算电流与电压一样去叠加;但可以用叠加之后的电流、电压去计算电阻元件的功率。下面通过例题来加深对叠加定理的理解。

例4-1　试用叠加定理重新计算例3-8中各支路电流。

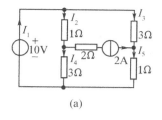
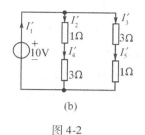
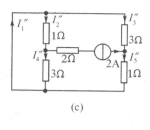

(a)　　　　　　　(b)　　　　　　　(c)

图 4-2

解　当电压源单独作用时,其电路如图 4-2(b) 所示。各支路电流分别为

$$I_1' = \frac{10}{2} = 5\text{A}, I_2' = I_4' = 2.5\text{A}, I_3' = I_5' = 2.5\text{A}$$

当电流源单独作用时,其电路如图 4-2(c) 所示。由分流公式可计算出电阻支路电流为

$$I_2'' = I_5'' = \frac{3}{3+1} \times 2 = 1.5\text{A}$$

$$I_3'' = I_4'' = -\frac{1}{1+3} \times 2 = -0.5\text{A}$$

由节点 KCL 可计算出短接线上的电流,有

$$I_1'' = I_4'' + I_5'' = -0.5 + 1.5 = 1\text{A}$$

当两个电源同时作用时的各支路电流

$$I_1 = I_1' + I_1'' = 5 + 1 = 6\text{A}$$

$$I_2 = I_2' + I_2'' = 2.5 + 1.5 = 4\text{A}$$

$$I_3 = I_3' + I_3'' = 2.5 - 0.5 = 2\text{A}$$

$$I_4 = I_4' + I_4'' = 2.5 - 0.5 = 2\text{A}$$

$$I_5 = I_5' + I_5'' = 2.5 + 1.5 = 4\text{A}$$

对照原先用节点电压法计算出的结果,是完全一样的。

例 4-2　求图 4-3(a) 电路中的电压 U_2。

解　应用叠加定理,电压源和电流源单独作用时的电路如图 4-3(b)、(c) 所示。在图 4-3(b) 中,当电压源单独作用时,有

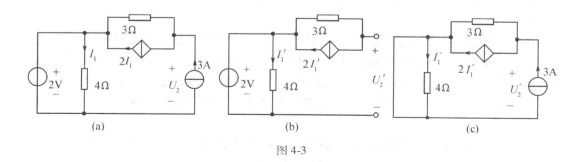

(a)　　　　　　　(b)　　　　　　　(c)

图 4-3

$$I_1' = 2 \div 4 = 0.5\text{A}$$
$$2I_1' = 2 \times 0.5 = 1\text{A}$$
$$U_2' = -2I_1' \times 3 + 2 = -3 + 2 = -1\text{V}$$

在图 4-3(b) 电路中,当电流源单独作用时,有

$$I_1'' = 0, \quad 2I_1'' = 0$$

受控电流源相当于开路,可得

$$U_2'' = 3 \times 3 = 9\text{V}$$

当电压源和电流源同时作用时,有

$$U_2 = U_2' + U_2'' = -1 + 9 = 8\text{V}$$

叠加定理反映了线性电路的均匀性与叠加性,也就是说,线性电路的响应是各独立激励的线性函数。当线性电路只有单个激励时,响应与激励成正比;当有多个激励时,如果各独立电源分别用 $e_1, e_2, \cdots, e_n$ 表示,总响应(某些支路的电流或电压)用 r 表示,则有

$$r = k_1 e_1 + k_2 e_2 + \cdots + k_n e_n$$

式中,$k_1, k_2, \cdots, k_n$ 为常数,它由电路结构和元件参数而定。

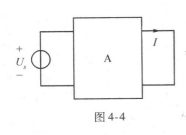

图 4-4

例 4-3　图 4-4 电路中,方框内表示一线性有源电路。现改变 U_s 的大小而保持方框内的结构及元件参数不变。当 $U_s = 10\text{V}$ 时,$I = 1\text{A}$;$U_s = 20\text{V}$ 时,$I = 1.5\text{A}$。试求 $U_s = -20\text{V}$ 时,I 为多大?

解　设电压源 U_s 单独作用时的响应为 $k_1 U_s$,方框内的全部电源作用时的响应为 I',则电路的总响应为 $I = k_1 U_s + I'$。当 U_s 变动时,k_1 与 I' 应为常数,代入已知条件,有

$$1 = k_1 \times 10 + I'$$
$$1.5 = k_1 \times 20 + I'$$

解得 $k_1 = 0.05, I' = 0.5\text{A}$。当 $U_s = -20\text{V}$ 时,得

$$I = 0.05 \times (-20) + I' = -1 + 0.5 = -0.5\text{A}$$

4.1.3　齐性定理

与叠加定理紧密相联系的是线性电路的齐性定理,它的内容是:在线性电路中,当电路中的全部独立电源同时增大(或缩小)k 倍(k 为实常数)时,各支路的电流、电压也同时增大(或缩小)k 倍。

其证明很容易从叠加定理获得。例如图 4-2 电路中的两个独立电源同时增大一倍,即电压源由 10V 增至 20V,电流源由 2A 增至 4A 时,各支路的电流、电压必然也随之增加一倍。如果电路中只有一个独立电源时,电路中的支路电流、电压必然和电源成正比。

例 4-4　已知图 4-5(a) 电路元件参数及电流分布。如果 U_s 增加 8V,这时电流 I 变为多少?

解　在图 4-4(a) 电路的第 4 个网孔中,用 KVL 方程可计算出电阻 R 之值。即

$$1 \times 1 + 2R - 3 \times 2 = 1 - 4$$

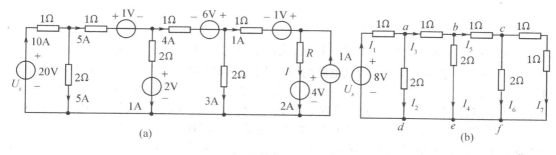

图 4-5

解得 $R = 1\Omega$。

要计算 U_s 增加 8V 之后电流 I 的值,应用叠加定理,只需计算当 $U_s = 8V$,而其余独立电源全部不作用时电阻 R 支路的电流(即图 4-5(b) 所示电路)和原电路中的电流相叠加即可。先计算图 4-5(b) 电路中的 I_7。应用齐性定理设 $I_7' = 1A$,则有

$$U_{cf}' = 2V, I_6' = 1A, I_5' = I_6' + I_7' = 2A$$

$$U_{be}' = I_5' \times 1 + U_{cf}' = 2 \times 1 + 2 = 4V, I_4' = U_{be}' \div 2 = 4 \div 2 = 2A$$

$$I_3' = I_4' + I_5' = 2 + 2 = 4A$$

$$U_{ad}' = I_3' \times 1 + U_{be}' = 4 \times 1 + 4 = 8V$$

$$I_2' = U_{ad}' \div 2 = 8 \div 2 = 4A$$

$$I_1' = I_2' + I_3' = 4 + 4 = 8A$$

$$U_s' = I_1' \times 1 + U_{ad}' = 8 \times 1 + 8 = 16V$$

当 $I_7' = 1A$ 时,$U_s' = 16V$,但实际上 $U_s = 8V$,即 $k = \dfrac{8}{16} = 0.5$,实际上各支路电流为 $0.5I'$。由此可知,$I_7 = 0.5I_7' = 0.5 \times 1 = 0.5A$。

故当 U_s 增加 8V 之后,原电路中的电流应为

$$I + I_7 = 2 + 0.5 = 2.5A$$

4.2　替　代　定　理

4.2.1　替代定理

在证明电路定理及电路分析计算中,常常会用到替代定理。替代定理可以陈述为:在任意线性或非线性、定常或时变电路中,如果第 k 条支路的电压 U_k、电流 I_k 已知时,则该支路可以用电压值为 U_k 的独立电压源替代;也可以用电流值为 I_k 的独立电流源替代。替代后,整个电路中的各支路电压和电流都保持不变,和替代之前完全等值。

被替代的支路可以是有源支路,也可以是无源支路。但是,被替代的支路和电路中其他支路之间应无耦合,即 k 支路不是受控源支路。

4.2.2　替代定理的证明

设某一电路由 b 条支路、n 个节点构成,支路电流为 $I_1, I_2, \cdots, I_k, \cdots, I_b$,支路电压为 U_1, $U_2, \cdots, U_k, \cdots, U_b$,图 4-6(a) 表示该电路的第 k 支路。在电路中的每一个独立节点,支路电流应满足 KCL 方程;在电路中的每一个独立回路,支路电压应满足 KVL 方程。现在用电压源替代 k 支路,如图 4-6(b) 所示。选取电压源的电压值为 $U_s = U_k$,方向与 U_k 相同。替代之后各支路的电压都没有改变,k 支路电压源的电流应由其所连接的节点的 KCL 方程确定。由于除第 k 支路以外的其他支路的元件都没有改变,在支路电压不变的情况下,这些支路电流不会改变。由此可以得到结果,即在 k 支路电压源的电流 I_k 要满足节点 KCL 方程,它也不应发生改变。这样就证明了用电压源代替第 k 支路后,电路中全部支路电压和电流都不会发生改变,替代定理的正确性得到证明。

当用电流源替代 k 支路时,见图 4-6(c),定理的正确性同样可以证明。

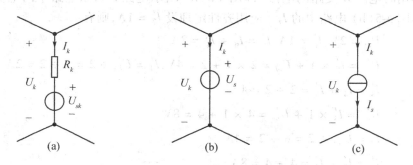

图 4-6　替代定理的证明

例 4-5　在图 4-7(a) 电路中,已知 $U_{s1} = 15\text{V}$,$U_{s2} = 10\text{V}$,$R_1 = 18\Omega$,$R_2 = R_3 = 4\Omega$。
(1) 计算各支路电流和 R_3 支路的电压;
(2) 应用替代定理,将 R_1 支路用独立电流源替代,重新计算各支路电流;
(3) 将 R_3 支路用独立电压源替代,重新计算各支路电流。

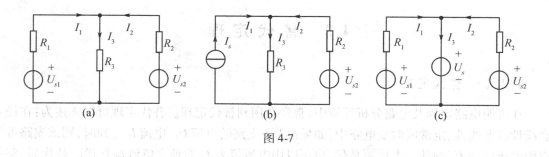

图 4-7

解　(1) 在图 4-7(a) 电路中,应用节点电压法求节点电压。

$$\left(\frac{1}{R_1} + \frac{1}{R_2} + \frac{1}{R_3}\right) U_{n1} = \frac{U_{s1}}{R_1} + \frac{U_{s2}}{R_2}$$

代入数字,有

$$\left(\frac{1}{18} + \frac{1}{4} + \frac{1}{4}\right) U_{n1} = \frac{15}{18} + \frac{10}{4}$$

解得:$U_{n1} = 6\text{V}$。

各支路电流分别为

$$I_1 = \frac{U_{s1} - U_{n1}}{R_1} = \frac{15 - 6}{18} = 0.5\text{A}$$

$$I_2 = \frac{U_{s2} - U_{n1}}{R_2} = \frac{10 - 6}{4} = 1\text{A}$$

$$I_3 = \frac{U_{n1}}{R_3} = \frac{6}{4} = 1.5\text{A}$$

$$U_{R3} = U_{n1} = 6\text{V}$$

(2)用 $I_s = 0.5\text{A}$ 的电流源替代 R_1 支路,如图 4-7(b)所示。应用节点电压法求节点电压。

$$\left(\frac{1}{R_2} + \frac{1}{R_3}\right) U_{n1} = I_s + \frac{U_{s2}}{R_2}$$

代入数字,有

$$\left(\frac{1}{4} + \frac{1}{4}\right) U_{n1} = 0.5 + \frac{10}{4}$$

解得:$U_{n1} = 6\text{V}$。

各支路电流分别为

$$I_1 = I_s = 0.5\text{A}$$

$$I_2 = \frac{U_{s2} - U_{n1}}{R_2} = \frac{10 - 6}{4} = 1\text{A}$$

$$I_3 = \frac{U_{n1}}{R_3} = \frac{6}{4} = 1.5\text{A}$$

(3)将 R_3 支路用 $U_s = 6\text{V}$ 的电压源替代,如图 4-7(c)所示。各支路电流分别为

$$I_1 = \frac{U_{s1} - U_s}{R_1} = \frac{15 - 6}{18} = 0.5\text{A}$$

$$I_2 = \frac{U_{s2} - U_s}{R_2} = \frac{10 - 6}{4} = 1\text{A}$$

$$I_3 = I_1 + I_2 = 0.5 + 1 = 1.5\text{A}$$

对比各支路的电流,在替代前后是完全一样的。

4.3　戴维南定理

4.3.1　一端口网络

一个对外具有两个端钮的网络称为二端网络,由于两个端钮组成一个输入端口或输出

端口,故二端网络又称为一端口网络。如果网络内部没有独立电源的称为无源一端口网络;而网络内部含有独立电源的称为有源一端口网络,它们的符号分别用图4-8(a)、(b) 表示。

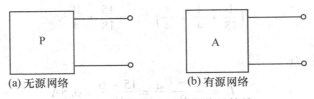

(a) 无源网络　　　　　(b) 有源网络

图 4-8　无源网络和有源网络的符号

一个无源一端口网络,其对外的最简等效电路是一个电阻,而一个有源一端口网络对外的最简等效电路是怎样构成的呢? 戴维南定理将对此问题作出回答。

4.3.2　戴维南定理及其证明

戴维南定理:任何一个线性有源一端口网络,对外电路和而言可以简化成一个电压源 U_o 和电阻 R_o 相串联的电路,电压源 U_o 等于原一端口网络的开路电压 U_{oc},电阻 R_o 等于原网络中全部独立电源置零后所构成的无源一端口网络的等效电阻 R_{eq}。戴维南定理可以用图4-9 所示的电路表示。图 4-9(a) 表示一个有源网络的输出端口接有外电路 R(也可以是一个复杂的外电路)。对于外电路而言,有源网络等效于一个电压源与电阻的串联电路,如图4-9(b) 所示。电压源的电压 U_o 等于网络的开路电压 U_{oc},如图(c) 所示;而串联电阻 R_o 等于把有源网络内部的全部独立电源置零(即将电压源短接、电流源开路)之后的等效电阻 R_{eq},如图4-9(d) 所示。

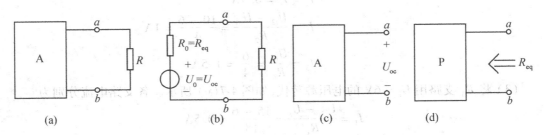

图 4-9　戴维南定理的图示

上述戴维南定理也称为有源二端网络的等效电压源定理,U_o 与 R_o 的串联电路也称为戴维南等效电路。

对于一个复杂的线性一端口网络,戴维南定理是否正确? 对此,作一般性的证明。图4-10(a) 为一个有源一端口网络,当其对外端口处于开路状态时,设其端口电压为 U_{oc}。当该网络接入外电路 R 之后,如图4-10(b) 所示,求网络输出电流 I。在图4-10(c) 中,在电阻 R 上串联进两个电压相等、极性相反的电压源 U_o,且令 U_o 与有源网络的开路电压 U_{oc} 相等,这不会改变电路中电流 I,也就是说图4-10(c) 与图4-10(b) 是等效的。在图4-10(c) 中,应

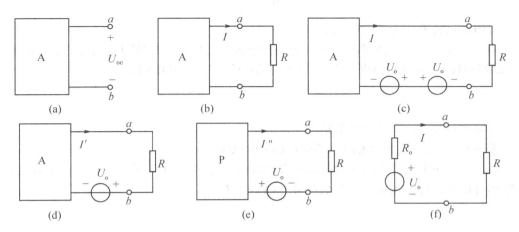

图 4-10 戴维南定理的证明

用叠加定理来计算电流 I：第一步让有源网络内部的全部独立电源和左边一个 U_o 作用，如图 4-10(d) 所示，此时的输出电流为 I'，由于串联进的左边一个电压源电压 U_o 与有源网络的开路电压 U_{oc} 相等，如图 4-11 所示，因为 a、c 为等电位点，将 a、c 接通，显然 $I' = 0$；第二步让图 4-10(c) 中的右边一个电压源 U_o 作用而网络内部的独立电源和左边一个 U_o 不作用，如图 4-10(e) 所示，此时输出的电流为 I''，根据叠加定理，$I = I' + I''$，由于 $I' = 0$，故 $I = I''$。即是说要计算图 4-10(b) 电路中的电流 I，只要计算出图 4-10(e) 电路中

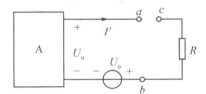

图 4-11 电流 I' 为零的说明图

的电流 I 就行了。最后可将图 4-10(e) 电路等效为图 4-10(f) 所示的电路，由于网络 P 是一个无源网络，它可以等效于一个电阻 R_{eq}（$R_{eq} = R_o$）。至此，戴维南定理就得到了证明。

4.3.3 戴维南等效电路的求法

戴维南定理的主要用途是简化电路，便于计算。特别适用于计算电路中某一支路的电流、电压、功率等，或者求某一支路的元件参数之类的特殊计算。

应用戴维南定理计算电路，一般是将待求的某一支路（或某一部分网络）与有源网络断开，计算出断开处的电压即为开路电压 U_{oc}。求开路电压可应用节点电压法、回路电流法等方法。求等效电阻有以下三种方法：

第一种方法是在已知电路中电阻元件参数且电路中无受控电源时，将有源网络全部独立电源置零，即将有源网络变成无源网络，然后直接用电阻串、并联公式或电阻的星形连接与三角形连接的等效变换方法计算出等效电阻。

第二种方法是当网络中含有受控电源时，将有源网络全部独立电源置零，即将有源网络变成无源网络，然后在其端口 a、b 处外加一个电压 U，求端口处的电流 I（计算出 I 与 U 的关系式），则端口的等效电阻为

$$R_{\text{eq}} = \frac{U}{I}$$

习惯称这种方法为外加电压法。

第三种方法是在已经求出有源一端口网络开路电压 U_{oc} 的基础上,直接将有源网络的 a、b 端钮短接,计算出短路电流 I_{sc},则有源一端口网络的等效电阻为

$$R_{\text{eq}} = \frac{U_{\text{oc}}}{I_{\text{sc}}}$$

习惯称这种方法为短路电流法。

例 4-6 应用戴维南定理求图 4-12(a)中电流 I。

解 (1)先把欲求电流 I 的支路断开,如图 4-12(b)所示。求断开处的开路电压 U_{oc}。先应用叠加定理计算电压 U_{ac},然后计算开路电压 U_{oc}。

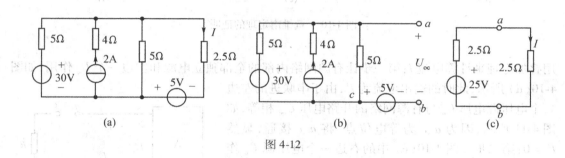

图 4-12

$$U_{ac} = \frac{30}{5+5} \times 5 + 2 \times \frac{1}{2} \times 5 = 15 + 5 = 20\text{V}$$

$$U_{\text{oc}} = U_{ac} + U_{cb} = 20 + 5 = 25\text{V}$$

(2)令图 4-12(b)所示电路的全部独立电源均为零,求出无源网络的等效电阻,有

$$R_{\text{eq}} = \frac{5 \times 5}{5+5} = 2.5\Omega$$

即戴维南等效电路的电压 $U_{\text{o}} = U_{\text{oc}} = 25\text{V}$,串联电阻 $R_{\text{o}} = R_{\text{eq}} = 2.5\Omega$。

(3)画出戴维南等效电路并接入外电路,如图 4-12(c)所示,即可求出电流

$$I = \frac{25}{2.5 + 2.5} = 5\text{A}$$

例 4-7 图 4-13(a)电路中,求电流源 I_s 为何值时它可以使 a、b 两点之间的电压为零。

解 首先把电流源断开,如图 4-13(b)所示,求断开处的开路电压 U_{oc}。列电路左边网孔的 KVL 方程,有

$$3I_1 + I_1 + 2I_1 = 12$$

解得 $I_1 = 2\text{A}$,即可求出开路电压

$$U_{\text{oc}} = -3I_1 + 12 = -3 \times 2 + 12 = 6\text{V}$$

再计算无源网络的等效电阻。令独立电压源为零,其等效电路如图 4-13(c)所示,由于网络中含有受控电源,用外加电压法求等效电阻 R_{eq}。外加电压 U,设输入端口电流为 I,对

于两个网孔分别列 KVL 方程,有

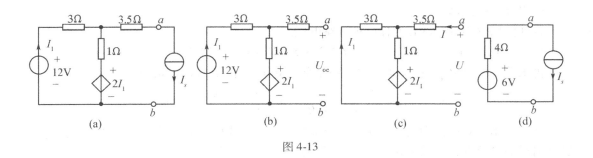

图 4-13

$$U = 3.5I + 1 \times (I_1 + I) + 2I_1 \tag{1}$$
$$3I_1 + 1 \times (I_1 + I) + 2I_1 = 0 \tag{2}$$

解方程(2)得:$I_1 = -\dfrac{I}{6}$,代入式(1)得

$$U = 3.5I + I + 3I_1 = 4.5I + 3 \times \left(-\dfrac{I}{6}\right) = 4I$$

其等效电阻为:$R_{eq} = \dfrac{U}{I} = 4\Omega$。图 4-13(a)电路用戴维南定理简化后,如图 4-13(d)所示。图中 a、b 两点间的电压为

$$U_{ab} = -4I_s + 6$$

要使 $U_{ab} = 0$,解上述方程得 $I_s = 1.5\text{A}$。

例 4-8　在图 4-14(a)电路中,已知 $U_{s1} = 1\text{V}$,$R_2 = 2\Omega$,$R_3 = 3\Omega$,$R_4 = 4\Omega$,$R_5 = 5\Omega$,$U_{s5} = 5\text{V}$,$I_{s6} = 6\text{A}$,R_1 可变。试问 R_1 为何值时,$I_1 = 1\text{A}$。

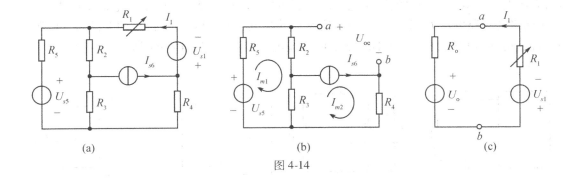

图 4-14

解　应用戴维南定理分析。首先求开路电压 U_{oc},将 R_1 与 U_{s1} 串联支路移去,如图 4-14(b)所示,端口处的电压即为开路电压。由于网孔 2 的电流 $I_{m2} = I_{s6}$,对于网孔 1 列网孔电流方程,有

$$(R_2 + R_3 + R_5)I_{m1} - R_3 I_{s6} = U_{s5}$$

代入元件参数,得

$$(2 + 3 + 5)I_{m1} - 3 \times 6 = 5$$

解得:$I_{m1} = 2.3\text{A}$。

在外围回路中,由 KVL 方程可求开路电压。

$$U_{oc} = -R_5I_{m1} + U_{s5} - R_4I_{s6} = -5 \times 2.3 + 5 - 4 \times 6 = -30.5\text{V}$$

再求等效电阻 R_{eq}。将图 4-14(b) 中全部独立源置零,其等效电阻为

$$R_{eq} = R_4 + \frac{R_5(R_2 + R_3)}{R_5 + R_2 + R_3} = 4 + \frac{5(2 + 3)}{5 + 2 + 3} = 6.5\,\Omega$$

其戴维南等效电路中的 $U_o = U_{oc} = -30.5\text{V}$,串联电阻 $R_o = R_{eq} = 6.5\,\Omega$,接入 R_1 与 U_{s1} 串联支路后的等效电路如图 4-14(c) 所示,列网孔的 KVL 方程,有

$$(R_1 + R_0)I_1 = -U_{s1} - U_o$$

代入元件参数,有

$$(R_1 + 6.5) \times 1 = -1 + 30.5$$

解得:$R_1 = 23\,\Omega$。

4.4　诺 顿 定 理

4.4.1　诺顿定理

诺顿定理描述了有源一端口网络的另外一种最简形式的等效电路。诺顿定理指出:任何一个线性有源一端口网络,对外电路而言可以简化成一个电流源 I_o 和电导 G_o 相并联的电路,电流源 I_o 等于原一端口网络的短路电流 I_{sc},电导 G_o 等于原网络中全部独立电源置零后所构成的无源一端口网络的入端电导。诺顿定理可以用图 4-15 所示电路表示。图 4-15(a)表示有源一端口网络输出端口接入外电路 R(也可以是一个复杂的外电路)。对于外电路而言,有源网络等效于一个电流源与电导的并联电路,如图 4-15(b) 所示。电流源的电流 I_o,等于网络的短路电流 I_{sc},如图 4-15(c) 所示。并联电导 G_o 是将有源网络的全部独立电源置零(即将电压源短接、电流源开路)之后的入端电导 G_{eq},如图 4-15(d) 所示。

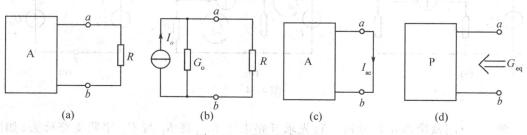

图 4-15　诺顿定理的图示

诺顿定理也称为有源二端网络的等效电流源定理,I_o 与 G_o 并联电路也称为诺顿等效

电路。

4.4.2　诺顿定理的证明

前面已经证明了戴维南定理,戴维南等效电路是一个串联电压源模型,而诺顿等效电路是一个并联电流源模型,利用电源的等效变换原理,将电压源变换成为电流源,即获得诺顿等效电路。其证明过程如图 4-16 所示。

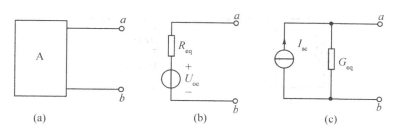

图 4-16　诺顿定理证明

根据戴维南定理,图 4-16(a)所示的有源网络,可以等效于一个电压源与电阻的串联模型,如图 4-16(b)所示。根据电源等效变换的原则,图 4-16(b)可以等效变换成图 4-15(c)所示的并联电路。其电流源电流值 $I_{sc} = \dfrac{U_{oc}}{R_{eq}}$,这个电流正是图 4-16(b)中的短路电流;而 $G_{eq} = \dfrac{1}{R_{eq}}$,这个电导也正是无源网络的入端电导。

诺顿等效电路的求法,可以参照求戴维南等效电路的方法及步骤分别求出有源网络的短路电流 I_{sc},入端电导 G_{eq};另外,在一般情况下还可以先求出有源网络的戴维南等效电路,再利用电源等效变换求出诺顿等效电路。

例 4-9　试求图 4-17(a)电路的诺顿等效电路和戴维南等效电路。

解　把端口处短路,如图 4-17(b)所示,求其短路电流 I_{sc}。对于两个网孔列 KVL 方程,有

$$(4 + 6)I_{m1} - 6I_{m2} = 24 \tag{1}$$

$$-6I_{m1} + 6I_{m2} = 4I \tag{2}$$

补充一个受控源关系方程

$$I = I_{m1} - I_{m2} \tag{3}$$

联立求解以上 3 个方程,有

$$I_{m1} = I_{m2} = 6\text{A}$$

于是求得短路电流 $I_{sc} = I_{m2} = 6\text{A}$。

令图 4-17(a)电路中独立电压为零,如图 4-17(c)所示,求入端电导。外加电压 U',设输入电流为 I',列电路两个网孔的 KVL 方程,有

$$U' = 4I + 6I \tag{4}$$

$$4(I' - I) = 6I \tag{5}$$

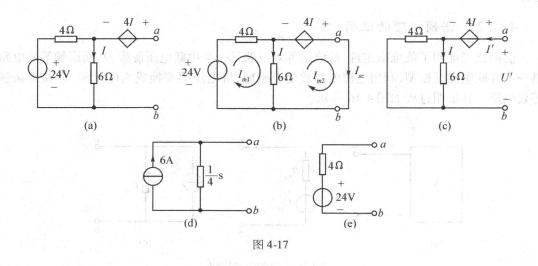

图 4-17

解以上两个方程,得

$$U' = 4I'$$

于是可以求出入端电导:$G_{eq} = \dfrac{I'}{U'} = \dfrac{1}{4}S$。诺顿等效电路如图 4-17(d) 所示。

将图 4-17(d) 所示的电流源等效变换成电压源,就是戴维南等效电路。由于

$$U_o = R_o I_0 = \frac{1}{G_0} I_0 = 4 \times 6 = 24V$$

$$R_o = \frac{1}{G_0} = 4\Omega$$

戴维南等效电路如图 4-17(e) 所示。还可以用另一种方法重新求出图 4-17(a) 电路的开路电压。对于左边网孔可以计算出电流 I,进一步求出开路电压 U_{oc}。有

$$I = \frac{24}{4 + 6} = 2.4A$$

$$U_{oc} = 4I + 6I = 4 \times 2.4 + 6 \times 2.4 = 24V$$

入端阻抗可由开路电压除以短路电流,得

$$R_{eq} = \frac{U_{oc}}{I_{sc}} = \frac{24}{6} = 4\Omega$$

用两种方法计算出的戴维南等效电路是完全一样的。

4.5　特勒根定理

特勒根定理是电路的一个重要定理。与基尔霍夫定律一样,它反映了网络的结构约束关系,与网络的元件特性无关,适用于任何线性或非线性、时变或时不变网络。

4.5.1 特勒根功率定理

特勒根功率定理指出:在一个具有 b 条支路的电路中,如果支路电压为 $u_1, u_2, \cdots, u_b$,支路电流为 $i_1, i_2, \cdots, i_b$,且支路电压与支路电流的参考方向相关联,则在任何时刻都有

$$u_1 i_1 + u_2 i_2 + \cdots + u_b i_b = \sum_{k=1}^{b} u_k i_k = 0 \tag{4-5}$$

这就是特勒根功率定理。由于定理与元件特性无关,可以通过电路的图来证明。设某电路的有向图如图 4-18 所示,选节点 ⓪ 为参考点,节点 ①、②、③ 对参考点的电压为节点电压 u_{n1}、u_{n2}、u_{n3}。由 3 个网孔的 KVL 方程可写出支路电压与节点电压的关系为

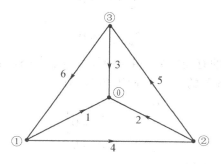

图 4-18 某电路的有向图

$$\left.\begin{array}{l} u_1 = u_{n1}, u_2 = u_{n2}, u_3 = u_{n3} \\ u_4 = u_{n1} - u_{n2}, u_5 = u_{n2} - u_{n3}, u_6 = u_{n3} - u_{n1} \end{array}\right\} \tag{4-6}$$

将式(4-6)中的支路电压用节点电压表示并代入式(4-5)得

$$\begin{aligned} \sum_{k=1}^{6} u_k i_k &= u_{n1} i_1 + u_{n2} i_2 + u_{n3} i_3 + (u_{n1} - u_{n2}) i_4 + (u_{n2} - u_{n3}) i_5 + (u_{n3} - u_{n1}) i_6 \\ &= u_{n1}(i_1 + i_4 - i_6) + u_{n2}(i_2 - i_4 + i_5) + u_{n3}(i_3 - i_5 + i_6) \end{aligned} \tag{4-7}$$

对节点 ①、②、③ 列 KCL 方程,有

$$\left.\begin{array}{ll} \text{节点 ①} & i_1 + i_4 - i_6 = 0 \\ \text{节点 ②} & i_2 - i_4 + i_5 = 0 \\ \text{节点 ③} & i_3 - i_5 + i_6 = 0 \end{array}\right\} \tag{4-8}$$

把式(4-8)代入式(4-7)可得到

$$\sum_{k=1}^{6} u_k i_k = 0 \tag{4-9}$$

将上述结论推广到任意一个具有 n 个节点 b 条支路的电路,则有

$$\sum_{k=1}^{b} u_k i_k = 0 \tag{4-10}$$

于是定理得到了证明。由于式中的 $u_k i_k$ 为第 k 支路的功率,故称它为特勒根功率定理。其含义是:在任何一个电路中,在任一时刻,电路中各支路功率的代数和恒等于零。由于支路

电压、电流的参考方向相关联,当某支路的功率 $P > 0$ 时,该支路吸收功率,当某支路的功率 $P < 0$ 时,该支路发出功率。即是说,在一个电路中电路元件发出的功率恒等于电路元件吸收的功率。

4.5.2　特勒根似功率定理

特勒根似功率定理的内容为:假设有两个具有 n 个节点,b 条支路的电路 N 和 $\hat{N}$,分别由不同的二端元件构成,但它们的图完全相同;如果电路 N 的电压、电流分别为 $u_1, u_2, \cdots, u_b$ 和 $i_1, i_2, \cdots, i_b$,电路 $\hat{N}$ 的电压、电流分别为 $\hat{u}_1, \hat{u}_2, \cdots, \hat{u}_b$ 和 $\hat{i}_1, \hat{i}_2, \cdots, \hat{i}_b$,且它们的电压、电流的参考方向相关联,则在任何时刻都有

$$\sum_{k=1}^{b} u_k \hat{i}_k = 0 \tag{4-11}$$

$$\sum_{k=1}^{b} \hat{u}_k i_k = 0 \tag{4-12}$$

证明如下:设两个电路的有向图如图4-18所示,对于电路 N 的支路电压与节点电压的关系式为式(4-6);而对于电路 $\hat{N}$ 的节点列 KCL 方程,有

$$
\begin{aligned}
\text{节点 ①} &\qquad \hat{i}_1 + \hat{i}_4 - \hat{i}_6 = 0 \\
\text{节点 ②} &\qquad \hat{i}_2 - \hat{i}_4 + \hat{i}_5 = 0 \\
\text{节点 ③} &\qquad \hat{i}_3 - \hat{i}_5 + \hat{i}_6 = 0
\end{aligned}
\right\} \tag{4-13}
$$

由式(4-7)的推导方式,可得

$$\sum_{k=1}^{b} u_k \hat{i}_k = u_{n1}(\hat{i}_1 + \hat{i}_4 - \hat{i}_6) + u_{n2}(\hat{i}_2 - \hat{i}_4 + \hat{i}_5) + u_{n3}(\hat{i}_3 - \hat{i}_5 + \hat{i}_6)$$

将方程(4-13)代入上式可得

$$\sum_{k=1}^{6} u_k \hat{i}_k = 0 \tag{4-14}$$

用类似的方法,可以推导出

$$\sum_{k=1}^{6} \hat{u}_k i_k = 0 \tag{4-15}$$

将上述结论推广到任意一个具有 n 个节点、b 条支路的电路,则有

$$\sum_{k=1}^{b} u_k \hat{i}_k = 0 \tag{4-16}$$

$$\sum_{k=1}^{b} \hat{u}_k i_k = 0 \tag{4-17}$$

由于上面两式中的 $u_k \hat{i}_k$ 或 $\hat{u}_k i_k$ 是两个不同电路中对应的支路电压与支路电流的乘积,它们的量纲单位是功率,但它们不在同一电路,并不构成功率,没有物理意义,故称为似功率定理。

特勒根定理可用于证明和分析一些电路问题,比如证明互易定理、正弦交流电路复功率守恒定理,以及分析计算电路的灵敏度等。

例 4-10　图 4-19(a)、(b) 两电路的元件参数已给定,试求出两电路的支路电压、电流值,并验证特勒根功率定理和似功率定理。

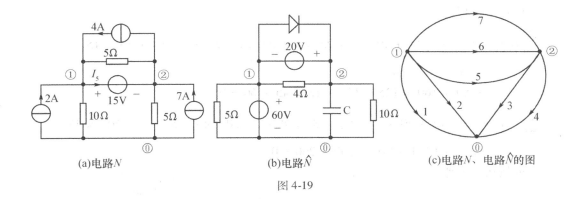

(a)电路N　　　　　(b)电路$\hat{N}$　　　　　(c)电路N、电路$\hat{N}$的图

图 4-19

解　画出图 4-19(a)、(b) 的有向图如图 4-19(c) 所示。

在图 4-19(a) 电路,用节点电压法分析,有

$$\left(\frac{1}{10}+\frac{1}{5}\right)U_{n1}-\frac{1}{5}U_{n2}=2+4-I_5 \tag{1}$$

$$-\frac{1}{5}U_{n1}+\left(\frac{1}{5}+\frac{1}{5}\right)U_{n2}=7-4+I_5 \tag{2}$$

$$U_{n1}-U_{n2}=15 \tag{3}$$

联立求得以上方程,可得

$$U_{n1}=40\text{V},U_{n2}=25\text{V},U_{12}=15\text{V}$$

由此求出各支路电压、电流如表 4-1 所示。

在图 4-19(b) 电路中,分别计算出节点电压,有

$$U_{n1}=60\text{V},U_{n2}=80\text{V},U_{12}=-20\text{V}$$

再计算出各支路电压、电流如表 4-1 所示。

表 4-1　　　　　　　　　　**图 4-18 电路的支路电压、电流**

网　　络	N		$\hat{N}$	
电压、电流	$U(\text{V})$	$I(\text{A})$	$\hat{U}(\text{V})$	$\hat{I}(\text{A})$
支路 1	40	-2	60	12
2	40	4	60	-20
3	25	5	80	0
4	25	-7	80	8
5	15	-1	-20	-5
6	15	3	-20	13
7	15	-4	-20	0

验证功率定理：

$$\sum_{k=1}^{7} U_k I_k = 40 \times (-2) + 40 \times 4 + 25 \times 5 + 25 \times (-7) + 15 \times (-1) + 15 \times$$
$$3 + 15 \times (-4)$$
$$= -80 + 160 + 125 - 175 - 15 + 45 - 60 = 0$$

$$\sum_{k=1}^{7} \hat{U}_k \hat{I}_k = 60 \times 12 + 60 \times (-20) + 80 \times 8 + (-20) \times (-5) + (-20) \times 13$$
$$= 720 - 1200 + 640 + 100 - 260 = 0$$

验证似功率定理：

$$\sum_{k=1}^{7} U_k \hat{I}_k = 40 \times 12 + 40 \times (-20) + 25 \times 8 + 15 \times (-5) + 15 \times 13$$
$$= 480 - 800 + 200 - 75 + 195 = 0$$

$$\sum_{k=1}^{7} \hat{U}_k I_k = 60 \times (-2) + 60 \times 4 + 80 \times 5 + 80 \times (-7) + (-20) \times (-1) + (-20) \times$$
$$3 + (-20) \times (-4)$$
$$= -120 + 240 + 400 - 560 + 20 - 60 + 80 = 0$$

4.6　互 易 定 理

互易定理：在不含受控电源的线性电路中，如果只有一个独立电源作用，当激励和响应互换位置时，同一数值激励所产生的响应在数值上不会改变。

互易定理是不含受控源的线性网络的重要特性之一，本节将应用特勒根似功率定理加以证明。

互易定理有三种形式，分别论述如下。

第一种形式：激励为电压源，响应为电流。在图 4-20(a) 所示电路中，唯一的激励是电压源 U_s，其响应是电流 I_2。当把激励和响应互换位置后，其电路如图 4-20(b) 所示。由于电路 4-20(a) 和电路 4-20(b) 的图是完全一样的，故可分别用 N 和 $\hat{N}$ 表示。根据互易定理的内容，应有 $\hat{I}_1 = I_2$。现在来加以证明。

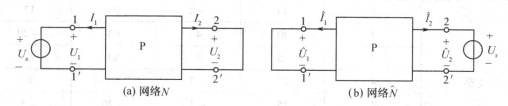

图 4-20　互易定理的第一种形式

由于电路图 4-20(a)、(b) 是完全相同的，应用式(4-16)、式(4-17)，有

$$U_1 \hat{I}_1 + U_2 \hat{I}_2 + \sum_{k=3}^{b} U_k \hat{I}_k = 0 \qquad (4\text{-}18)$$

$$\hat{U}_1 I_1 + \hat{U}_2 I_2 + \sum_{k=3}^{b} \hat{U}_k I_k = 0 \qquad (4\text{-}19)$$

因为网络 P 内无受控源,仅由线性电阻组成,故有 $U_k = I_k R_k$,$\hat{U}_k = \hat{I}_k R_k$,将此关系代入上式,得

$$U_1 \hat{I}_1 + U_2 \hat{I}_2 + \sum_{k=3}^{b} I_k R_k \hat{I}_k = 0 \qquad (4\text{-}20)$$

$$\hat{U}_1 I_1 + \hat{U}_2 I_2 + \sum_{k=3}^{b} \hat{I}_k R_k I_k = 0 \qquad (4\text{-}21)$$

式(4-20)减式(4-21),有

$$U_1 \hat{I}_1 + U_2 \hat{I}_2 - \hat{U}_1 I_1 - \hat{U}_2 I_2 = 0 \qquad (4\text{-}22)$$

对照电路,$U_2 = 0$,$\hat{U}_1 = 0$;$U_1 = U_s$,$\hat{U}_2 = U_s$,各代入上式,便得

$$U_s \hat{I}_1 - U_s I_2 = 0$$

即 $\hat{I}_1 = I_2$。

从而证明了互易定理的第一种形式。

第二种形式:激励为电流源,响应为电压。在图 4-21(a) 所示电路中,激励是电流源 I_s,其响应是电压 U_2。当把激励和响应互换位置之后,其电路如图 4-21(b) 所示。两个电路分别用 N 和 $\hat{N}$ 表示。根据互易定理的内容,应有 $\hat{U}_1 = U_2$,现在证明如下:

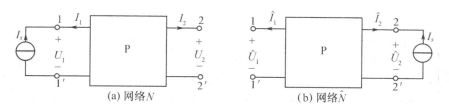

图 4-21   互易定理的第二种形式

按照互易定理第一种形式的证明方法,可以得到与式(4-22) 一样的结果,即

$$U_1 \hat{I}_1 + U_2 \hat{I}_2 - \hat{U}_1 I_1 - \hat{U}_2 I_2 = 0$$

对照图 4-21,$I_2 = 0$;$\hat{I}_1 = 0$;$I_1 = -I_s$,$\hat{I}_2 = -I_s$,各代入上式,便得

$$-U_2 I_s + \hat{U}_1 I_s = 0$$

即

$$\hat{U}_1 = U_2$$

第三种形式:激励为电流源,响应为电流;当激励与响应位置互易之后,激励改变成与电流源等数值的电压源,响应改变成与电流等数值的电压。在图 4-22(a) 所示电路中,激励是电流源 I_s,响应是电流 I_2。把激励与响应互换位置之后,其电路如图 4-22(b) 所示,但激励改换成数值上等于 I_s 的电压源 U_s,响应则是与 I_2 数值上相等的电压 $\hat{U}_1$,即 $\hat{U}_1 = I_2$。它们只不过是数值相等,而量纲是不相同的,现在证明如下:

同样按照互易定理第一种形式的证明过程,可以得到式(4-22) 一样的结果,即

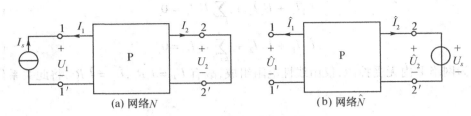

图 4-22　互易定理的第三种形式

$$U_1 \hat{I}_1 + U_2 \hat{I}_2 - \hat{U}_1 I_1 - \hat{U}_2 I_2 = 0$$

对照图 4-22,应有:$U_2 = 0$,$\hat{I}_1 = 0$;$I_1 = -I_s$,$\hat{U}_2 = U_s$;且 $I_s = U_s$,把这些代入上式,可得

$$\hat{U}_1 I_s - I_s I_2 = 0$$

即

$$\hat{U}_1 = I_2$$

应当强调,在应用互易定理分析电路问题时,应注意端口电压、电流的参考方向。例如在互易定理的三种形式的六个电路中,电压、电流的参考方向都是一致的,即端口电压参考方向是上"正",下"负";端口电流的参考方向都是流出端口。在这种参考方向下推导出了式(4-22)。如果某些电路的端口的电压、电流与此不一致,则式(4-22)应相应改变其正、负号。满足互易定理的网络称为互易网络。

例 4-11　图 4-23(a) 所示互易网络,当 $U_{s1} = 10\text{V}$ 时,$I_1 = -5\text{A}$,$I_2 = 2\text{A}$;当 $1 - 1'$ 端口接 4Ω 电阻且 $U_{s2} = 5\text{V}$ 时,求 $\hat{I}_1$。

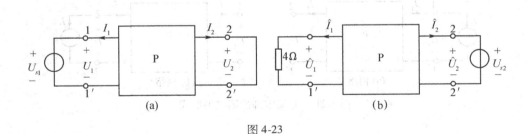

图 4-23

解　由式(4-22),得

$$U_1 \hat{I}_1 + U_2 \hat{I}_2 = \hat{U}_1 I_1 + \hat{U}_2 I_2$$

在图 4-23(a) 中,$U_2 = 0$,在图 4-23(b) 中,$\hat{U}_1 = 4\hat{I}_1$;连同已知参数一起代入上式,有

$$10\hat{I}_1 = 4\hat{I}_1 \times (-5) + 5 \times 2$$

解得 $\hat{I}_1 = \dfrac{1}{3}\text{A}$。

例 4-12　试求图 4-24(a) 电路中电流表的读数。

解　利用互易定理的第三种形式分析。将 10V 电压源接入电流表处,将激励(电流源)处开路,如图 4-24(b) 所示。根据互易定理的第三种形式,图 4-24(b) 中的开路电压 U_{ab} 应等于图(a) 中电流表的电流。

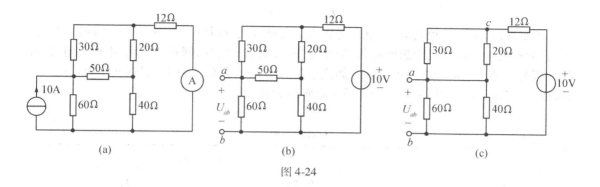

图 4-24

图 4-24(b) 电路中的左部分 5 个电阻构成平衡电桥,可令电桥上 50Ω 电阻短接,如图 4-24(c)所示。

$$R_{ca} = \frac{20 \times 30}{20 + 30} = 12\Omega$$

$$R_{ab} = \frac{40 \times 60}{40 + 60} = 24\Omega$$

由分压公式可计算出 U_{ab},有

$$U_{ab} = \frac{24}{12 + 12 + 24} \times 10 = 5\text{V}$$

故图 4-24(a) 中电流表的电流为 5A。

4.7 对 偶 原 理

在前面的电路分析中,有一个现象值得进行归纳和总结:一些电路元件、电路的结构、电路定律及电路分析方法等存在一种对应关系,这种对应关系称为对偶原理。 例如图 4-25(a)、(b) 分别表示非理想电压源和非理想电流源,它们的结构分别是理想电压源 U_s 与

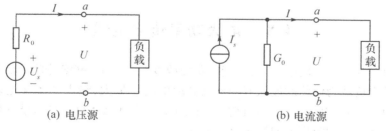

图 4-25 两种对偶电源

内电阻 R_0 串联和理想电流源 I_s 与内电导 G_0 并联;当它们接上负载之后分别构成了一个网孔和一个独立节点;电压源的输出电压和电流源的输出电流分别为

$$U = U_s - R_0 I$$
$$I = I_s - G_0 U$$

不难发现,上述方程的形式,也是对偶的。通过以上分析可以归纳出两个电路的对偶元素为:非理想电压源和非理想电流源,串联和并联,电阻和电导,网孔和节点,电压和电流,理想电压源和理想电流源等。更多的对偶关系列入表4-2,后续内容中的对偶元素暂未列入。熟练掌握了电路中的对偶关系,会有助于理解问题和记忆公式。

表4-2　　　　　　　　　　　　　　　　对偶关系表

对偶元素	对偶表达式	
电压和电流	U 或 u	I 或 i
电阻 R 和电导 G	$U = RI$	$I = GU$
电感 L 和电容 C	$u = L\dfrac{\mathrm{d}i}{\mathrm{d}t}$	$i = C\dfrac{\mathrm{d}u}{\mathrm{d}t}$
KVL 和 KCL	$\sum U = 0$ 或 $\sum u = 0$	$\sum I = 0$ 或 $\sum i = 0$
理想电压源和理想电流源	U_s 或 u_s	I_s 或 i_s
非理想电压源和非理想电流源	$U = U_s - R_0 I$	$I = I_s - G_0 U$
电阻串联和电导并联	$R = \sum R_k$	$G = \sum G_k$
串联分压和并联分流	$U_k = \dfrac{R_k}{R}U$	$I_k = \dfrac{G_k}{G}I$
节点电压法和网孔电流法	$\sum GU = \sum I_s$	$\sum RI = \sum U_s$
割集电压法和回路电流法	$\sum GU_q = \sum I_s$	$\sum RI_e = \sum U_s$
戴维南定理和诺顿定理	$U_{oc} = R_{eq}I_{sc}$	$I_{sc} = G_{eq}U_{oc}$

4.8　最大功率传输定理

一个有源线性一端口网络,当所连接的负载改变时,一端口网络传输给负载的功率就随之而改变。讨论负载为何值时能从有源网络获取的功率最大,最大功率又是多少的问题是有工程意义的。例如,电子电路中就存在这样的问题:在什么条件下负载能从信号源获得最大功率? 最大功率传输定理就回答了这一问题。

4.8.1　最大功率传输定理

最大功率传输定理:一个结构与元件参数已知的有源线性一端口网络,与一电阻负载相连接。当负载电阻等于一端口网络的等效电阻时,负载能从有源网络获取最大的功率。

满足上述条件的电路称为负载与信号源相匹配,或称为电路处于匹配工作状态。

4.8.2 定理的证明

一个有源线性一端口网络 A,连接可变负载 R_L,如图 4-26(a) 所示。根据戴维南定理,有源网络 A 可以用一个开路电压 U_{oc} 与等效电阻 R_{eq} 的串联组合替代,如图 4-26(b) 所示。负载电流为

$$I = \frac{U_{oc}}{R_{eq} + R_L}$$

负载功率为

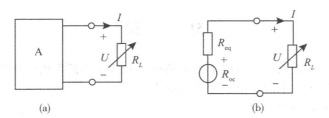

图 4-26 最大功率传输定理的图示

$$P_L = R_L I^2 = R_L \left(\frac{U_{oc}}{R_{eq} + R_L} \right)^2 \tag{4-23}$$

当负载电阻改变时它获得最大功率的条件是

$$\frac{dP_L}{dR_L} = U_{oc}^2 \frac{(R_{eq} + R_L)^2 - 2R_L(R_{eq} + R_L)}{(R_{eq} + R_L)^4} = 0 \tag{4-24}$$

当 $R_{eq} + R_L \neq 0$ 时,上式成立的条件是

$$R_{eq} = R_L \tag{4-25}$$

即是说:当负载电阻等于一端口网络的等效电阻时,负载能从有源网络获取最大的功率。此时,负载获得的最大功率为

$$P_{L_{max}} = \frac{U_{oc}^2}{4R_{eq}} \tag{4-26}$$

例 4-13 试问图 4-27(a) 电路中当负载 R_L 为何值时能获得最大功率? 并求此最大功率值。

解 利用戴维南定理与最大功率传输定理分析

(1) 求原电路当负载 R_L 移去后的开路电压 U_{oc}。

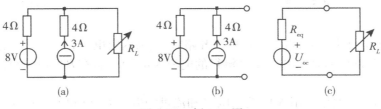

图 4-27 例 4-13 图

在图 4-27（a）中移去负载 R_L 后如图 4-27（b）所示。其开路电压

$$U_{oc} = 3 \times 4 + 8 = 20V$$

（2）图 4-27（b）电路当全部电源置零后的等效电阻为

$$R_{eq} = 4\Omega$$

（3）求戴维南等效电路及负载吸收的最大功。

图 4-27（a）电路的等效电路如图 4-27（c）所示。当 $R_L = R_{eq} = 4\Omega$ 时，R_L 从电源获得最大功率。由式（4-26）得

$$P_{L_{\max}} = \frac{U^2_{oc}}{4R_{eq}} = \frac{20^2}{4 \times 4} = 25\,W$$

习　　　题

4-1　试用叠加定理求图示电路中各支路电流和两个电源发出的功率。

4-2　试用叠加定理求图示电路中的电流 I。

4-3　试求图示电路中的电压 U。

4-4　在图示电路中，当 $U_s = 10V$、$I_s = 2A$ 时，$I = 5A$；当 $U_s = 0V$、$I_s = 2A$ 时，$I = 2A$；当 $U_s = 20V$、$I_s = 0A$ 时，电流 I 为多少？

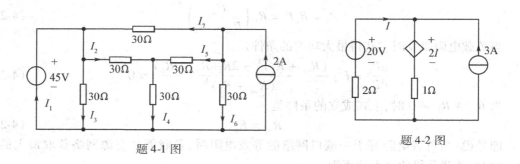

题 4-1 图　　　　　　　　　　题 4-2 图

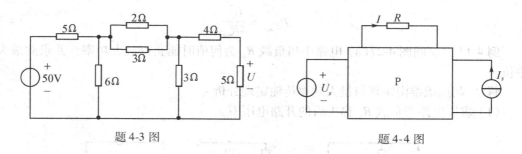

题 4-3 图　　　　　　　　　　题 4-4 图

4-5　图示电路中，当有源一端口网络开路时，用高内阻电压表测得其开路电压为 50V，当接上一只 40Ω 的电阻 R，用电流表 A 测得的电流为 0.5A。若把 R 换成 20Ω，求这时电流表的读数。

4-6　求图示电路中电阻 R 的端电压 U 和流过的电流 I。已知 $R = 10\Omega$。

4-7　求图示电路的戴维南等效电路。

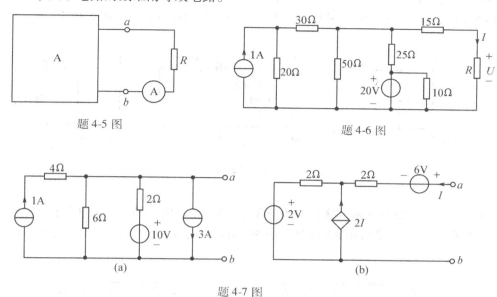

题 4-5 图　　　　　　　　题 4-6 图

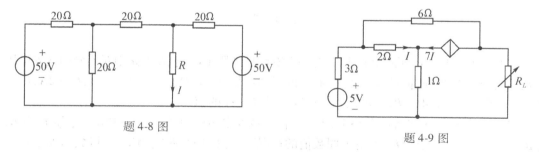

题 4-7 图

4-8　求图示电路中电阻 R 的值分别为 10Ω、20Ω、40Ω 三种情况时流过电阻 R 的电流 I。

4-9　图示电路中,试问可调负载电阻 R_L 为何值时它获得最大功率,求此功率。

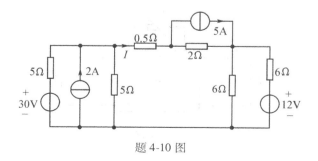

题 4-8 图　　　　　　　　题 4-9 图

4-10　试求流过 0.5Ω 电阻支路的电流 I。

4-11　求图示电路中流过电阻 R 的电流 I_3。

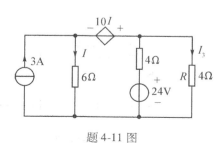

题 4-10 图　　　　　　　　题 4-11 图

4-12　在题 4-12 图所示电路中,A 为一含有电阻、独立电源、受控电源的电路,在图(a)电路中测得 $U_{oc} = 30V$;在(b)电路中测得 $U_{ab} = 0V$。试求图(c)所示电路中的电流 I。

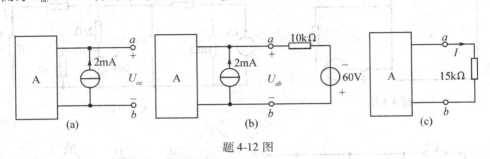

题 4-12 图

4-13　在题 4-13 图所示电路中,P 为一含有线性电阻的电路,在图(a)电路中当 $U_s = -30V$ 时,测得短路电流 $I_2 = 2A$;如果在图(b)电路中加电压 $U_s = 150V$,试求电路中的电流 $\hat{I}_1$。

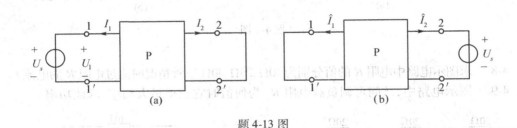

题 4-13 图

4-14　在题 4-14 图所示电路中,P 为一含有线性电阻的电路,在电路中对不同的输入电压 U_s 及不同的电阻 R_1、R_2 值进行了两次测量,得下列数据:$U_s = 8V$,$R_1 = R_2 = 2\Omega$,$I_1 = 2A$,$U_2 = 2V$;$\hat{U}_s = 9V$,$R_1 = 1.4\Omega$,$R_2 = 0.8\Omega$,$\hat{I}_1 = 3A$。求 $\hat{U}_2$、$\hat{I}_2$ 的值。

4-15　在题 4-15 图所示电路中,P 为一含有线性电阻的电路。电路中输入电压 U_s 及电阻 R_2、R_3 可调,在 U_s、R_2、R_3 两组不同数值的情况下,分别进行两次测量,测得数据如下:

(1) 当 $U_s = 3V$,$R_2 = 20\Omega$,$R_3 = 5\Omega$ 时,$I_1 = 1.2A$,$U_2 = 2V$,$I_3 = 0.2A$;

(2) 当 $U_s = 5V$,$R_2 = 10\Omega$,$R_3 = 10\Omega$ 时,$I_1 = 2A$,$U_3 = 2V$。

求第二种情况下的电流 I_2。

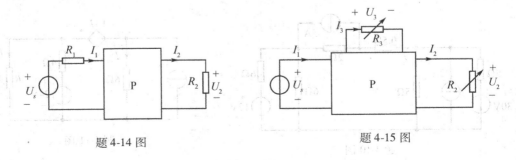

题 4-14 图　　　　　　　　　题 4-15 图

第5章　正弦稳态交流电路和相量法

本章的主要内容有:正弦量的基本概念,正弦量的三要素;正弦交流电压、电流的有效值;正弦交流电的相量表示法;电阻、电感、电容中的正弦电流;欧姆定律的相量形式、基尔霍夫定律的相量形式;R、L、C 串联电路的复阻抗,R、L、C 并联电路的复导纳;复阻抗与复导纳的互换;正弦稳态电路的瞬时功率和能量交换;正弦稳态电路的有功功率、无功功率、复功率;R、L、C 串联电路的谐振;R、L、C 并联电路的谐振;最大功率传输条件。

5.1　正弦交流电的基本概念

在正弦交流电路中,电压的大小和极性或电流的大小和方向都是随时间而变动的。变动的电压或电流在任一瞬间的数值称为瞬时值,用小写字母 $u(t)$、$i(t)$ 来表示,也可简写为 u、i。对于正弦交流电压、电流而言,它们的实际方向随时间而变动,因此参考方向的应用就显得更为必要了。一旦选定了参考方向,正弦交流电压、电流的实际方向就可以用代数量来表示,当电压、电流的实际方向与所选定的参考方向一致时,它们的瞬时值是正的,反之就是负的。

图 5-1 表示一段正弦交流电路,在选定的参考方向下,电压、电流的表达式为

$$u = U_{\mathrm{m}}\sin(\omega t + \psi_u) \tag{5-1}$$

$$i = I_{\mathrm{m}}\sin(\omega t + \psi_i) \tag{5-2}$$

正弦电压 u 的波形如图 5-2 所示。

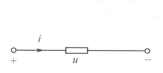

图 5-1　一段正弦交流电路

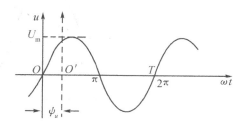

图 5-2　正弦电压的波形

式(5-1) 中 U_{m} 为正弦电压的振幅值或最大值,它表示正弦电压变化的范围。由于正弦函数 $\sin(\omega t + \psi_u)$ 的变化范围是 ± 1,所以 u 的变化范围是 $\pm U_{\mathrm{m}}$。U_{m} 的单位是伏(V)。式(5-1) 中的 ω 称为正弦电压的角频率,它反映了正弦电压变化的快慢。ω 的单位是弧度／秒

（rad/s）。$\omega t + \psi_u$ 决定了正弦电压变化的状态，即正弦电压在交变过程中瞬时值的大小和正负，称为正弦量的相位。相位随时间 t 而增大，当相位增大到 2π 或 2π 的整数倍时，正弦量变化的状态又发生重复。$t = 0$ 时相位 ψ_u 称为初相位，初相位可以是正的，也可以是负的，也可以等于零，它取决于计时起点位置的选择。图 5-2 中如果选择 O 点作为计时起点，则初相位为零，即 $\psi_u = 0$；如果选择 O' 点作为计时起点，则初相位 $\psi_u > 0$。

振幅、角频率和初相位是构成正弦量的三个主要因素，故称它们为正弦量的三要素。当式（5-1）中的这三个量为已知量时，它相应的波形图就可以完全确定。

角频率 ω 与周期 T、频率 f 的关系为

$$\omega = 2\pi f = \frac{2\pi}{T}$$

式中，T 的单位为秒（s），f 的单位为 1/秒（1/s），称为赫兹（Hz）。我国和欧洲国家的工业用电的频率为 50Hz，其周期为 0.02s。美国采用 60Hz 为其电力工业的频率。

在正弦交流电路中经常遇到的是同频率的正弦量。在式（5-1）和式（5-2）中的正弦电压和正弦电流，它们之间的相位之差用 φ 表示，即

$$\varphi = (\omega t + \psi_u) - (\omega t + \psi_i) = \psi_u - \psi_i$$

对于两个同频率的正弦量，在任何瞬间其相位差都是一个常数，即等于它们的初相位之差，与时间 t 无关。在电路中常用"超前（越前）"或"滞后（落后）"来说明两个同频率正弦量相位比较的结果。

如图 5-3 所示，当 $\varphi = \psi_u - \psi_i > 0$ 时，就说电压 u"超前"于电流 i 一个角度 φ。其含义是：沿着瞬时值增大的方向，电压 u 比电流 i 先达到最大值。当 $\varphi = \psi_u - \psi_i < 0$ 时，就说电压 u"滞后"于电流 i 一个角度 φ。当 $\varphi = \psi_u - \psi_i = 0$ 时，则称电压 u 与电流 i 同相；当 $\varphi = \psi_u - \psi_i = \frac{\pi}{2}$ 时，则称电压 u 与电流 i 正交，当 $\varphi = \psi_u - \psi_i = \pi$ 时，则称电压 u 与电流 i 反相。另外还要强调一点，两个同频率的正弦量之间的相位差，与计时起点无关。

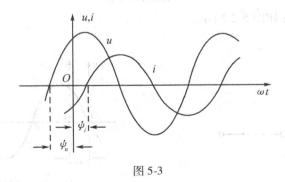

图 5-3

例 5-1　如图 5-3 所示，设正弦电压 u 和电流 i 分别为

$$u = 200\sin\left(\omega t + \frac{\pi}{3}\right)\ \text{V}$$

$$i = 160\sin\left(\omega t - \frac{\pi}{6}\right) \ \text{A}$$

问它们之间的相位差是多少？哪一个正弦量超前？

解 由于 u、i 是同频率的正弦量，$\psi_u = \dfrac{\pi}{3}$，$\psi_i = -\dfrac{\pi}{6}$，所以相位差为

$$\varphi_1 = \psi_u - \psi_i = \frac{\pi}{3} - \left(-\frac{\pi}{6}\right) = \frac{3}{6}\pi = \frac{\pi}{2}$$

由于 $\varphi_1 > 0$，表明电压超前电流 $\dfrac{\pi}{2}(90°)$。也可以说电流滞后于电压 $\dfrac{\pi}{2}(90°)$。因为

$$\varphi_2 = \psi_i - \psi_u = -\frac{\pi}{6} - \frac{\pi}{3} = -\frac{3\pi}{6} = -\frac{\pi}{2}$$

由于 $\varphi_2 < 0$，表明电流滞后于电压 $\dfrac{\pi}{2}(90°)$。

5.2 正弦电流、电压的有效值

正弦电流、电压的瞬时值是随时间变化的，要完整地描述它们，必须写出它们的函数表示式或者画出波形图。为了确切衡量它们在电路中所发挥的效应，常常采用一个称为有效值的量。所谓有效值就是一个在效应上（如热效应）与周期量在一个周期内的平均效应相等的直流量。当让一个周期电流 i 和一个直流电流 I 分别通过两个等值的电阻 R 时，在相同的时间 T 内它们产生的热量分别为

$$Q_1 = \int_0^T i^2 R \mathrm{d}t$$

$$Q_2 = I^2 R T$$

如果周期电流与直流电的发热量相等，则 $Q_1 = Q_2$，由此可以得到

$$I = \sqrt{\frac{1}{T}\int_0^T i^2 \mathrm{d}t} \tag{5-3}$$

从上式可以看出周期电流的有效值等于它瞬时值的平方在一个周期内的积分的平均值再取平方根，因此又称有效值为均方根值。

当周期电流为正弦量时，将正弦电流

$$i = I_m \sin(\omega t + \psi_i)$$

代入式(5-3)，得

$$I = \sqrt{\frac{1}{T}\int_0^T I_m^2 \sin^2(\omega t + \psi_i)\,\mathrm{d}t}$$

$$= \sqrt{\frac{1}{T}I_m^2 \int_0^T \frac{1}{2}\left[1 - \cos 2(\omega t + \psi_i)\right]\mathrm{d}t}$$

$$= \sqrt{\frac{1}{T}\cdot I_m^2 \cdot \frac{T}{2}}$$

$$= \frac{I_m}{\sqrt{2}} = 0.707 I_m$$

或

$$I_\text{m} = \sqrt{2}\,I = 1.414I$$

对于正弦电压来 说,其有效值为

$$U = \frac{U_\text{m}}{\sqrt{2}} \text{ 或 } U_\text{m} = \sqrt{2}\,U = 1.414U$$

居民生活用电电压的有效值 $U = 220\text{V}$,则其最大值 $U_\text{m} = \sqrt{2}\,U = 311.1\text{V}$。一般谈到正弦电压、电流的数值时,若无特殊声明,都是指有效值,如电气设备铭牌上的额定值。交流测量仪表上指示的电压、电流也都是有效值。但在某些情况下,必须使用最大值,例如在考虑各种设备和器件的绝缘水平 —— 耐压值时,必须用最大值来考虑。

当引入有效值的概念以后,正弦电压和电流的瞬时值表达式也可以写成

$$u = \sqrt{2}\,U\sin(\omega t + \psi_u)$$

$$i = \sqrt{2}\,I\sin(\omega t + \psi_i)$$

5.3　正弦量的相量表示法

在正弦交流电路中,当负载 R、L、C 都是常数时,称为线性正弦电流电路,简称正弦电流电路。如果电路中的所有激励都是同频率的正弦电源,则在负载上的响应(电压、电流)也都是和电源同频率的正弦量。在对这样的正弦电流电路进行分析计算时,列出的节点电流方程和回路电压方程,会遇到一系列同频率正弦量的加、减问题;在电容元件和电感元件的电压、电流约束方程中,还会遇到正弦量的微分问题。如果直接用三角函数进行运算是相当麻烦的。例如有两个正弦电流

$$i_1 = 30\sqrt{2}\sin(\omega t + 60°)\,\text{A}$$

$$i_2 = 40\sqrt{2}\sin(\omega t + 30°)\,\text{A}$$

求这两个电流之和。用三角函数进行计算

$$
\begin{aligned}
i &= i_1 + i_2 = 30\sqrt{2}\sin(\omega t + 60°) + 40\sqrt{2}\sin(\omega t + 30°) \\
&= 30\sqrt{2}\,(\sin\omega t \cdot \cos60° + \cos\omega t \cdot \sin60°) + 40\sqrt{2}\,(\sin\omega t \cdot \cos30° + \\
&\quad \cos\omega t \cdot \sin30°) \\
&= 30\sqrt{2}\,(0.5\sin\omega t + 0.866\cos\omega t) + 40\sqrt{2}\,(0.866\sin\omega t + 0.5\cos\omega t) \\
&= 15\sqrt{2}\sin\omega t + 34.64\sqrt{2}\sin\omega t + 25.98\sqrt{2}\cos\omega t + 20\sqrt{2}\cos\omega t \\
&= 49.64\sqrt{2}\sin\omega + 45.98\sqrt{2}\cos\omega t \\
&= \sqrt{49.64^2 + 45.98^2} \cdot \sqrt{2}\sin\left(\omega t + \arctan\frac{45.98}{49.64}\right) \\
&= 67.66\sqrt{2}\sin(\omega t + 42.81°)\,\text{A}
\end{aligned}
$$

总电流 i 和 i_1、i_2 是同频率的正弦交流电,它的有效值是 67.66A,初相位是 42.81°。上述运算表明用三角函数进行求和运算是相当烦琐的。另外,在含有电感和电容的正弦交流电路中,其电压与电流之间的关系是微分或积分关系,描述电路的方程是微分方程。

在工程中广泛采用相量法来分析正弦电流电路,不仅可以大大地简化直接用三角函数加减的繁琐运算,还可以将瞬时值的微分方程变为相量的代数方程,使电路方程的求解变得更容易。相量法是以复数运算为基础的,故先介绍有关复数的概念。

5.3.1　复数的四种形式与复数运算

一个复数 A 可以用四种形式来表示。其代数式表示为

$$A = a + jb$$

式中,a、b 为实数,$j = \sqrt{-1}$ 为虚数单位(数学中用 i 表示虚数单位,在电工中 i 表示电流,改用 j 作虚数单位)。a 叫做复数的实部,b 叫做复数的虚部。

复数 A 的三角函数形式为

$$A = |A|(\cos\theta + j\sin\theta)$$

式中,$|A| = \sqrt{a^2 + b^2}$ 称为复数 A 的模(或幅值),为正值。$\theta = \arctan\dfrac{b}{a}$ 称为复数 A 的辐角。复数可以在复平面上用向量表示,如图 5-4 所示。

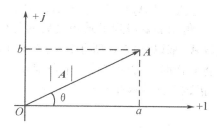

图 5-4　复数的向量表示

根据欧拉公式

$$e^{j\theta} = \cos\theta + j\sin\theta$$

复数 A 的三角函数形式又可以变换成为指数形式

$$A = |A|e^{j\theta}$$

此外,工程上还常常把复数写成

$$A = |A|\angle\theta$$

这叫做复数 A 的极坐标形式。

几个复数的相加或相减就是把它们的实部和虚部分别相加或相减,因此复数的相加或相减运算宜用代数式来进行。例如,两个复数

$$A_1 = a_1 + jb_1, \quad A_2 = a_2 + jb_2$$

则

$$A_1 \pm A_2 = (a_1 \pm a_2) + j(b_1 \pm b_2)$$

复数的相加或相减可以在复平面上进行。当复数相加时,应用平行四边形的求和法则来完成,如图 5-5(a)所示。当复数相减时,例如 $A_1 - A_2$,则可以看成是 $A_1 + (-A_2)$,也就是仍把它作为加法处理,如图 5-5(b)所示。

复数相乘时,一般采用指数形式或极坐标形式进行。例如,两个复数

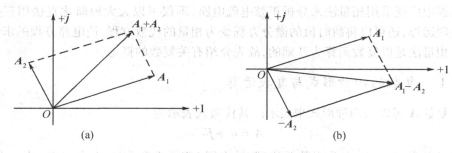

图 5-5　复数的相加和相减

$$A_1 = a_1 + jb_1 = |A_1| e^{j\theta_1} = |A_1| \underline{/\theta_1}$$

$$A_2 = a_2 + jb_2 = |A_2| e^{j\theta_2} = |A_2| \underline{/\theta_2}$$

则其乘积为

$$A_1 \cdot A_2 = |A_1| e^{j\theta_1} \cdot |A_2| e^{j\theta_2} = |A_1| \cdot |A_2| e^{j(\theta_1 + \theta_2)}$$

或

$$A_1 \cdot A_2 = |A_1| \underline{/\theta_1} \cdot |A_2| \underline{/\theta_2} = |A_1| \cdot |A_2| \underline{/\theta_1 + \theta_2}$$

即分别将两个复数的模相乘,辐角相加就得到了乘积之后的复数模和辐角。两个复数相乘也可以在复平面上进行。复数 A_1 乘以复数 A_2 等于将 A_1 的模 $|A_1|$ 乘以 A_2 的模 $|A_2|$,即将 A_1 增大 $|A_2|$ 后,然后再将它逆时针方向旋转一个角度 θ_2。如图 5-6(a) 所示。

复数相除时,一般也采用指数形式或极坐标形式进行。

例如:

$$\frac{A_1}{A_2} = \frac{|A_1| e^{j\theta_1}}{|A_2| e^{j\theta_2}} = \frac{|A_1|}{|A_2|} e^{j(\theta_1 - \theta_2)}$$

或

$$\frac{A_1}{A_2} = \frac{|A_1| \underline{/\theta_1}}{|A_2| \underline{/\theta_2}} = \frac{|A_1|}{|A_2|} \underline{/\theta_1 - \theta_2}$$

即分别将两个复数的模相除,辐角相减就得到了商的模和辐角。两个复数相除也可以在复平面上进行。复数 A_1 除以复数 A_2 等于将 A_1 的模 $|A_1|$ 除以 A_2 的模 $|A_2|$,即将 A_1 缩小 $|A_2|$ 倍,然后再将它顺方向旋转一个角度 θ_2。如图 5-6(b) 所示。

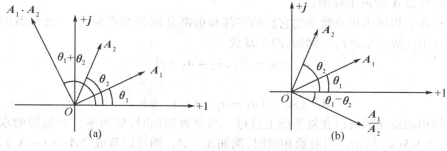

图 5-6　两个复数相乘和相除

　　复数 $e^{j\varphi} = 1 \underline{/\varphi}$ 是一个模等于1而辐角为 φ 的复数。任意复数 $A = |A| e^{j\theta}$ 乘以 $e^{j\varphi}$ 等于把复数 A 在复平面上向逆时针方向旋转一个角度 φ 而 A 的模不变。所以称 $e^{j\varphi}$ 为旋转因子。

　　由欧拉公式可以得出 $e^{j\frac{\pi}{2}} = j$，$e^{-j\frac{\pi}{2}} = -j$，$e^{j\pi} = -1$。因此 j、$-j$、-1 都可以看做是旋转因子。例如，一个复数乘以 j 就等于将这个复数在复平面上向逆时针方向旋转 $\dfrac{\pi}{2}$。如图5-7(a) 所示。一个复数乘以 $-j$（即一个复数除以 j）就等于将这个复数在复平面上向顺时针方向旋转 $\dfrac{\pi}{2}$。如图5-7(b) 所示。

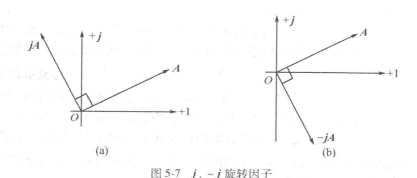

(a)　　　　　　(b)

图 5-7　j、$-j$ 旋转因子

5.3.2　正弦量的相量表示

　　现在开始介绍正弦量的相量表示。根据欧拉公式，有

$$i = \sqrt{2}I\sin(\omega t + \psi_i) = I_m[\sqrt{2}Ie^{j(\omega t + \psi_i)}] = I_m[\sqrt{2}Ie^{j\psi_i}e^{j\omega t}]$$
$$= I_m[\sqrt{2}\dot{I}e^{j\omega t}] \tag{5-4}$$

式中，I_m 表示"取复数的虚部"，$\sqrt{2}\dot{I}e^{j\omega t}$ 称为复指数函数。其中

$$\dot{I} = Ie^{j\psi_i} = I \underline{/\psi_i} \tag{5-5}$$

表示正弦电流的相量，而不是一般的空间向量，故在 I 的上面加一点以示区别。I 是正弦电流的有效值，ψ_i 是正弦电流的初相位，它们正好是正弦电流三要素中的两个要素。相量在复平面上的图示称为相量图。如图5-8所示。电流相量 $\dot{I}$ 称为有效值相量，还可以用最大值相量 $\dot{I}_m = I_m \underline{/\psi_i}$ 来表示正弦电流的相量。

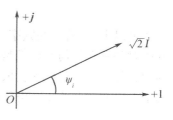

图 5-8　电流相量图

　　例 5-2　求下列正弦量的相量并作相量图

$$i = 100\sqrt{2}\sin\left(314t + \frac{\pi}{6}\right)$$

$$u = 220\sqrt{2}\sin\left(314t - \frac{\pi}{3}\right)$$

解　电流 i 和电压 u 的相量分别表示为

$$\dot{I} = 100 \angle \frac{\pi}{6}$$

$$\dot{U} = 220 \angle -\frac{\pi}{3}$$

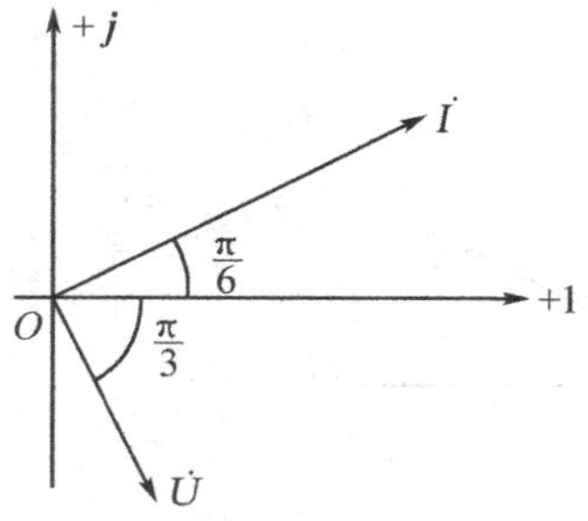

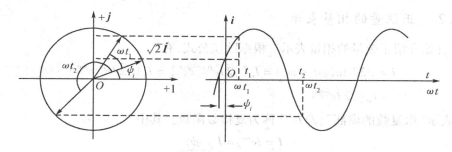

$\dot{I}$ 和 $\dot{U}$ 的相量图如图 5-9 所示。从相量图可以看出 $\dot{I}$ 和 $\dot{U}$ 的相位差为 $\frac{\pi}{2}$。它们之间的超前、滞后关系在相量图上很容易确定。

图 5-9　电流、电压相量图

复指数函数 $\sqrt{2}\dot{I}e^{j\omega t}$ 中的 $e^{j\omega t} = 1 \angle \omega t$ 是前面刚刚学过的旋转因子，它的辐角 ωt 是随时间 t 而变化的。复指数函数就是电流相量 $\sqrt{2}\dot{I}$ 乘以旋转因子 $e^{j\omega t}$，故也称复指数函数为旋转相量。旋转相量的模 $(\sqrt{2}I)$ 是不变的，而它的辐角 $(\omega t + \psi_i)$ 是随时间 t 而变化的。当旋转相量在复平面上以原点 O 为中心，沿逆时针方向以角速 ω 不断旋转，这时它在验轴上的投影正好是正弦电流 $i = \sqrt{2}I\sin(\omega t + \psi_i)$ 的瞬时值。如果将旋转相量在虚轴上的投影按照时间逐点描绘出来，就是一个正弦曲线，如图 5-10 所示。

图 5-10　旋转相量与正弦波形

可以想象，若干同频率正弦量的对应旋转相量，都是以同一角速度 ω 旋转的，各相量间的相对关系在任何时刻都是固定不变的。因此，当用相量表示正弦量之后，同频率的正弦量的加、减的运算，可以转化成为相应的相量的加、减运算，然后再对应求出其正弦量结果。例如本节前面的两个正弦电流的求和运算 $i_1 + i_2$ 可由相量法计算。由于

$$i_1 = 30\sqrt{2}\sin(\omega t + 60°)\,\mathrm{A}$$

$$i_2 = 40\sqrt{2}\sin(\omega t + 30°)\,\mathrm{A}$$

i_1 和 i_2 的相量为

$$\dot{I}_1 = 30 \angle 60° \,\mathrm{A}$$

$$\dot{I}_2 = 40\angle 30^\circ \text{ A}$$

其相量之和

$$\begin{aligned}\dot{I} = \dot{I}_1 + \dot{I}_2 &= 30\angle 60^\circ + 40\angle 30^\circ \\ &= 30(\cos 60^\circ + j\sin 60^\circ) + 40(\cos 30^\circ + j\sin 30^\circ) \\ &= 15 + j25.98 + 34.64 + j20 = 49.64 + j45.98 \\ &= 67.66\angle 42.81^\circ \text{ A}\end{aligned}$$

电流的有效值为67.66A,初相位是42.81°,将它写成瞬时值表达式

$$i = 67.66\sqrt{2}\sin(\omega t + 42.81^\circ)\text{ A}$$

这与前面计算出的结果完全一样,但计算过程要比前面简单得多。

电流相量 $\dot{I}_1$ 与 $\dot{I}_2$ 相加,还可以用作图法按照平行四边形的求和法则来求出 $\dot{I}$,如图5-11所示。

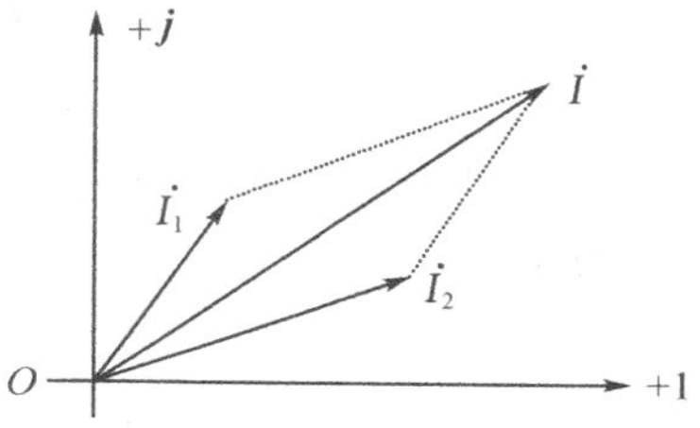

图5-11　电流相量图

在正弦电流电路分析中,正弦函数的导数运算是经常遇到的。例如电容元件的电流与电压的关系就是 $i = C\dfrac{du}{dt}$。当 u 用相量 $\dot{U}$ 表示,$\dfrac{du}{dt}$ 在相量法中又应如何表示呢?设

$$u = \sqrt{2}U\sin(\omega t + \psi_u)$$

其相量为

$$\dot{U} = U\angle\psi_u = Ue^{j\psi_u}$$

u 的微分为

$$\frac{du}{dt} = \sqrt{2}\omega U\cos(\omega t + \psi_u) = \sqrt{2}\omega U\sin\left(\omega t + \psi_u + \frac{\pi}{2}\right)$$

u 的微分的相量为

$$\omega U\angle\psi_u + \frac{\pi}{2} = \omega Ue^{j(\psi_u + \frac{\pi}{2})} = \omega Ue^{j\psi_u}\cdot e^{j\frac{\pi}{2}} = j\omega\dot{U}$$

由此可见,一个正弦函数对 t 求导数的运算,应用相量法就变为对应的相量乘以 $j\omega$ 的运算。同样道理,一个正弦电压对 t 的积分

$$\begin{aligned}\int u\mathrm{d}t &= \int\sqrt{2}U\sin(\omega t + \psi_u)\mathrm{d}t \\ &= -\frac{1}{\omega}\sqrt{2}U\cos(\omega t + \psi_u) \\ &= \frac{1}{\omega}\sqrt{2}U\sin\left(\omega t + \psi_u - \frac{\pi}{2}\right)\end{aligned}$$

u 的积分的相量为

$$\frac{U}{\omega}\angle\psi_u - \frac{\pi}{2} = \frac{U}{\omega}e^{j(\psi_u - \frac{\pi}{2})} = \frac{U}{\omega}e^{j\psi_u}\cdot e^{-j\frac{\pi}{2}} = \frac{\dot{U}}{j\omega}$$

即是说,一个正弦函数对 t 求积分的运算,应用相量法就变为对应的相量除以 $j\omega$ 的运算。

5.4　电阻、电感和电容元件上的正弦电流

5.4.1　电阻上的正弦电流

在图 5-12 所示参考方向下的电阻元件,如果流入电阻的电流为

$$i_R = \sqrt{2}I_R\sin(\omega t + \psi_i)$$

由欧姆定律可求得其端电压

$$u_R = Ri_R = R\sqrt{2}I_R\sin(\omega t + \psi_i) = \sqrt{2}U_R\sin(\omega t + \psi_u)$$

电压和电流的有效值关系和初相位关系为

$$U_R = RI_R \qquad 或 \qquad I_R = U_R G \tag{5-6}$$

$$\psi_u = \psi_i \qquad 或 \qquad \varphi = \psi_u - \psi_i = 0 \tag{5-7}$$

即电阻元件上电压和电流的有效值依然满足欧姆定律,而且电压、电流同相。其波形如图 5-13 所示。

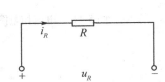

图 5-12　电阻元件的电压、电流

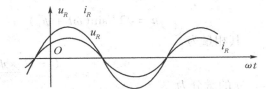

图 5-13　电阻元件的电压、电流波形

5.4.2　电感上的正弦电流

在图 5-14 所示参考方向下,如果电感元件的电流为

$$i_L = \sqrt{2}I_L\sin(\omega t + \psi_i)$$

则其电压

$$u_L = L\frac{\mathrm{d}i_L}{\mathrm{d}t} = \omega L\sqrt{2}I_L\cos(\omega t + \psi_i)$$

$$= \omega L\sqrt{2}I_L\sin\left(\omega t + \psi_i + \frac{\pi}{2}\right)$$

$$= \sqrt{2}U_L\sin(\omega t + \psi_u)$$

电压和电流之间的有效值关系和相位关系为

$$U_L = \omega L I_L \qquad 或 \qquad I_L = \frac{1}{\omega L}U_L \tag{5-8}$$

$$\psi_u = \psi_i + \frac{\pi}{2} \qquad 或 \qquad \varphi = \psi_u - \psi_i = \frac{\pi}{2} \tag{5-9}$$

电感元件上电压、电流的有效值之间的关系如式(5-8)所示,令 $U_L/I_L = \omega L = X_L$,称 X_L 为

电感电抗,简称为"感抗",其单位为欧姆(Ω);令 $I_L/U_L = \dfrac{1}{\omega L} = B_L$,称 B_L 为电感电纳,简称为"感纳",其单位为西门子(S)。感抗 X_L 与正弦电源的角频率 ω 成正比关系,当 ω 增大时,X_L 则增大;当 ω 减小时,X_L 则减小。在直稳态电路中,ω 等于零,X_L 等于零,故此时电感相当于短路。

电感元件上电压、电流的初相位之间的关系是:电流滞后于电压 $\dfrac{\pi}{2}$。其波形如图 5-15 所示。

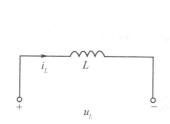

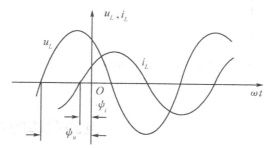

图 5-14　电感元件的电压、电流　　　图 5-15　电感元件的电压、电流波形

5.4.3　电容上的正弦电流

在图 5-16 所示参考方向下的电容元件,如果电容的端电压为

$$u_c = \sqrt{2}\,U_c \sin(\omega t + \psi_u)$$

则其电流

$$i_c = C\frac{\mathrm{d}u_c}{\mathrm{d}t} = C\omega\sqrt{2}\,U_C\cos(\omega t + \psi_u)$$

$$= \omega C\sqrt{2}\,U_C\sin\left(\omega t + \psi_u + \frac{\pi}{2}\right)$$

$$= \sqrt{2}\,I_C\sin(\omega t + \psi_i)$$

电压和电流之间的有效值关系和相位关系为

$$I_C = \omega C U_c \quad 或 \quad U_c = \frac{1}{\omega C}I_c \tag{5-10}$$

$$\psi_i = \psi_u + \frac{\pi}{2} \quad 或 \quad \varphi = \psi_u - \psi_i = -\frac{\pi}{2} \tag{5-11}$$

即电容元件上电压、电流的有效值之间的关系如式(5-10)所示,令 $U_C/I_C = \dfrac{1}{\omega C} = X_C$,称 X_C 为电容电抗,并简称为"容抗",其单位为欧姆(Ω);令 $I_C/U_C = \omega C = B_C$,称 B_C 为电容电纳,简称为"容纳",其单位为西门子(s)。容抗 X_C 与正弦电源的角频率 ω 成反比关系,当 ω 增大时,X_C 则减小;当 ω 减小时,X_C 则增大。在直流稳态电路中,ω 等于零,X_C 等于无限大,故此时电容相当于开路。

电容元件上电压和电流之间的相位关系是：电流超前于电压 $\frac{\pi}{2}$。其波形图如图 5-17 所示。

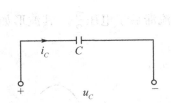
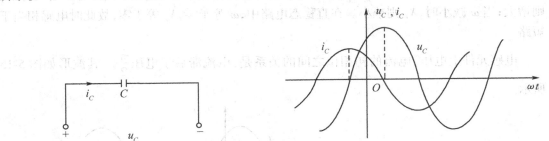

图 5-16　电容元件的电压、电流　　　　图 5-17　电容元件的电压、电流波形

5.5　电路定律的相量形式

5.5.1　基尔霍夫定律的相量形式

正弦交流电路中的电压、电流全部是同频率的正弦量，因而可以分别用相量来表示。本节将分析电路定律的相量形式并推导出电阻、电感、电容元件的电压与电流关系的相量方程。

时域形式的基尔霍夫电流定律和电压定律分别为

KCL $\qquad\qquad\qquad \sum i = 0$

KVL $\qquad\qquad\qquad \sum u = 0$

对于任意电路的任一节点 n，假定有 b 条支路电流流入该节点，其支路电流分别为 i_1，$i_2, i_3, \cdots, i_b$，对于该节点的基尔霍夫电流定律方程为

$$i_1 + i_2 + i_3 + \cdots + i_b = 0$$

由于电流都是同频率的正弦量，上述方程可以写成

$$I_{\mathrm{m}}[\sqrt{2}\dot{I}_1 e^{j\omega t}] + I_{\mathrm{m}}[\sqrt{2}\dot{I}_2 e^{j\omega t}] + I_{\mathrm{m}}[\sqrt{2}\dot{I}_3 e^{j\omega t}] + \cdots + I_{\mathrm{m}}[\sqrt{2}\dot{I}_b e^{j\omega t}] = 0$$

或

$$\sqrt{2}I_{\mathrm{m}}[(\dot{I}_1 + \dot{I}_2 + \dot{I}_3 + \cdots + \dot{I}_b)e^{j\omega t}] = 0$$

即

$$I_{\mathrm{m}}[(\sum \dot{I})e^{j\omega t}] = 0$$

或

$$\sum \dot{I} = \dot{I}_1 + \dot{I}_2 + \dot{I}_3 + \cdots + \dot{I}_b = 0$$

上述方程就是该节点基尔霍夫电流定律的相量形式。对于电路中的任一闭合回路，同样可以推导出基尔霍夫电压定律的相量形式。即

$$KCL \quad \sum \dot{I} = 0$$

$$KVL \quad \sum \dot{U} = 0$$

在正弦稳态情况下,电阻、电感和电容元件的电压、电流都是同频率的正弦量,因此它们都可以借助于相量法来进行运算。

5.5.2 电阻元件的相量方程

首先来研究电阻元件的电压与电流的相量关系。对于图 5-18(a) 所示的电阻时域电路模型中,设正弦电流

$$i_R = \sqrt{2} I_R \sin(\omega t + \psi_i)$$

在规定的电流、电压参考方向下,由欧姆定律可写出电阻上的电压为

$$u_R = Ri_R = \sqrt{2} RI_R \sin(\omega t + \psi_i) = \sqrt{2} U_R \sin(\omega t + \psi_u)$$

相应的相量形式为

$$U_R \angle \psi_u = RI_R \angle \psi_i \text{ 或 } \dot{U}_R = R\dot{I}_R$$

电阻元件的相量模型如图 5-18(b) 所示。电阻元件上电压与电流的相量图如图 5-18(c) 所示。

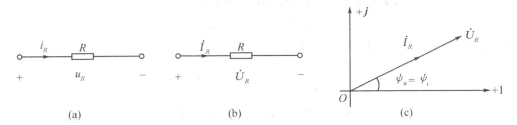

图 5-18 电阻的电路模型和电流、电压相量图

5.5.3 电感元件的相量方程

在图 5-19(a) 所示的电感元件时域电路模型中,设正弦电流

$$i_L = \sqrt{2} I_L \sin(\omega t + \psi_i)$$

在规定的电压、电流参考方向下,其电压为

$$u_L = L \frac{\mathrm{d}i_L}{\mathrm{d}t} = \sqrt{2} \omega L I_L \cos(\omega t + \psi_i)$$

$$= \sqrt{2} \omega L I_L \sin\left(\omega t + \psi_i + \frac{\pi}{2}\right)$$

$$= \sqrt{2} U_L \sin(\omega t + \psi_u)$$

相应的相量关系为

$$U_L \angle \psi_u = \omega L I_L \angle \psi_i + \frac{\pi}{2}$$

或

$$\dot{U}_L = j\omega\, L\dot{I}_L$$

电感元件的相量模型和电压、电流相量图如图 5-19(b)、(c) 所示。

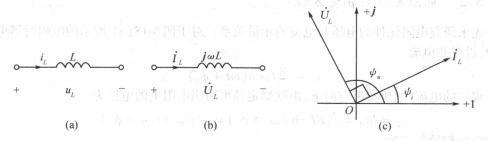

图 5-19　电容的电路模型和电流、电压相量图

5.5.4　电容元件的相量方程

对于图 5-20(a) 所示的电容元件时域电路模型中,设正弦电压

$$u_c = \sqrt{2}\,U_C\sin(\omega t + \psi_u)$$

在规定的电流、电压参考方向下,其电流为

$$
\begin{aligned}
i_C &= C\frac{\mathrm{d}u_c}{\mathrm{d}t} = \sqrt{2}\,\omega C U_C\cos(\omega t + \psi_u)\\
&= \sqrt{2}\,\omega C U_C\sin\left(\omega t + \psi_u + \frac{\pi}{2}\right)\\
&= \sqrt{2}\,I_C\sin(\omega t + \psi_i)
\end{aligned}
$$

相应的相量关系为

$$I_C \angle \psi_i = \omega C U_C \angle \psi_u + \frac{\pi}{2}$$
$$\dot{I}_C = j\omega C \dot{U}_C\left(\dot{U}_C = \frac{1}{j\omega C}\dot{I}_C\right)$$

电容元件的相量模型和电压、电流的相量图如图 5-20(b)、(c) 所示。

以上 R、C、L 三种元件,在电压与电流为相关联参考方向时,其元件的相量方程为

$$\dot{U}_R = R\dot{I}_R$$

$$\dot{U}_C = \frac{1}{j\omega C}\dot{I}_C$$

$$\dot{U}_L = j\omega L\dot{I}_L$$

显然,这些元件的约束方程在形式上与电阻元件的欧姆定律相似,故称它们为相量形式的欧姆定律。

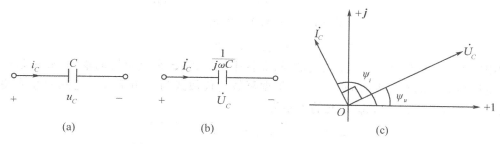

图 5-20　电容的电路模型和电流、电压相量图

5.6　R、L、C 串联电路

5.6.1　R、L、C 串联电路的复阻抗

在图 5-21(a) 所示电阻、电感、电容的串联电路中,如果施加在电路两端的电压为

$$u = \sqrt{2}\, U\sin(\omega t + \psi_u)$$

为了确定电路中的电流 i,可以由基尔霍夫定律列写出串联电路的瞬时值电压方程

$$u = u_R + u_L + u_C \tag{5-12}$$

方程两边同时用相量表示,有

$$\dot{U} = \dot{U}_R + \dot{U}_L + \dot{U}_C \tag{5-13}$$

待求电流 i 也用相量 $\dot{I}$ 表示,相应的相量电路模型如图 5-21(b) 所示。

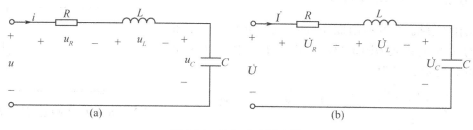

图 5-21　R、L、C 串联电路

根据第 5.5 节介绍的内容,将元件方程的相量形式代入式(5-13) 可得

$$\dot{U} = R\dot{I} + j\omega L\dot{I} + \frac{1}{j\omega C}\dot{I}$$

$$= \left(R + j\omega L + \frac{1}{j\omega C} \right) \dot{I} = Z\dot{I} \tag{5-14}$$

式中,

$$Z = R + j\omega L + \frac{1}{j\omega C} = R + j\left(\omega L - \frac{1}{\omega C}\right)$$

$$= R + j(X_L - X_C) = R + jX$$

$$= z \underline{/\varphi} = z\cos\varphi + jz\sin\varphi$$

称为串联电路的复阻抗。z 是复阻抗的模,简称阻抗的模;φ 是复阻抗的辐角,亦称阻抗角;它是电压与电流的相位差,即 $\psi_u - \psi_i$。根据复数的代数式与三角函数式之间的互换关系,可以写出 R、X_L、X_C、X 与 z、φ 之间的关系为

$$z = \sqrt{R^2 + X^2} = \sqrt{R^2 + (X_L - X_C)^2}$$

$$\varphi = \arctan\frac{X}{R} = \arctan\frac{X_L - X_C}{R}$$

复阻抗 Z 的实部 $R = z\cos\varphi$ 为串联电路中的电阻;虚部 $X = z\sin\varphi$ 为串联电路的电抗。z、φ 与 R、X 之间的关系可以用一个直角三角形来描述,此三角形称为串联电路的阻抗三角形,如图 5-22 所示。当电路元件 R、L、C 的值为确定值时,复阻抗 z 与电源的角频率 ω(或频率 f)有关。在串联电路中,当感抗 X_L 与容抗 X_C 相等时,阻抗角 φ 等于零,复阻抗 z 等于 R,此时电路呈电阻性,电压与电流同相位;当感抗 X_L 大于容抗 X_C 时,阻抗角 φ 大于零,此时电路呈电感性,电流 $\dot{I}$ 滞后于电压 $\dot{U}$ 一个 φ 角;当感抗 X_L 小于容抗 X_C 时,阻抗角 φ 小于零,此时电路呈电容性,电流超前于电压 $\dot{U}$ 一个 φ 角。必须强调的是,尽管复阻抗 Z 是一个复数,但它并不表示一个正弦时间函数,为了与表示正弦量的复数 $\dot{U}$(或 $\dot{I}$)相区别,复阻抗 Z 字母上不加"·"。

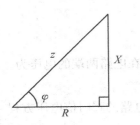

图 5-22　串联电路的阻抗三角形

5.6.2　串联电路的计算

当用复阻抗 Z 表示串联电路的三个元件之后,图 5-21(b)就可简化成为图 5-23。在式(5-14)中,当 $\dot{U}$ 和 Z 为已知时,电流相量为

$$\dot{I} = \frac{\dot{U}}{Z} = \frac{U\underline{/\psi_u}}{z\underline{/\varphi}} = \frac{U}{z}\underline{/\psi_u - \varphi} = I\underline{/\psi_i}$$

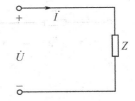

图 5-23　R、L、C 串联电路的等效电路

电流的瞬时值为

$$i = \sqrt{2}I\sin(\omega t + \psi_i)$$

式中,电流有效值 $I = \frac{U}{z}$,电流初相位 $\psi_i = \psi_u - \varphi$。

根据式(5-13),选电流 i 为参考相量,画出电路的相量图如图 5-24 所示。在相量图中可以看出,总电压 $\dot{U}$ 和电阻电压 $\dot{U}_R$、电抗电压 $\dot{U}_X$ 构成一个直角三角形,该三角形反映出这三个电压相量之间的相位关系和有效值关系,称为串联电路的电压三角形。电压三角形也可以用相量的模来表示,如图 5-25 所示。显然,在同一串联电路中,其阻抗三角形与电压三角

形是相似三角形。

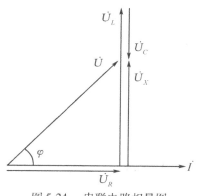

图 5-24　串联电路相量图

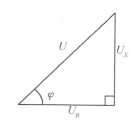

图 5-25　串联电路电压三角形

例 5-3　有一个线圈,其电阻 $R = 15\Omega$,电感 $L = 12\mathrm{mH}$,与一个 $5\mu\mathrm{F}$ 的电容器串联,所加电压 $u = 100\sqrt{2}\sin5000t\mathrm{V}$。求电路中的电流 i。

解　串联电路的复阻抗

$$Z = R + j\left(\omega L - \frac{1}{\omega C}\right)$$
$$= 15 + j\left(5000 \times 12 \times 10^{-3} - \frac{1}{5000 \times 5 \times 10^{-6}}\right)$$
$$= 15 + j(60 - 40)$$
$$= 15 + j20$$
$$= 25\underline{/53.13°}\ \Omega$$

电流相量为

$$\dot{I} = \frac{\dot{U}}{Z} = \frac{100\underline{/0°}}{25\underline{/53.13°}} = 4\underline{/-53.13°}\ \mathrm{A}$$

电流的瞬时值为

$$i = 4\sqrt{2}\sin(5000t - 53.13°)\mathrm{A}$$

例 5-4　现有额定电压为 110V,额定功率为 75W 的灯泡一个,不得不在 220V(50Hz)的交流线路上使用,为使灯泡两端的额定电压为 110V,可采用电阻、电感或电容与灯泡串联降压的措施。求所串元件的 R、L、C 的值各为多少? 哪种措施较好?

解　灯泡的电阻近似按线性电阻考虑。灯泡的额定电阻为

$$R = \frac{U^2}{P} = \frac{110^2}{75} = 161.3\Omega$$

灯泡的额定电流为

$$I = \frac{U}{R} = \frac{110}{161.3} = 0.682\mathrm{A}$$

当采用电阻元件降压时,串联电阻为 R_1,则其额定电流

$$I = \frac{U_1}{R_1 + R} = \frac{220}{R_1 + 161.3} = 0.682\text{A}$$

解得

$$R_1 = 161.3\Omega$$

当采用电感元件降压时,设串联电感值为 L,则其感抗

$$X_L = \omega L = 314L$$

串联电路的阻抗模为

$$z = \sqrt{R^2 + X_L^2}$$

串联电路的额定电流为

$$I = \frac{U_1}{z} = \frac{220}{\sqrt{161.3^2 + (314L)^2}} = 0.682\text{A}$$

解得

$$L = 0.8897\text{H}$$

当采用电容元件降压时,设串联电容值为 C,则其容抗

$$X_C = \frac{1}{\omega C} = \frac{1}{314C}$$

串联电路的阻抗模为

$$z = \sqrt{R^2 + X_C^2}$$

串联电路的额定电流为

$$I = \frac{U_1}{z} = \frac{220}{\sqrt{161.3^2 + \left(\frac{1}{314C}\right)^2}} = 0.682\text{A}$$

解得

$$C = 11.4\mu\text{F}$$

由于电阻元件有功率损耗不宜采用,实际上电感元件也有一定的损耗,而电容元件的损耗最小,故以串电容元件来降电压最为合适。

5.7 R、L、C 并联电路

5.7.1 R、L、C 并联电路的复导纳

在图 5-26(a) 所示电阻、电感、电容构成的并联电路中,如果施加在电路两端的电压为

$$u = \sqrt{2}U\sin(\omega t + \psi_u)$$

为了确定电路中的电流 i,可由基尔霍夫电流定律列写出并联电路的瞬时值电流方程

$$i = i_R + i_L + i_C \tag{5-15}$$

方程两边同时用相量表示,有

$$\dot{I} = \dot{I}_R + \dot{I}_L + \dot{I}_C \tag{5-16}$$

相应的相量电路模型如图 5-26(b) 所示。

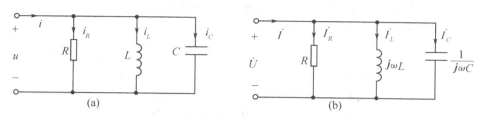

图 5-26 R、L、C 并联电路

由元件方程的相量形式,式(5-16) 可写成

$$\dot{I} = \frac{\dot{U}}{R} + \frac{\dot{U}}{j\omega L} + \frac{\dot{U}}{\frac{1}{j\omega C}} = \left[\frac{1}{R} - j\left(\frac{1}{\omega L} - \omega C\right)\right]\dot{U}$$
$$= \left[G - j(B_L - B_C)\right]\dot{U}$$
$$= \left[G - jB\right]\dot{U}$$
$$= Y\dot{U}$$

$$(5-17)$$

式中,

$$Y = G - jB = y\underline{/-\varphi}$$
$$= y\cos\varphi - jy\sin\varphi$$

称为并联电路的复导纳。y 是复导纳的模,简称为导纳模;$-\varphi$ 是复导纳的辐角,亦称导纳角;它是电流与电压的相位差,即 $\psi_i - \psi_u$。根据复数的代数式与三角函数式之间的互换关系,G、B 与 y、φ 之间的关系为

$$y = \sqrt{G^2 + B^2}$$
$$\varphi = \arctan\frac{B}{G}$$

复导纳 Y 的实部 $G = y\cos\varphi$ 为并联电路的电导;虚部 $B = y\sin\varphi$ 称为并联电路的电纳,是感纳与容纳之差。y、φ 与 G、B 之间的关系也可用一个直角三角形来描述,此三角形称为并联电路的导纳三角形,如图 5-27 所示。当电路元件 R、L、C 的值为已知时,复导纳 Y 与电源的角频率 ω(或频率 f)有关。在并联电路中,当感纳 B_L 与容纳 B_C 相等时,导纳角 φ 等于零,复导纳 Y 等于 G,此时电路呈电阻性,电压 $\dot{U}$ 与电

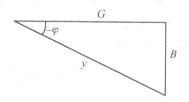

图 5-27 并联电路的导纳三角形

流 $\dot{I}$ 同相位;当感纳 B_L 大于容纳 B_C 时,$-\varphi$ 小于零,此时电路呈电感性,电流 $\dot{I}$ 滞后于电压 $\dot{U}$ 一个 φ 角;当感纳 B_L 小于容纳 B_C 时,$-\varphi$ 大于零,此时电路呈电容性,电流 $\dot{I}$ 超前于电压 $\dot{U}$ 一个 φ 角。

5.7.2　并联电路的计算

当用复导纳 Y 代表并联电路的三个元件之后,图 5-26(b) 就可简化为图 5-28。在式 (5-17) 中 $\dot{U}$ 和 Y 为已知时,电流相量为

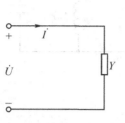

$$
\begin{aligned}
\dot{I} = Y\dot{U} &= y\ \underline{/-\varphi}\ \cdot U\ \underline{/\psi_u} \\
&= yU\ \underline{/\psi_u - \varphi} \\
&= I\ \underline{/\psi_i}
\end{aligned}
$$

电流的瞬时值为

$$i = \sqrt{2}\,I\sin(\omega t + \psi_i)$$

式中,电流有效值 $I = yU$,电流初相位 $\psi_i = \psi_u - \varphi$。

根据式(5-16),选电压 $\dot{U}$ 为参考相量,画出电路的相量图如图 5-29 所示。在相量图中可以看出,总

图 5-28　R、L、C 并联电路的等效电路

电流 $\dot{I}$ 和电导电流 $\dot{I}_G$、电纳电流 $\dot{I}_B$ 构成一个直角三角形,该三角形反映出这三个电流相量之间的相位关系和有效值关系,称为并联电路的电流三角形。电流三角形也可以用电流相量的模来表示,如图 5-30 所示。显然,在同一并联电路中,其导纳三角形与电流三角形是相似三角形。

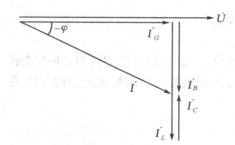

图 5-29　并联电路的相量图

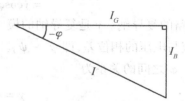

图 5-30　并联电路的电流三角形

例 5-5　一个由 R、L、C 组成的并联电路,已知 $R = 25\Omega$,$L = 2\text{mH}$,$C = 5\mu\text{F}$,总电流 $\dot{I} = 0.34\ \underline{/0°}$ A,电源角频率 $\omega = 5000\text{rad/s}$。求并联电路的电压和流过各元件的电流。

解　并联电路的复导纳

$$
\begin{aligned}
Y &= \frac{1}{R} - j\left(\frac{1}{\omega L} - \omega C\right) \\
&= \frac{1}{25} - j\left(\frac{1}{5000 \times 2 \times 10^{-3}} - 5000 \times 5 \times 10^{-6}\right) \\
&= 0.04 - j(0.1 - 0.025) \\
&= 0.04 - j0.075 \\
&= 0.085\ \underline{/-61.93°}\ \text{S}
\end{aligned}
$$

电压相量为

$$\dot{U} = \frac{\dot{I}}{Y} = \frac{0.34 \ \angle 0°}{0.085 \ \angle -61.93°} = 4 \ \angle 61.93° \ \text{V}$$

通过各元件的电流相量分别为

$$\dot{I}_R = \frac{\dot{U}}{R} = 0.04 \times 4 \ \angle 61.93° = 0.16 \ \angle 61.93° \ \text{A}$$

$$\dot{I}_L = \frac{\dot{U}}{j\omega L} = -j0.1 \times 4 \ \angle 61.93° = 0.4 \ \angle -28.07° \ \text{A}$$

$$\dot{I}_C = \frac{\dot{U}}{\dfrac{1}{j\omega C}} = j0.025 \times 4 \ \angle 61.93° = 0.1 \ \angle 151.93° \ \text{A}$$

5.8 复阻抗和复导纳的等效变换

5.8.1 无源二端网络的等效电路

对于 R、L、C 串联电路,其复阻抗 $Z = R + jX$,而对于 R、L、C 并联电路,其复导纳 $Y = G - jB$。图 5-31(a) 所示任意一个无源二端网络,就对外等效而言,只要保持其端电压 $\dot{U}$ 和输入的电流 $\dot{I}$ 不变,则该无源网络既可以用电阻和电抗的串联电路来模拟,也可以用电导与电纳的并联电路来模拟。我们来研究这两组参数间的互换关系。

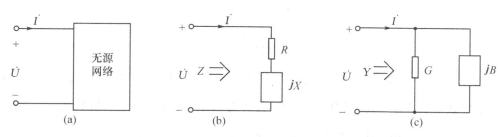

图 5-31 无源二端网络的等效电路

5.8.2 复阻抗和复导纳的等效变换

如图 5-31(b)、(c) 所示两电路如果对外等效,则须在端电压 $\dot{U}$ 相等时,它们的输入电流 $\dot{I}$ 应彼此相等。对于图 5-31(b) 所示串联电路,已知其复阻抗

$$Z = \frac{\dot{U}}{\dot{I}} = R + jX$$

而对于图 5-31(c) 所示等效并联电路,其复导纳

$$Y = \frac{\dot{I}}{\dot{U}} = \frac{1}{Z} = \frac{1}{R + jX}$$

$$= \frac{R - jX}{R^2 + X^2} = \frac{R}{R^2 + X^2} - j\frac{X}{R^2 + X^2}$$

$$= G - jB$$

其并联电导和电纳分别为

$$G = \frac{R}{R^2 + X^2} \tag{5-18}$$

$$B = \frac{X}{R^2 + X^2} \tag{5-19}$$

由式(5-18)和式(5-19)可知,当将 R 和 X 串联电路变换成为并联等效电路时,并联电导 $G \neq \frac{1}{R}$,并联电纳 $B \neq \frac{1}{X}$。只有当 $X = 0$ 时,才有 $G = \frac{1}{R}$;只有当 $R = 0$ 时,才有 $B = \frac{1}{X}$。

反之,如果已知图 5-31(c)所示并联电路的复导纳

$$Y = \frac{\dot{I}}{\dot{U}} = G - jB$$

而对于图 5-31(b)所示等效串联电路,其复阻抗

$$Z = \frac{\dot{U}}{\dot{I}} = \frac{1}{Y} = \frac{1}{G - jB}$$

$$= \frac{G + jB}{G^2 + B^2} = \frac{G}{G^2 + B^2} + j\frac{B}{G^2 + B^2}$$

$$= R + jX$$

其串联电阻和电抗分别为

$$R = \frac{G}{G^2 + B^2} \tag{5-20}$$

$$X = \frac{B}{G^2 + B^2} \tag{5-21}$$

由式(5-20)和式(5-21)可知,当 G 和 B 并联电路变换成为串联等效电路时,串联电阻 $R \neq \frac{1}{G}$,串联电抗 $X \neq \frac{1}{B}$。只有当 $B = 0$ 时,才有 $R = \frac{1}{G}$;只有当 $G = 0$ 时,才有 $X = \frac{1}{B}$。

对于图 5-32(a)所示由几个复阻抗串联而成的电路,其等效复阻抗为

$$Z = Z_1 + Z_2 + \cdots + Z_n$$

其等效复导纳为

$$Y = \frac{1}{Z} = \frac{1}{Z_1 + Z_2 + \cdots + Z_n}$$

对于图 5-32(b)所示由几个复导纳并联而成的电路,其等效复导纳为

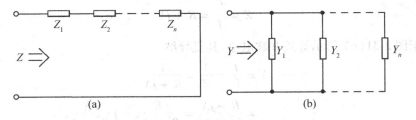

图 5-32　Z 的串联和 Y 的并联

$$Y = Y_1 + Y_2 + \cdots + Y_n$$

其等效复阻抗为

$$Z = \frac{1}{Y} = \frac{1}{Y_1 + Y_2 + \cdots + Y_n} = \frac{1}{\dfrac{1}{Z_1} + \dfrac{1}{Z_2} + \cdots + \dfrac{1}{Z_n}}$$

当两个复阻抗 Z_1 和 Z_2 并联时,如图 5-33 所示,其等值复阻抗

$$Z = \frac{1}{\dfrac{1}{Z_1} + \dfrac{1}{Z_2}} = \frac{Z_1 Z_2}{Z_1 + Z_2}$$

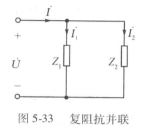

并联支路的电流分别为

$$\dot{I}_1 = \frac{Z_2}{Z_1 + Z_2} \dot{I}$$

$$\dot{I}_2 = \frac{Z_1}{Z_1 + Z_2} \dot{I}$$

图 5-33 复阻抗并联

上述关系式与直流电阻电路中的关系式在形式上是完全一致的。

例5-6 有三个导纳 $Y_1 = 0.1\text{S}, Y_2 = -j0.125\text{S}, Y_3 = j0.25\text{S}$ 串联,求这一串联电路的等效复阻抗 Z 和等效复导纳 Y。

解 对于串联电路的总复阻抗应是各复阻抗相加,即

$$Z = Z_1 + Z_2 + Z_3 = \frac{1}{Y_1} + \frac{1}{Y_2} + \frac{1}{Y_3}$$

$$= \frac{1}{0.1} + \frac{1}{-j0.125} + \frac{1}{j0.25}$$

$$= 10 + j4 \, \Omega$$

$$Y = \frac{1}{Z} = \frac{1}{10 + j4} = 0.093 \angle -21.8°$$

$$= 0.0862 - j0.0345 \text{S}$$

另外,也可以利用式(5-18)和式(5-19)来求复导纳

$$Y = G - jB$$

$$= \frac{R}{R^2 + X^2} - j\frac{X}{R^2 + X^2}$$

$$= \frac{10}{10^2 + 4^2} - j\frac{4}{10^2 + 4^2}$$

$$= 0.0862 - j0.0345 \text{S}$$

5.9 正弦交流电路的功率

在正弦交流电路中,由于电感和电容的存在,使电路中的功率计算比直流电阻电路要复杂得多,需要引入一些新的概念,如无功功率、视在功率(表观功率)、功率因数和复功率等,这些概念在电气工程中是十分重要的。

5.9.1　瞬时功率

对于图 5-34 所示的无源二端网络,设其电压和电流分别为

$$u = \sqrt{2}\,U\sin(\omega t + \varphi)$$

$$i = \sqrt{2}\,I\sin\omega t$$

设 $\varphi > 0$,电压超前电流一个 φ 角。该网络的瞬时功率应是电压 u 与电流 i 的乘积,即

$$
\begin{aligned}
p = ui &= 2UI\sin(\omega t + \varphi) \cdot \sin\omega t \\
&= UI[\cos\varphi - \cos(2\omega t + \varphi)] \\
&= UI\cos\varphi - UI\cos(2\omega t + \varphi)
\end{aligned}
\tag{5-22}
$$

式(5-22) 表明,瞬时功率由两个分量组成,一个是恒定分量 $UI\cos\varphi$,另一个是正弦分量 $UI\cos(2\omega t + \varphi)$,正弦分量的频率是电压或电流频率的两倍,如图 5-35 所示。在 u 和 i 为零的瞬间,$p = 0$。在图 5-34 标定的电压和电流的参考方向下,当同时满足 $u > 0$ 和 $i > 0$ 的时间段或 $u < 0$ 和 $i < 0$ 的时间段内,瞬时功率为正值($p > 0$),电路从外部吸收能量;其余时间段内,瞬时功率为负值($p < 0$),电路向外部释放能量。这种向电路外部释放能量的现象,在直流电阻电路中是不可能发生的。显然,这是由于电路中存在储能元件的缘故。作为理想化的电感和电容,在电路中只储存能量而不消耗能量。电感的磁场能量 $W_L = \dfrac{1}{2}Li_L^2$ 将随着电感电流的变化而变化;电容的电场能量 $W_C = \dfrac{1}{2}cu_c^2$ 将随着电容电压的变化而变化。当电路中的 W_L 或 W_C 减少时,元件释放出来的能量可以转移到另一储能元件中去,也可以消耗在电阻中,如果还有多余的能量则要返送回电源。这样就形成了能量交换现象。

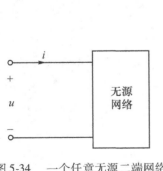

图 5-34　一个任意无源二端网络

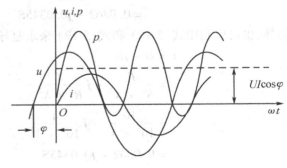

图 5-35　瞬时功率的波形

在电工技术中,瞬时功率的实用意义不大,而经常用下面三种功率来反映正弦交流电路中的能量交换情况。

5.9.2 平均功率

首先来分析讨论平均功率,其定义为

$$P = \frac{1}{T}\int_0^T p\mathrm{d}t = \frac{1}{T}\int_0^T \left[UI\cos\varphi - UI\cos(2\omega t + \varphi) \right]\mathrm{d}t = UI\cos\varphi \tag{5-23}$$

式(5-23)表明,平均功率就是瞬时功率中的恒定分量,其单位为瓦(W)。平均功率不仅与电压、电流的有效值的乘积有关,而且还与电压、电流的相位差的余弦函数 $\cos\varphi$ 有关,$\cos\varphi$ 称为该二端网络的功率因数,而 φ 称为功率因数角(φ 就是电压与电流的相位差角)。在电气工程中,平均功率也称为有功功率。

当无源二端网络为纯电阻时,$\varphi = 0$,$\cos\varphi = 1$,$P = UI$;当无源二端网络为纯电感时,$\varphi = \frac{\pi}{2}$,$\cos\varphi = 0$,$P = UI\cos\varphi = 0$;当无源二端网络为纯电容时,$\varphi = -\frac{\pi}{2}$,$\cos\varphi = 0$,$P = UI\cos\varphi = 0$。当无源二端网络中既有电阻,又有电感和电容时,虽然电感和电容不消耗能量,但电路的功率因数 $\cos\varphi < 1$,从而形成网络与外电路的能量交换。有功功率是网络中全部电阻所消耗的平均功率。

5.9.3 无功功率

式(5-22)还可以改写为如下形式:

$$\begin{aligned}
p &= UI\cos\varphi - UI\cos\varphi\cos2\omega t + UI\sin\varphi\sin2\omega t \\
&= UI\cos\varphi(1 - \cos2\omega t) + UI\sin\varphi\sin2\omega t \\
&= P(1 - \cos2\omega t) + Q\sin2\omega t
\end{aligned}$$

式中,第一项为功率的脉动分量,其值总是大于或等于零,它的传输方向总是从电源到负载;第二项之值为正、负交替变化,则表示在电源与负载间往返传递的功率分量,它的幅值为 $Q = UI\sin\varphi$。

在工程上为了描述电源与负载间的能量往返交换的情况,把 Q 定义为无功功率,即

$$Q = UI\sin\varphi \tag{5-24}$$

无功功率的单位是乏(var)。无功功率可以是正的,也可以是负的。当 $\varphi > 0$,即电压超前于电流(感性电路)时,$Q > 0$,在图5-34所示相关联参考方向下,认为该电路"吸收"无功功率;当 $\varphi < 0$,即电压滞后于电流(容性电路)时,$Q < 0$,认为该电路"发出"无功功率;当 $\varphi = 0$,即电压与电流同相位(电阻性电路),$Q = 0$,认为该电路既不吸收也不发出无功功率。无功功率就是电源与负载之间往返交换功率的最大值。

从有功功率和无功功率的概念出发,$U\cos\varphi$、$U\sin\varphi$ 称为电压的有功分量、无功分量;$I\cos\varphi$、$I\sin\varphi$ 称为电流的有功分量、无功分量。

5.9.4 视在功率

电路输入端电压与电流有效值的乘积定义为正弦电流电路的视在功率,用字母 S 表示,即

$$S = UI \tag{5-25}$$

视在功率的单位是伏安(VA)。在电工技术中,视在功率这个概念有其实用意义,电机、变压器等电气设备的容量就是指的视在功率。例如,某大型变压器的容量是 10000kVA,就是说它的额定视在功率是 10000kVA,当 $\cos\varphi = 1$ 时,这台变压器的输出有功功率是 10000kW,而当 $\cos\varphi = 0.75$ 时,它的输出有功功率是 $10000 \times 0.75 = 7500$kW。

由于 $S = UI$, $P = UI\cos\varphi$, $Q = UI\sin\varphi$,同一电路的 S、P、Q 之间有下列关系:

$$S = \sqrt{P^2 + Q^2} \tag{5-26}$$

$$\varphi = \arctan\frac{Q}{P} \tag{5-27}$$

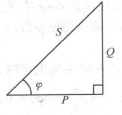

图5-36 功率三角形

可见,三者之间构成一个直角三角形,叫做功率三角形。在功率三角形中,P 是三角形的底边,Q 是它的对边,S 是它的斜边,S 和 P 之间的夹角为功率因数角 φ,如图5-36所示。对于同一电路,功率三角形与其阻抗三角形、电压三角形是相似三角形。

5.9.5 复功率

另外,还可以用电压相量和电流相量来计算出要求的各种功率。将电压相量 $\dot{U} = U \angle \psi_u$ 乘以电流相量 $\dot{I} = I \angle \psi_i$ 的共轭复数 $\dot{I}^* = I \angle -\psi_i$,则有

$$\dot{U}\dot{I}^* = U \angle \psi_u \times I \angle -\psi_i = UI \angle \psi_u - \psi_i$$

$$= UI \angle \varphi = UI\cos\varphi + jUI\sin\varphi$$

$$= P + jQ$$

乘积 $\dot{U}\dot{I}^*$ 称为复功率,用符号 $\bar{S}$ 表示,即

$$\bar{S} = \dot{U}\dot{I}^* = P + jQ$$

复功率的实部为有功功率 P,虚部为无功功率 Q,而它的模就是视在功率 S。复功率的单位为伏安(VA)。

例5-7 在图5-37所示电路中,已知外加电压 $\dot{U} = 220 \angle 0° \text{ V}$, $Z_1 = 10\Omega$, $Z_2 = 3 - j4\Omega$, $Z_3 = 8 + j6\Omega$。试求各条支路的有功功率、无功功率、功率因数以及整个并联电路的有功功率、无功功率、功率因数。

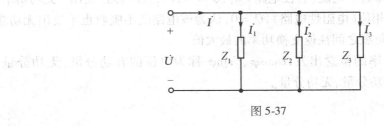

图5-37

解 第一条支路

$$\dot{I}_1 = \frac{\dot{U}}{Z_1} = \frac{220\ \angle 0^\circ}{10} = 22\ \angle 0^\circ\ \text{A}$$

电压与电流的相位差 $\varphi_1 = 0^\circ$

$$P_1 = UI_1\cos\varphi_1 = 220 \times 22 \times \cos0^\circ = 4840\text{W}$$

$$Q_1 = UI_1\sin\varphi_1 = 220 \times 22 \times \sin0^\circ = 0$$

$$\cos\varphi_1 = \cos0^\circ = 1$$

第二条支路

$$\dot{I}_2 = \frac{\dot{U}}{Z_2} = \frac{220\ \angle 0^\circ}{3 - j4} = \frac{220\ \angle 0^\circ}{5\ \angle -53.13^\circ} = 44\ \angle 53.13^\circ\ \text{A}$$

电压与电流的相位差　$\varphi_2 = 0^\circ - 53.13^\circ = -53.13^\circ$

$$P_2 = UI_2\cos\varphi_2 = 220 \times 44 \times \cos(-53.13^\circ) = 5808\text{W}$$

$$Q_2 = UI_2\sin\varphi_2 = 220 \times 44 \times \sin(-53.13^\circ) = -7744\text{Var}$$

$$\cos\varphi_2 = \cos(-53.13^\circ) = 0.6 \quad (\text{容性})$$

第三条支路

$$\dot{I}_3 = \frac{\dot{U}}{Z_3} = \frac{220\ \angle 0^\circ}{8 + j6} = \frac{220\ \angle 0^\circ}{10\ \angle 36.87^\circ} = 22\ \angle -36.87^\circ\ \text{A}$$

电压与电流的相位差　$\varphi_3 = 0^\circ - (-36.87^\circ) = 36.87^\circ$

$$P_3 = UI_3\cos\varphi_3 = 220 \times 22 \times \cos36.87^\circ = 3872\text{W}$$

$$Q_3 = UI_3\sin\varphi_3 = 220 \times 22 \times \sin36.87^\circ = 2904\text{Var}$$

$$\cos\varphi_3 = \cos36.87^\circ = 0.8 \quad (\text{感性})$$

整个并联电路的电流相量为

$$\dot{I} = \dot{I}_1 + \dot{I}_2 + \dot{I}_3 = 22\ \angle 0^\circ + 44\ \angle 53.13^\circ + 22\ \angle -36.87^\circ$$
$$= 66 + j22 = 69.57\ \angle 18.43^\circ\ \text{A}$$

电压与总电流的相位差　$\varphi = 0^\circ - 18.43^\circ = -18.43^\circ$

$$P = UI\cos\varphi = 220 \times 69.57 \times \cos(-18.43^\circ) = 14520\text{W}$$

$$Q = UI\sin\varphi = 220 \times 69.57 \times \sin(-18.43^\circ) = -4840\text{Var}$$

$$\cos\varphi = \cos(-18.43^\circ) = 0.949$$

由上面的计算可以看出

$$P = P_1 + P_2 + P_3$$

$$Q = Q_1 + Q_2 + Q_3$$

$$\tilde{S} = P_1 + jQ_1 + P_2 + jQ_2 + P_3 + jQ_3 = \tilde{S}_1 + \tilde{S}_2 + \tilde{S}_3$$

这说明在正弦交流电路中,有功功率、无功功率和复功率都是守恒的。但是,在一般情况下视在功率却没有守恒关系,即

$$S \neq S_1 + S_2 + S_3$$

5.10　功率因数的提高

5.10.1　用电设备在低功率因数状态下运行的缺点

在供电系统中,如果设备处于低功率因数状态下运行,则有两个缺点:一是不能充分利用电气设备的容量,使设备处于部分闲置状态;二是输电线路的电能损失增大,使传输效率降低。从提高经济效益的角度考虑,以上两点都应尽量避免。

如果某台变压器的容量 $S = 7500\mathrm{kVA}$,当 $\cos\varphi = 1$ 时,其输出的有功功率 $P = S\cos\varphi = 7500\mathrm{kW}$,当 $\cos\varphi = 0.7$ 时,其输出的有功功率 $P = S\cos\varphi = 5250\mathrm{kW}$,显然设备的容量没有得到充分的利用。

输电线的传输效率是负载接收的功率 P_2 与输电线路始端的输入功率 P_1 之比,即

$$\eta = \frac{P_2}{P_1} \times 100\% = \frac{P_2}{P_2 + I^2 R_l} \times 100\%$$

式中,R_l 是线路电阻,$I^2 R_l$ 是线路有功损失。当 P_2 为定值时,要提高效率,就必须减小线路上的电流 I。而

$$I = \frac{P_2}{U_2 \cos\varphi}$$

如果负载端电压 U_2 维持不变,在功率因数 $\cos\varphi$ 很低时,线路电流 I 就会比较大。因此,为了降低线路损失,供电部门要求用户采取必要的措施,使功率因数不低于一定的限度。

5.10.2　功率因数的提高

造成供电系统功率因数低的主要原因是电感性负载偏多。提高功率因数的措施是在负载端并联电容器(称为静止补偿器)或在电力系统中安装调相电机(称为同步补偿器)的方法来实现。如图 5-38(a) 所示的电感性负载的有功功率为 P,端电压为 U。要求将它的功率因数从 $\cos\varphi$ 提高到 $\cos\varphi'$,计算须并联电容 C 的值为多少。

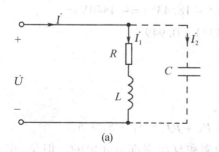
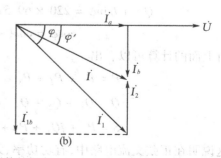

图 5-38　功率因数的提高

在并联电容之前,电路中的电流

$$I_1 = \frac{P}{U\cos\varphi}$$

当并联电容 C 之后，负载电流 $\dot{I}_1$ 不会产生任何变化，而电容电流 $\dot{I}_2$ 超前于电压 $\dot{U}90°$，输电线电流 $\dot{I} = \dot{I}_1 + \dot{I}_2$，由图5-38(b)所示的相量图可以看出，总电流 I 较并联电容之前的 I_1 减小了。

并联电容之前电流 I_1 的无功分量（$\dot{I}_1$ 在虚轴上的投影的长度）

$$I_{1b} = I_1\sin\varphi = \frac{P}{U\cos\varphi}\sin\varphi = \frac{P}{U}\tan\varphi$$

并联电容之后电流 I 的无功分量（$\dot{I}$ 在虚轴上投影的长度）

$$I_b = I\sin\varphi' = \frac{P}{U\cos\varphi'}\sin\varphi' = \frac{P}{U}\tan\varphi'$$

而电容电流 $\dot{I}_2$ 的有效值为

$$I_2 = I_{1b} - I_b$$

由图5-38(a)可计算电容电流为 $I_2 = \omega CU$，故有

$$C = \frac{I_2}{\omega U} = \frac{I_{1b} - I_b}{\omega U} = \frac{P(\tan\varphi - \tan\varphi')}{\omega U^2} \tag{5-28}$$

从能量交换的角度分析，并联电容的容性无功功率补偿了负载电感中的感性无功功率，减小了电源对负载供给的无功功率，从而减少了负载与电源之间的功率交换，也就减小了输电线的电流，达到降低线损的目的。

例5-8　功率为60W、功率因数为0.5的日光灯（感性负载）与功率为100W的白炽灯各50只，并联在电压为220V的工频交流电源上，如果要将功率因数提高到0.92，问应并联多大电容？电容的正常耐压值应是多少？

解　50只日光灯的有功功率为

$$P_1 = 50 \times 60 = 3000\text{W}$$

日光灯的功率因数角 $\varphi_1 = \arccos 0.5 = 60°$。由此可画出日光灯电路的功率三角形如图5-39(a)所示。

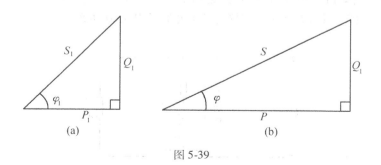

(a)　　　　　　　　　　　(b)

图 5-39

由功率三角形可求出日光灯的无功功率为

$$Q_1 = P_1 \tan\varphi_1 = 3000 \times \tan 60° = 5196 \text{Var}$$

日光灯与白炽灯并联后的总有功功率

$$P = P_1 + P_2 = 3000 + 50 \times 100 = 8000 \text{W}$$

日光灯与白炽灯并联后的功率三角形如图 5-39(b) 所示,由此图可计算出电路的功率因数角

$$\varphi = \arctan \frac{Q_1}{P} = \arctan \frac{5196}{8000} = 33°$$

功率因数为 0.92 时的功率因数角为

$$\varphi' = \arccos 0.92 = 23°$$

最后,由式(5-28)可计算出应并联的电容为

$$C = \frac{P(\arctan 33° - \arctan 23°)}{\omega U^2}$$

$$= \frac{8000(0.649 - 0.424)}{314 \times 220^2} = 118 \mu\text{F}$$

电容器的耐压应按照电源电压的最大值来考虑,而

$$U_m = \sqrt{2}\,U = \sqrt{2} \times 220 \approx 311 \text{V}$$

故电容的耐压值应大于 311V。

5.11　正弦交流电路的稳态分析

在 5.5 节中已经提到,正弦交流电路基本定律的相量形式与直流线性电阻电路基本定律的公式是完全对应的,因此,直流线性电阻电路的各种计算方法和电路定理全部适用于正弦交流电路的稳态分析。所不同的是,正弦交流电路中的电压、电流都用相量表示,电路元件的电阻用复阻抗表示。当然在正弦交流电路的稳态分析中,还可以借助于相量图进行辅助分析,使某些繁琐的计算得到简化。

例 5-9　图 5-40 所示电路表示一台电炉与一台电动机并联运行。电炉为电阻性负载,其电阻 $R = 20\Omega$,电动机为感性负载,其额定功率 $P = 7.5$ kW,$\cos\varphi = 0.8$;电源电压为 220V。求:(1) 总电流 $\dot{I}$;(2) 并联后的功率因数;(3) 并联负载的复功率。

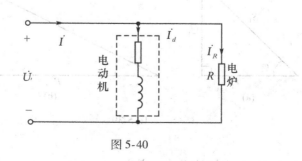

图 5-40

解 设电源电压 $\dot{U} = 220 \angle 0° $ V,则电炉电流

$$\dot{I}_R = \frac{\dot{U}}{R} = \frac{220 \angle 0°}{20} = 11 \angle 0° \text{ A}$$

由于电动机的额定功率 $P_d = UI_d\cos\varphi$,故其电流

$$I_d = \frac{P_d}{U\cos\varphi} = \frac{7500}{220 \times 0.8} = 42.61\text{A}$$

由于电动机的功率因数 $\cos\varphi = 0.8$,故 $\varphi = \arccos 0.8 = 36.87°$,则电动机的电流相量

$$\dot{I}_d = 42.61 \angle -36.87° = 34.09 - j25.57° \text{A}$$

总电流为

$$\dot{I} = \dot{I}_R + \dot{I}_d = 11 + 34.09 - j25.57$$
$$= 45.09 - j25.57 = 51.84 \angle -29.56° \text{ A}$$

并联后的功率因数为

$$\cos\varphi' = \cos 29.56° = 0.87$$

并联负载的复功率为

$$\tilde{S} = \dot{U}\dot{I}^* = 220 \angle 0° \times 51.84 \angle 29.56°$$
$$= 11404.8 \angle 29.56°$$
$$= 9920.3 + j5626.4\text{VA}$$

例 5-10 在图 5-41 所示的工频正弦交流电路中,已知 $R_1 = 10\Omega, R_2 = 8\Omega, L = 0.01911\text{H}, C = 318.471\mu\text{F}, \dot{I}_{s1} = 2 \angle 0° \text{A}, \dot{U}_{s2} = 20 \angle 0° \text{V}$。求:(1) 各负载支路的电流和电压相量;(2) 各电源的有功功率和无功功率。

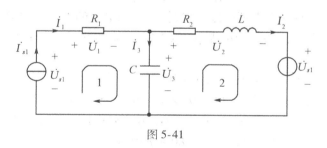

图 5-41

解 电容的容抗

$$X_C = \frac{1}{\omega C} = \frac{1}{2\pi fC}$$

$$= \frac{1}{2 \times 3.14 \times 50 \times 318.471 \times 10^{-6}}$$

$$= 10\Omega$$

电感的感抗为

$$X_L = \omega L = 2\pi fL = 2 \times 3.14 \times 50 \times 0.01911 = 6\Omega$$

设回路电流分别为 $\dot{I}_1$、$\dot{I}_2$,列写该电路的回路电流方程,有

$$\dot{I}_1 = \dot{I}_{s1} = 2 \underline{/0°}\,\text{A}$$
$$\dot{I}_2(R_2 + jX_L - jX_C) - \dot{I}_1(-jX_C) + \dot{U}_{s2} = 0$$

代入数字并求解上述二方程,有

$$\dot{I}_2(8 + j6 - j10) + 2\underline{/0°} \times j10 + 20\underline{/0°} = 0$$
$$\dot{I}_2(8 - j4) = -20 - 20\underline{/90°}$$
$$\dot{I}_2 = \frac{28.28\underline{/-135°}}{8.94\underline{/-26.57°}} = 3.16\underline{/-108.43°}\quad\text{A}$$

电容电流为

$$\dot{I}_3 = \dot{I}_1 - \dot{I}_2 = 2\underline{/0°} - 3.16\underline{/-108.43°} = 4.24\underline{/45°}\,\text{A}$$

各负载电压为

$$\dot{U}_1 = \dot{I}_1 R_1 = 2\underline{/0°} \times 10 = 20\underline{/0°}(\text{V})$$
$$\dot{U}_2 = \dot{I}_2(R_2 + jX_L) = 3.16\underline{/-108.43°} \times (8 + j6) = 31.6\underline{/-71.56°}\,\text{V}$$
$$\dot{U}_3 = \dot{I}_3(-jX_C) = 4.24\underline{/45°} \cdot 10\underline{/-90°} = 42.4\underline{/-45°}\,\text{V}$$

电流源的端电压为

$$\dot{U}_{s1} = \dot{U}_1 + \dot{U}_3 = 20\underline{/0°} + 42.4\underline{/-45°}$$
$$= 20 + 30 - j30 = 50 - j30 = 58.31\underline{/-30.96°}\,\text{V}$$

电流源和电压源的复功率

$$\tilde{S}_{s1} = \dot{U}_{s1} \cdot \dot{I}_1^* = 58.31\underline{/-30.96°} \times 2\underline{/0°}$$
$$= 116.62\underline{/-30.96°} = 100 - j60\,\text{VA}$$
$$\tilde{S}_{s2} = \dot{U}_{s2} \cdot (-\dot{I}_2^*) = 20\underline{/0°} \cdot (-3.16\underline{/108.43°})$$
$$= 63.2\underline{/-71.57°} = 20 - j60\,\text{VA}$$

需要说明的是,计算两个电源的复功率时,电压和电流的参考方向都是选择为非关联参考方向,在此参考方向下,当 $P > 0$(或 $Q > 0$)时,电源发出功率;当 $P < 0$(或 $Q < 0$)时,电源吸收功率。

最后,来验证复功率守恒定理,三个负载的复功率为

$$\tilde{S}_1 = \dot{U}_1 \cdot \dot{I}_1^* = 20\underline{/0°} \times 2\underline{/0°} = 40\underline{/0°} = 40\,\text{VA}$$
$$\tilde{S}_2 = \dot{U}_2 \cdot \dot{I}_2^* = 31.6\underline{/-71.56°} \times 3.16\underline{/108.43°}$$
$$= 100\underline{/36.87°} = 80 + j60\,\text{VA}$$
$$\tilde{S}_3 = \dot{U}_3 \cdot \dot{I}_3^* = 42.4\underline{/-45°} \times 4.24\underline{/-45°}$$
$$= -j180\,\text{VA}$$

电源产生的复功率为 $\tilde{S}_{s1} + \tilde{S}_{s2} = 120 - j120\,\text{VA}$,而负载消耗的复功率为 $\tilde{S}_1 + \tilde{S}_2 + \tilde{S}_3 = 120 - j120\,\text{VA}$。这说明复功率是守恒的。

前面是用回路法对电路进行计算的,现在再用节点法来计算。列出图 5-41 电路的节点方程并代入数据、化简,有

$$\dot{U}_{n1}\left(j\omega C + \frac{1}{R_2 + j\omega L}\right) = \dot{I}_{s1} + \frac{\dot{U}_{s2}}{R_2 + j\omega L}$$

$$\dot{U}_{n1}\left(j0.1 + \frac{1}{8 + j6}\right) = 2\underline{/0°} + \frac{20\underline{/0°}}{8 + j6}$$

$$\dot{U}_{n1}(0.08 + j0.04) = 3.6 - j1.2$$

由以上方程解得节点电压 $\quad \dot{U}_{n1} = \dfrac{3.6 - j1.2}{0.08 + j0.04} = 42.4 \diagup -45° \text{ V}$

节点电压 $\dot{U}_{n1}$ 就是电容电压 $\dot{U}_3$ 和回路法算出的结果一致,其余元件的电压、电流可由基尔霍夫定律求出,不一一推导了。

本例题还可以用叠加定理进行计算,其结果和前面计算出的也是一致的。

例 5-11　　在图 5-42(a) 所示正弦电路中,已知电源频率 $f = 50\text{Hz}$,$I_C = 12\text{A}$,$I_Z = 20\text{A}$,$U = 410 \diagup 0° \text{ V}$,且 $\dot{U}$ 与 $\dot{I}$ 同相。电感性负载 Z_L 消耗的功率为 4kW。求电流 $\dot{I}$、电阻 R、电容 C 和负载阻抗 Z_L。

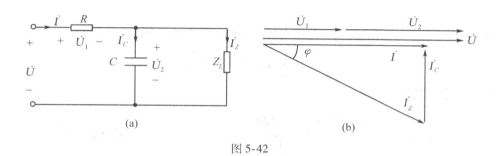

图 5-42

解　　根据题意,选 $\dot{U}$ 为参考相量画出相量图如图 5-42(b) 所示。由相量图中的电流三角形,可知总电流为

$$\dot{I} = \sqrt{I_Z^2 - I_C^2} = \sqrt{20^2 - 12^2} = 16\text{A}$$

$$\varphi = \arctan \frac{I_C}{I} = \arctan \frac{12}{16} = 36.87°$$

设 $Z_L = R_L + jX_L$,由 Z_L 消耗的功率,可计算出

$$R_L = \frac{P}{I_Z^2} = \frac{4000}{20^2} = 10\Omega$$

且

$$\frac{X_L}{R_L} = \tan\varphi$$

$$X_L = R_L\tan\varphi = 10 \cdot \tan 36.87° = 7.5\Omega$$

故可得出 $Z_L = 10 + j7.5(\Omega)$。Z_L 的模 $z_L = \sqrt{10^2 + 7.5^2} = 12.5\Omega$。电压 $U_2 = I_2 \cdot z_L = 20 \times 12.5 = 250\text{V}$。电阻电压为

$$U_1 = U - U_2 = 410 - 250 = 160\text{V}$$

故可计算出电阻 $R = \dfrac{U_1}{I} = \dfrac{160}{16} = 10\Omega$。同时可计算出电容

$$C = \frac{I_C}{U\omega} = \frac{12}{250 \times 314} = 152.9\mu\text{F}$$

例5-12　试用戴维南定理求图5-43(a)所示电路中的电流 $\dot{I}_3$。已知 $\dot{I}_s = 11 \angle -90°$ A，
$\dot{U}_s = 220 \angle -20°$ V，$Z_1 = j20\Omega$，$Z_2 = j10\Omega$，$Z_3 = 40\Omega$。

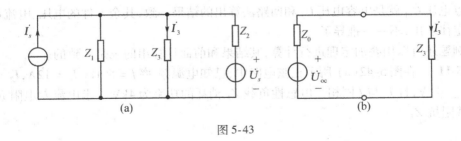

图 5-43

解　将 Z_3 断开之后，该处的开路电压 $\dot{U}_{oc}$ 可由节点法计算，即

$$\dot{U}_{oc}\left(\frac{1}{Z_1} + \frac{1}{Z_2}\right) = \dot{I}_s + \frac{\dot{U}_s}{Z_2}$$

代入数字可解得

$$\dot{U}_{oc} = \frac{11 \angle -90° + \dfrac{1}{j10} \cdot 220 \angle -20°}{\dfrac{1}{j20} + \dfrac{1}{j10}} = 217 \angle -12.96° \text{ V}$$

戴维南等效电路的复阻抗为

$$Z_0 = \frac{Z_1 Z_2}{Z_1 + Z_2} = \frac{-200}{j30} = j6.667\Omega$$

从而可求得电流

$$\dot{I}_3 = \frac{\dot{U}_{oc}}{Z_0 + Z_3} = \frac{223.5 \angle -12.96°}{40 + j6.667} = 5.5 \angle -22.42° \text{ A}$$

5.12　串联谐振电路

5.12.1　发生串联谐振的条件

　　谐振是交流电路可能发生的一种特殊现象，这一现象在通信技术中得到广泛的应用。但是另一方面，在电气工程中当电路发生谐振时，会产生过电压（或过电流），可能危害电气设备的安全。因此，对谐振现象的研究具有十分重要的意义。

　　在图 5-44 所示的 R、L、C 串联电路中，在角频率为 ω 的正弦电源作用下，当端口电压 $\dot{U}$ 和电流 $\dot{I}$ 的相位差为零（即同相）时，我们称该电路发生了串联谐振。电路发生串联谐振的条件是：串联电路复阻抗的虚部为零，即

$$X = \omega L - \frac{1}{\omega C} = 0$$

或

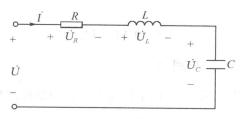

图 5-44 串联谐振电路

$$\omega L = \frac{1}{\omega C}$$

这时的角频率 ω 称为谐振角频率,用 ω_0 表示,即

$$\omega_0 = \frac{1}{\sqrt{LC}} \quad \text{或} \quad f_0 = \frac{1}{2\pi\sqrt{LC}} \tag{5-29}$$

f_0 称为该电路的谐振频率,又称为电路的固有频率。由上式可知,调节 L 或 C 可以改变电路的谐振频率;在电源的频率一定时,调节 L 或 C 可使电路处于谐振状态;电路是否谐振与电阻 R 无关。

5.12.2 串联谐振的特点

电路发生串联谐振时有下列特点:

(1)当外加激励电压有效值 U 与电阻 R 一定时,谐振时复阻抗的模 Z 最小,电流 I 最大。这是因为

$$Z = \sqrt{R^2 + X^2} = R$$

$$I_0 = \frac{U}{Z} = \frac{U}{R}$$

式中,I_0 为谐振时的电流。

(2)$\dot{U}_R = \dot{U}$,$\dot{U}_L + \dot{U}_C = 0$。因为 $\dot{U} = \dot{U}_R + \dot{U}_L + \dot{U}_C$,而 $\dot{U}_L = j\omega L\dot{I}$,$\dot{U}_C = -j\frac{1}{\omega C}\dot{I}$,谐振时 $\omega L = \frac{1}{\omega C}$,所以上述结论成立。这说明发生串联谐振时,电阻电压等于电源电压;电感电压与电容电压之和为零,它们两端对外电路而言相当于短接。

(3)若将电容 C 两端的电压作为输出电压,则

$$U_C = I_0 X_C = \frac{X_C}{R}U$$

如果 $X_C \gg R$,则输出电压 U_C 大于输入电压 U 许多倍。这一现象,在工程中是值得注意的。

(4)电感从电路吸收的瞬时功率 $p_L = u_L i$,电容从电路吸收的瞬时功率 $p_c = u_c i$,由于 $u_L = -u_C$,所以 $p_L = -p_C$,$p_L + p_C = 0$。由此可见,从电感和电容总体来讲,任何时刻既不从外电路吸收能量,也不向外电路释放能量,它们的能量传递和转换只在 L 与 C 之间进行。这种现

象在工程中称为电磁振荡。反映电磁振荡强弱程度的量是电感和电容总的储能,可以证明,它们总的储能为

$$W = CU_C^2 = LI_L^2$$

5.12.3　特性阻抗和品质因数

还有两个反映谐振特点的参数,它们是特性阻抗 ρ 和品质因数 Q。特性阻抗是指发生谐振时的感抗或容抗。由于 $\omega_0 = \dfrac{1}{\sqrt{LC}}$,故有

$$\omega_0 L = \frac{1}{\omega_0 C} = \sqrt{\frac{L}{C}} = \rho \tag{5-30}$$

它是一个只与电路参数有关而与频率无关的常量。谐振时感抗(或容抗)与电阻之比,叫做电路的品质因数,即

$$Q = \frac{\omega_0 L}{R} = \frac{1}{\omega_0 CR} = \frac{\rho}{R} = \frac{1}{R}\sqrt{\frac{L}{C}} \tag{5-31}$$

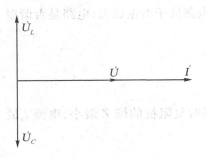

图 5-45　串联谐振相量图

品质因数也是一个只与电路元件参数 R、L、C 有关的量,它的大小可以反映谐振电路的特征。在谐振时电感和电容电压分别为

$$\dot{U}_L = j\omega_0 L\dot{I} = j\omega_0 L\frac{\dot{U}}{R} = jQ\dot{U}$$

$$\dot{U}_C = -j\frac{1}{\omega_0 C}\dot{I} = -j\frac{1}{\omega_0 C}\frac{\dot{U}}{R} = -jQ\dot{U}$$

电感两端电压与电容两端电压大小相等,且等于电源电压的 Q 倍,二者的方向相反,其相量图如图 5-45 所示。在电信技术中往往希望获得一个较大的输出电压 U_C,在电路设计时,应使电路的 Q 值尽可能大一些。

5.12.4　谐振电路对信号的选择性

对于 R、L、C 串联电路,当电源的频率发生变化时,电路中的电流 I、元件端电压 U_L、U_C 和阻抗 z(或导纳 y)都将随之变化,这些随频率而变化的关系称为频率特性。阻抗的频率特性为

$$z(\omega) = \sqrt{R^2 + \left(\omega L - \frac{1}{\omega C}\right)^2}$$

阻抗的频率特性曲线如图 5-46 所示。由于 $y(\omega) = \dfrac{1}{z(\omega)}$,故导纳的频率特性曲线如图 5-47 所示。

当电源电压的有效值不变时,电流的频率特性为

$$I(\omega) = \frac{U}{z(\omega)} = Uy(\omega)$$

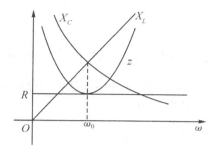

图 5-46 串联电路阻抗的频率特性

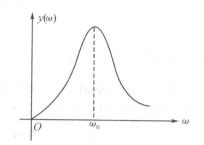

图 5-47 串联电路导纳的频率特性

其特性曲线如图5-48所示。从图5-48中可以看出,当电源的角频率 ω 越接近于谐振角频率 ω_0 时,其电流 I 越大,这说明串联谐振电路具有选择最接近于谐振频率的信号的功能。这一性能称为电路的选择性。在通信工程中正是利用这一性能来选择所需要的信号的。信号通过而不引起失真的频带宽度($I \geq 0.707I_0$)称为通频带,即图5-48中 ω_1 与 ω_2 之间的频带宽度。通频带越窄,其选择性越好。显然,电路选择性的好坏与谐振特性曲线的形状有关,而品质因数 Q 值的大小对谐振曲线的形状有直接影响。对 $I(\omega)$ 的表示式加以变形,就能证明这一结论。

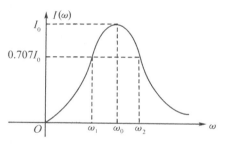

图 5-48 电流的频率特性

$$I(\omega) = \frac{U}{z} = \frac{U}{\sqrt{R^2 + \left(\omega L - \frac{1}{\omega C}\right)^2}}$$

$$= \frac{U}{\sqrt{R^2 + \left(\frac{\omega}{\omega_0}\omega_0 L - \frac{\omega_0}{\omega}\cdot\frac{1}{\omega_0 C}\right)^2}}$$

$$= \frac{U}{R}\cdot\frac{1}{\sqrt{1 + Q^2\left(\frac{\omega}{\omega_0} - \frac{\omega_0}{\omega}\right)^2}}$$

令 $\eta = \frac{\omega}{\omega_0}$,上式变为

$$I(\omega) = I_0 \frac{1}{\sqrt{1 + Q^2\left(\eta - \frac{1}{\eta}\right)^2}}$$

或

$$\frac{I(\omega)}{I_0} = \frac{1}{\sqrt{1 + Q^2\left(\eta - \dfrac{1}{\eta}\right)^2}}$$

若以 η 为横坐标，$\dfrac{I}{I_0}$ 为纵坐标，取不同的 Q 值绘出一组谐振的通用曲线如图 5-49 所示。由曲线可以看出，Q 值越大，电流谐振曲线的通频带就越窄，故其选择性也就越好。

现在来分析电感电压、电容电压和电阻电压的频率特性。由于

$$U_L(\omega) = I(\omega) \cdot \omega L = \frac{\omega L U}{\sqrt{R^2 + \left(\omega L - \dfrac{1}{\omega C}\right)^2}}$$

$$= \frac{QU}{\sqrt{\dfrac{1}{\eta^2} + Q^2\left(1 - \dfrac{1}{\eta^2}\right)^2}} \tag{5-32}$$

$$U_C(\omega) = I(\omega) \cdot \frac{1}{\omega C} = \frac{1}{\omega C} \cdot \frac{U}{\sqrt{R^2 + \left(\omega L - \dfrac{1}{\omega C}\right)^2}}$$

$$= \frac{QU}{\sqrt{\eta^2 + Q^2\left(\eta^2 - 1\right)^2}} \tag{5-33}$$

$$U_R(\omega) = I(\omega) R = \frac{RU}{\sqrt{R^2 + \left(\omega L - \dfrac{1}{\omega C}\right)^2}}$$

$$= \frac{U}{\sqrt{1 + Q^2\left(\eta - \dfrac{1}{\eta}\right)^2}} \tag{5-34}$$

图 5-50 所示画出了在品质因数 $Q = 1.25$ 时，U_L、U_C、U_R 与 $\eta(\omega/\omega_0)$ 的关系曲线，即电压的频率特性曲线。当 $\eta = 0(\omega = 0)$ 时，电感相当于短路，电容相当于开路，$U_L = 0$，$U_R = 0$，$U_C = U$；当 $\eta = 1(\omega = \omega_0)$ 时为谐振状态，$U_L = U_C = QU$，$U_R = U$；当 $\eta = \infty(\omega = \infty)$ 时，电容相

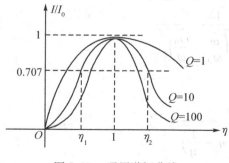

图 5-49　通用谐振曲线

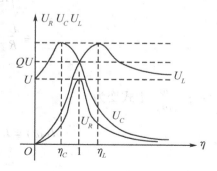

图 5-50　电压的频率特性

当于短路,电感相当于开路,$U_C = 0$,$U_R = 0$,$U_L = U$。

要 U_L 和 U_C 出现最大值,式(5-32)和式(5-33)中的分母必须为最小值。由此可推导出 U_L 和 U_C 出现最大值的条件,即当 $Q > \dfrac{1}{\sqrt{2}}$ 时,对于 U_C,有

$$\eta_1 = \sqrt{1 - \frac{1}{2Q^2}} < 1,\ U_{C\max} = \frac{QU}{\sqrt{1 - \frac{1}{4Q^2}}} > QU$$

对于 U_L,有

$$\eta_2 = \sqrt{\frac{2Q^2}{2Q^2 - 1}} > 1,\ U_{L\max} = \frac{QU}{\sqrt{1 - \frac{1}{4Q^2}}} > QU$$

必须指出,以上讨论的电流、电压的频率特性曲线都是根据改变电源的频率而获得的,如果电源的频率不变而是改变 L、C 的参数值,则谐振特性应另作分析。

例 5-13　在图 5-51 所示电路中,电源电压 $U = 10\text{V}$,$\omega = 5000\text{rad/s}$。调节电容 C 使电路中的电流最大值为 200mA,此时电容电压为 600V。求 R、L、C 之值及回路的品质因数 Q。

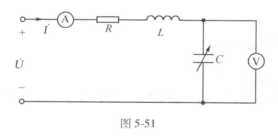

图 5-51

解　当电流为最大时,该电路发生串联谐振,电阻电压等于电源电压,即

$$U_R = IR = 10\text{V}$$
$$R = \frac{U_R}{1} = \frac{10}{0.2} = 50\Omega$$

发生串联谐振时,电容电压是电源电压的 Q 倍,故

$$U_C = QU = 600\text{V}$$

则

$$Q = \frac{600}{U} = \frac{600}{10} = 60$$

谐振时的电容电流 $I_C = \omega C U_C$,即 $C = \dfrac{I_C}{\omega U_C} = \dfrac{0.2}{600 \times 5000} = 0.0667\mu\text{F}$;电感电流 $I_L = \dfrac{U_L}{\omega L}$,即 $L = \dfrac{U_L}{\omega I_L} = \dfrac{600}{5000 \times 0.2} = 0.6\text{H}$。

5.13　并联谐振电路

5.13.1　发生并联谐振的条件

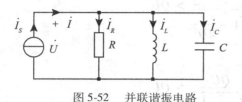

图 5-52　并联谐振电路

在图 5-52 所示 R、L、C 并联电路中,在角频率为 ω 的正弦电流源作用下,当端口电压 $\dot{U}$ 和电流 $\dot{I}$ 的相位差为零(即同相)时,我们称该电路发生了并联谐振。电路发生并联谐振的条件是:并联电路复导纳的虚部为零,即

$$Y = G - j\left(\frac{1}{\omega L} - \omega C\right)$$

令复导纳的虚部为零。这时的角频率 ω 称为谐振角频率,用 ω_0 表示,则可求得

$$\omega_0 = \frac{1}{\sqrt{LC}} \quad \text{或} \quad f_0 = \frac{1}{2\pi\sqrt{LC}} \tag{5-35}$$

f_0 称为该电路的谐振频率,又称为电路的固有频率。由上式可知,调节 L 或 C 可以改变电路的谐振频率;在电源的频率一定时,调节 L 或 C 可使电路处于谐振状态;电路是否谐振与电阻 R 无关。

5.13.2　并联谐振的特点

电路发生并联谐振时有下列特点:

(1)当外加激励电流有效值 I_s 与电导 G 一定时,谐振时复导纳的模 y 最小,电压 U 最大。这是因为

$$U = \frac{I_s}{y}$$

(2)当发生并联谐振时,电阻电流等于电源电流;电感电流与电容电流大小相等而方向相反,它们之和为零;它们两端对外电路而言相当于开路。由于

$$\dot{I}_C = j\omega_0 C\dot{U} = j\omega_0 C\frac{I_s}{G} = jQ\dot{I}_s$$

$$\dot{I}_L = \frac{\dot{U}}{j\omega_0 L} = -j\frac{1}{\omega_0 LG}\dot{I}_s = -jQ\dot{I}_s$$

由上式可知,流经电容两端电流与电感两端电流大小相等,且等于电源电流的 Q 倍,二者的方向相反。其相量图如图 5-53 所示。上式中的 Q 称为并联谐振电路的品质因数,它是谐振时容纳(或感纳)与电导之比,即

$$Q = \frac{\omega_0 C}{G} = \frac{1}{\omega_0 GL} = \frac{1}{G}\sqrt{\frac{C}{L}}$$

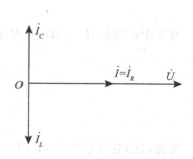

图 5-53　并联谐振相量图

（3）发生并联谐振时，虽然电源电流全部流过电阻支路，但并不是说电感与电容支路都没有电流。而在一定条件下则是相反，这两条支路的电流会远远大于电源电流。这一现象，在工程中应值得注意。

（4）电感从电路吸收的瞬时功率 $p_L = u i_L$，电容从电路吸收的瞬时功率 $p_c = u i_c$，由于 $i_L = -i_C$，所以 $p_L = -p_C$，$p_L + p_C = 0$。由此可见，从电感和电容总体来讲，任何时刻既不从外电路吸收能量，也不向外电路释放能量，它们的能量传递和转换只在 L 与 C 之间进行。可以证明，它们总的储能为

$$W(\omega_0) = W_L(\omega_0) + W_C(\omega_0) = L Q^2 I_s^2$$

5.13.3 电感线圈与电容的并联谐振

由于工程上常用的电感线圈总是有电阻的，它可以用电阻 R 和电感 L 的串联组合来模拟。电感线圈与电容并联的谐振电路，如图 5-54 所示，而不是像图 5-52 那样的理想情况。这个并联电路的复导纳为

$$Y = \frac{1}{R + j\omega L} + j\omega C = \frac{R}{R^2 + \omega^2 L^2} - j\left(\frac{\omega L}{R^2 + \omega^2 L^2} - \omega C\right)$$
$$= G_P - j(B_{LP} - B_c) = G_P - jB_P$$

其中，等效电导为

$$G_P = \frac{R}{R^2 + \omega^2 L^2}$$

等效感纳为

$$B_{LP} = \frac{\omega L}{R^2 + \omega^2 L^2} = \frac{1}{\omega L_P}$$

等效电感为

$$L_P = \frac{R^2 + \omega^2 L^2}{\omega^2 L}$$

与以上参数相对的电路如图 5-55 所示。当复导纳的虚部 B_P 为零就是电路发生并联谐振的条件，即

$$\frac{\omega L}{R^2 + \omega^2 L^2} - \omega C = 0$$

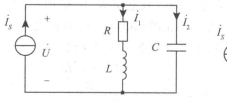

图 5-54 并联谐振电路

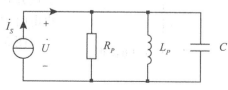

图 5-55 图 5-54 的等效电路

由上式解得谐振角频率

$$\omega_o = \frac{1}{\sqrt{LC}} \cdot \sqrt{1 - \frac{R^2 C}{L}} \tag{5-36}$$

相应的谐振频率为

$$f_o = \frac{1}{2\pi\sqrt{LC}} \cdot \sqrt{1 - \frac{R^2 C}{L}} \tag{5-37}$$

在电路元件参数一定的条件下,改变电源的频率能否达到谐振,要根据式(5-36)和式(5-37)中根号内的值是正的还是负的而定。如果 $R < \sqrt{\frac{L}{C}}$,则 ω_0 为实数,存在一个谐振角频率;如果 $R > \sqrt{\frac{L}{C}}$,则 ω_0 为虚数,电路不会发生谐振。

并联谐振时,由于复导纳的虚部为零,整个电路相当于一个电阻 R_P,其值为

$$R_P = \frac{R^2 + \omega_0^2 L^2}{R}$$

将式(5-36)代入上式得

$$R_P = \frac{L}{CR}$$

此时并联电路的端电压为

$$\dot{U}(\omega_0) = \dot{I}_s \cdot \frac{L}{CR}$$

各条支路电流分别为

$$\dot{I}_1(\omega_0) = \dot{U}(\omega_0) \cdot Y_1(j\omega_0) = \frac{L}{CR}\dot{I}_s \cdot |\ Y_1(j\omega_0)\ | \angle \varphi_1$$

$$\dot{I}_2(\omega_0) = \dot{U}(\omega_0) \cdot Y_2(j\omega_0) = \frac{L}{CR}\dot{I}_s \omega_0 C \Big/\!\!\!\angle \frac{\pi}{2}$$

如果设电流源相量为参考相量,即 $\dot{I}_s = I_s \angle 0°$,则谐振时的电流相量图如图 5-56 所示。

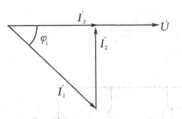

图 5-56　并联谐振电路的电流相量图

从相量图中可知 $|\ \varphi_1(\omega_0)\ | = \arctan\frac{\omega_0 L}{R}$,而电感线圈的电阻 R 往往比感抗 $\omega_0 L$ 小得多,故 φ_1 将会很大,使得两个支路电流 $\dot{I}_1$ 和 $\dot{I}_2$ 比总电流 $\dot{I}_s$ 要大得多,同时还会使并联电路的等效电阻 R_P 的值很大,当由电流源供电时,并联电路的端电压 U 会升得很高。

图 5-56 所示电路的品质因数为

$$Q = \frac{R_P}{\omega_0 L_P} = \frac{\dfrac{R^2 + \omega_0^2 L^2}{R}}{\dfrac{R^2 + \omega_0^2 L^2}{\omega_0 L}} = \frac{\omega_0 L}{R}$$

这与 R、L、C 串联电路的品质因数是一样的。

例5.14 一个电阻为10Ω的电感线圈,品质因数 $Q=100$,与电容器并联成谐振电路。如果再并上一只 100kΩ 的电阻,电路的品质因数为多少?

解 谐振时线圈的感抗

$$\omega_0 L = QR = 100 \times 10 = 1000\Omega$$

为了计算方便,将电路转换成图 5-53 的形式,其中

$$R_P = \frac{R^2 + \omega_0^2 L^2}{R} = \frac{10^2 + 1000^2}{10} \approx 100\text{k}\Omega$$

如果再并上一个 100kΩ 的电阻,则等效电阻

$$R'_P \approx \frac{100 \times 100}{100 + 100} = 50\text{k}\Omega$$

品质因数为

$$Q' = \frac{R'_P}{\omega_0 L} = \frac{50 \times 10^3}{1000} = 50$$

5.14 最大功率传输

5.14.1 最大功率传输的条件

在交流电路中,用电设备(负载)在什么条件下能获得最大功率,是电工技术要研究的问题。根据戴维南定理,这一问题可以归结为含源-端口网络向外电路(负载)传输最大功率的问题。其原理图如图 5-57 所示,$\dot{U}_0$ 是含源网络的开路电压,$Z_0 = R_0 + jX_0$ 为其等效阻抗。

当外电路接上 $Z_L = R_L + jX_L$ 的负载时,负载电流相量

$$\dot{I} = \frac{\dot{U}_0}{Z_0 + Z_L} = \frac{\dot{U}_0}{(R_0 + R_L) + j(X_0 + X_L)}$$

电流的有效值为

$$I = \frac{U_0}{\sqrt{(R_0 + R_L)^2 + (X_0 + X_L)^2}}$$

负载吸收的功率为

$$P_L = I^2 R_L = \frac{U_0^2 R_L}{(R_0 + R_L)^2 + (X_0 + X_L)^2}$$

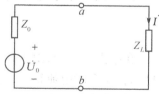

图 5-57 最大功率传输条件

由上式可知,P_L 为最大值的条件与 U_0、R_L、R_0、X_0、X_L 五个参数有关。一般情况下,U_0、R_0、X_0 认为是不变的,而 R_L 和 X_L 是可变的。下面按两种情况进行分析。

首先,令 R_L 不变,只改变 X_L。要使 P_L 有最大值,必须满足 $X_0 + X_L = 0$,即 $X_L = -X_0$ 时,P_2 将达到最大值。

$$P'_{L_{\max}} = \frac{U_0^2 R_L}{(R_0 + R_L)^2}$$

其次,令 R_L 和 X_L 都可以改变。这时由于有两个变量,获得最大功率的条件有两个,一是

$$\frac{\partial P_L(R_L \, , X_L)}{\partial X_L} = 0$$

由上式得

$$(X_0 + X_L) = 0, 即 X_L = -X_0$$

另一个条件是

$$\frac{\partial P_L(R_L \, , X_L)}{\partial R_L}\bigg|_{X_L = -X_0} = 0$$

由上式得

$$R_L = R_0$$

综合上述两个条件为

$$R_L + jX_L = R_0 - jX_0, 即 Z_L = Z_0^*$$

显然,这时负载复阻抗与电源的复阻抗成为共轭复数,所以将负载获得最大功率的条件称为共轭匹配。负载获得的最大功率

$$P_{L\max} = \frac{U_0^2}{4R_0}$$

5.14.2　传输效率

在共轭匹配时,能量的传输效率

$$\eta = \frac{I^2(R_L)}{I^2(R_0 + R_L)} = \frac{R_L}{R_0 + R_L} = 50\%$$

在电力工程中,由于共轭匹配状态下电路传输效率低,且电源的内部复阻抗很小,输电电压高,匹配时电流很大,会损坏电源和负载,故不允许在这种状态下工作。而在无线电工程中,传输信号的电压低、电流小,以损失部分能量为代价以求负载与信号源达成共轭匹配,使负载获得一个较强的信号。

例 5-15　在图 5-58(a)电路中,$R = 5\Omega, X_L = 5\Omega, X_C = 2\Omega, \dot{U}_s = -5\sqrt{2}\angle 45°V, \dot{I}_s = 2\angle 0°A$。$Z_1 = R_1 + jX_1$ 的实部和虚部可自由地改变。要使 Z_1 获得最大功率,试确定 R_1 与 X_1,并计算 $P_{1\max}$。

解　应用戴维南定理与最大功率传输原理分析。ab 两端开路后的电路如图 5-58(b)所示,开路电压可由叠加定理求得,即

$$\dot{U}_0 = \dot{U}_s + (R + jX_L)\dot{I}_s$$
$$= -5\sqrt{2}\angle 45° + (5 + j5) \times 2\angle 0°$$
$$= -5 - j5 + 10 + j10 = 5\sqrt{2}\angle 45° V$$

图 5-56(b)中电源置零后的输入阻抗为

$$Z_0 = R + jX_L = 5 + j5\Omega$$

当 $Z_1 = Z_0^* = 5 - j5\Omega$ 时，Z_1 获得最大功率

$$P_{1\max} = \frac{U_0^2}{4R_0} = \frac{(5\sqrt{2})^2}{4 \times 5} = 2.5\mathrm{W}$$

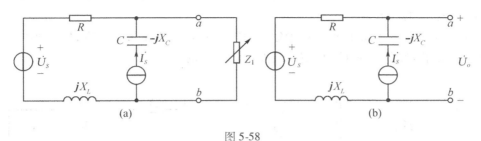

图 5-58

习　　题

5-1　将下列复数化为代数式：

（1）$0.8 \angle 30°$　　　　（2）$220\mathrm{e}^{j120°}$　　　　（3）$60 \angle 115°$

（4）$5 \angle -160°$　　　（5）$0.48\mathrm{e}^{-j150°}$　　　（6）$36 \angle -280°$

5-2　将下列复数化为指数式或极坐标式：

（1）$3 + j4$　　　　（2）$0.6 - j0.8$　　　（3）$-118 + j90$

（4）$-15 - j10$　　　（5）$-80 + j20$　　　（6）$6 - j80$

5-3　写出下列两组正弦量的相量，画出其相量图并求出每组电流与电压的相位差，说明超前（滞后）关系。

（1）$u = 220\sqrt{2}\sin(\omega t + 30°)\mathrm{V}, i = 5\sqrt{2}\sin(\omega t - 45°)\mathrm{A}$

（2）$u = 80\sqrt{2}\sin(\omega t - 60°)\mathrm{V}, i = 10\sqrt{2}\sin(\omega t + 90°)\mathrm{A}$

5-4　写出对应于下列各相量的正弦时间函数。

（1）$\dot{U}_1 = 30 + j40V, \dot{I}_1 = 60\mathrm{e}^{-j45°}\mathrm{A}$　　（2）$\dot{U}_2 = -10 + j8V, \dot{I}_2 = 5 \angle 40°\mathrm{A}$

5-5　用相量法求下列两正弦电流的和与差。

（1）$i_1 = 15\sqrt{2}\sin(\omega t + 30°)\mathrm{A}$，　　（2）$i_2 = 8\sqrt{2}\sin(\omega t - 55°)\mathrm{A}$

5-6　已知电感元件两端电压的初相位为 $40°$，$f = 50\mathrm{Hz}$，$t = 0.5\mathrm{s}$ 时的电压值为 $232\mathrm{V}$，电流的有效值为 $20\mathrm{A}$。试问电感值为多少？其最大的磁场能量是多少？

5-7　一电容 $C = 50\mathrm{pF}$，通过该电容的电流 $i = 20\sqrt{2}\sin(10^6 t + 30°)\mathrm{mA}$，求电容两端的电压，写出其瞬时值表达式。

5-8　有一个正弦电流，它的相量为 $\dot{I} = 5 + j6\mathrm{A}$，且 $f = 50\mathrm{Hz}$，求它在 $0.002\mathrm{s}$ 时的瞬时值。

5-9　设某高压电容器接于频率 $f = 50\mathrm{Hz}$ 的电网上，电网电压（对地电压）为 $5.77\mathrm{kV}$，初

相位为 40°,电流为 200mA。试求电容 C 的值和电容承受的最大电压。

5-10　设施加于电感元件的电压为 $u = 311\sin(314t + 30°)$ V, $L = 100$mH。求电流 $i(t)$ 和它的有效值 I。

5-11　在题 5-11 图所示正弦交流电路中,已知电流表 A、A_1、A_3 的读数分别为 5A、4A、8A,求电流表 A_2 的读数。

5-12　在题 5-12 图所示之正弦交流电路中,已知 $U_R = 20$V, $U_L = 15$V, $U_C = 30$V。以 $\dot{I}$ 为参考相量画出相量图(包括 $\dot{U}_R$、$\dot{U}_L$、$\dot{U}_C$ 及 $\dot{U}$),计算 U 的值。

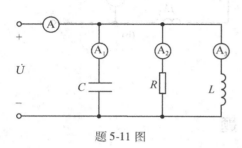
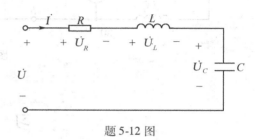

题 5-11 图　　　　　　　　　　　　　题 5-12 图

5-13　题 5-12 图所示正弦交流电路,如果 $U_R = 15$V, $U_L = 80$V, $U_C = 100$V;电流 $I = 2$A,电源频率为 50Hz。求 R、L、C 的值。

5-14　有一个线圈,其电阻 $R = 3\Omega$,电感 $L = 10$mH,与一个电容 $C = 2000\mu$F 的电容器串联,所加电压 $u(t) = 20\sqrt{2}\sin 314t$ V。问串联电路的复阻抗为多少? 求串联电路电流的瞬时值。

5-15　R、L、C 串联后接到正弦电压源,正弦电压源的电压相量 $\dot{U}_S = 50\angle 0°$ V,其角频率 $\omega = 1000$rad/s。试求在下列几种情况下该串联电路的复阻抗 Z 和电流 $\dot{I}$ 以及 $\dot{U}_S$ 与 $\dot{I}$ 的相位差。

(1) $R = 10\Omega$, $L = 0.01$H, $C = 5 \times 10^{-5}$F　　(2) $R = 10\Omega$, $L = 0$, $C = 5 \times 10^{-5}$F

(3) $R = 0$, $L = 0.01$H, $C = 5 \times 10^{-5}$F

5-16　R、L、C 并联后接到正弦电流源,正弦电流源的电流相量 $\dot{I}_s = 10\angle 0°$ A,其角频率 $\omega = 1000$rad/s。试求在下列几种情况下该并联电路的复导纳 Y 和并联电路的电压 $\dot{U}$。

(1) $R = 10\Omega$, $L = 0.01$H, $C = 5 \times 10^{-5}$F　　(2) $R = 10\Omega$, $L = 0$, $C = 10^{-4}$F

(3) $R = 10\Omega$, $L = 0.01$H, $C = 10^{-4}$F

5-17　复阻抗 $Z_1 = (1 + j1)\Omega$ 与 $Z_2 = (3 - j1)\Omega$ 并联后与 $Z_3 = (1 - j0.5)\Omega$ 串联,求整个电路的复阻抗;若流过 Z_3 的电流 $\dot{I}_3 = 1\angle 30°$ A,求流过 Z_1、Z_2 的电流 $\dot{I}_1$ 及 $\dot{I}_2$。

5-18　在题 5-18 图所示之电路中, $\dot{U} = 220\angle 0°$ V,试求在下列两种情况下电路的电流 $\dot{I}$、平均功率 P、无功功率 Q 及视在功率 S。

(1) $Z = 80 + j60\Omega$　　　(2) $Z = 30 - j40\Omega$

5-19　题 5-19 图所示网络,已知 $\dot{U} = 220\angle 0°$, $R_1 = 100\Omega$, $R_2 = 50\Omega$, $X_L = 200\Omega$, $X_C = 400\Omega$,求该二端网络的功率因数,有功功率和无功功率。

5-20　三个负载并联接至 220V 正弦交流电源,取用的功率和电流分别为 $P_1 =$

4.4kW，$I_1 = 44.7\text{A}$(感性)；$P_2 = 8.8\text{kW}$，$I_2 = 50\text{A}$(感性)；$P_3 = 6.6\text{kW}$，$I_3 = 66\text{A}$(容性)。求各负载的功率因数、电源供出的总电流 I 及整个电路的功率因数。

5-21　题 5-21 图所示是一个 RC 移相电路，以电容器端电压 $\dot{U}_2$ 作为输出电压时，它在相位上比输入电压 $\dot{U}_1$ 移动了一个相位角。已知 $C = 0.01\mu\text{F}$，$R = 5.1\text{k}\Omega$，$\dot{U}_1 = 10 \angle 0° \text{ V}$，$f = 1000\text{Hz}$。试求输出端开路电压 $\dot{U}_2$。

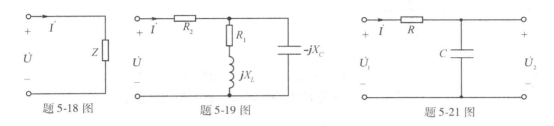

题 5-18 图　　　　　　题 5-19 图　　　　　　题 5-21 图

5-22　一个 1.7kW 的异步电动机，用串联电抗器的方法来限制起动电流，如题 5-22 图所示。已知电源电压 $U = 127\text{V}$，$f = 50\text{Hz}$，要求起动电流限制为 16A，并知电动机起动时的电阻 $R_2 = 1.9\Omega$，电抗 $X_2 = 3.4\Omega$。问起动电抗器的电抗 X_1 应是多大？其电感 L_1 是多少？

5-23　在题 5-23 图所示正弦交流电路中，$\dot{U}_{s1} = 220 \angle 0°$，$\dot{U}_{s2} = 220 \angle -20° \text{ V}$，$Z_1 = 1 + j2\Omega$，$Z_2 = 0.8 + j2.8\Omega$，$Z = 40 + j30\Omega$。试用支路电流法求各支路电流 $\dot{I}_1$、$\dot{I}_2$、$\dot{I}$ 及电压 $\dot{U}$。

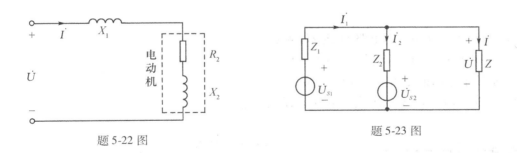

题 5-22 图　　　　　　　　　　题 5-23 图

5-24　试用网孔电流法求解题 5-23 图电路。

5-25　试用节点电压法求解题 5-23 图电路。

5-26　为了测量某线圈的电阻 R 和电感 L，可以用题 5-26 图电路来进行。如果外加电源的频率为 50Hz，电压表的读数为 100V，电流表的读数为 2A，功率表的读数为 60W。各电表的内阻对测量的影响均忽略不计，求 R 及 L。

5-27　在题 5-27 图所示之电路中，已知电压的有效值 $U = U_L = U_C = 200\text{V}$，$\omega = 1000\text{rad/s}$，$L = 0.4\text{H}$，$C = 5\mu\text{F}$，求各支路电流及 Z。

5-28　在题 5-28 图所示之电路中，总电压有效值 $U = 380\text{V}$，$f = 50\text{Hz}$，选取 C 使 S 断开与闭合时电流表的读数不变，且知其值为 0.5A，求 L。

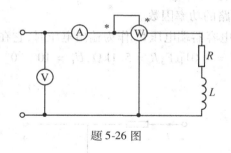

题 5-26 图

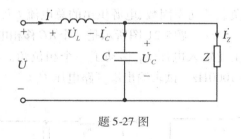

题 5-27 图

5-29　题 5-29 图所示电路,已知 $\dot{U} = 220 \angle 30°$ V,角频率 $\omega = 250\text{rad/s}, R = 110\Omega,$ $C_1 = 20\mu\text{F}, C_2 = 80\mu\text{F}, L = 1\text{H}$。求该电路的入端复阻抗和各电流表的读数。

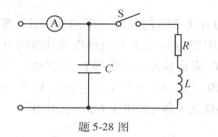

题 5-28 图

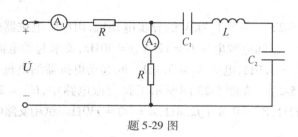

题 5-29 图

5-30　求题 5-30 图所示电路的谐振角频率 ω。

5-31　在题 5-31 图所示电路中,$R = 100\Omega, L = 1\text{H}, C = 100\mu\text{F}$。

(1) 求该电路的谐振角频率及谐振频率;

(2) 若 $\dot{U} = 10 \angle 0°$ V,求谐振时的 $\dot{I}, \dot{I}_L, \dot{I}_C$ 及 $\dot{U}_C$。

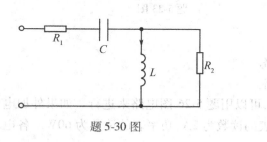

题 5-30 图

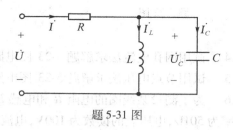

题 5-31 图

5-32　一个电感为 0.25mH、电阻为 25Ω 的线圈与 85pF 的电容并联。试求该电路谐振时的频率及谐振时的阻抗。

5-33　在题 5-33 图所示电路中,已知电流表 A、A_1 的读数分别为 4A、5A,电压表 V 的读数为 100V,电源角频率 $\omega = 10\text{rad/s}$,且输入电压 u 与输入电流 i 同相。试确定电流表 A_2 的读数及元件 R、L、C 的参数值。

5-34　在题5-34图所示电路中,当R改变时电流有效值I保持不变,问L和C应满足什么样的关系?

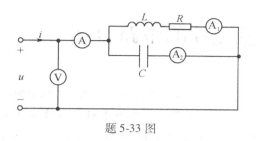

题 5-33 图

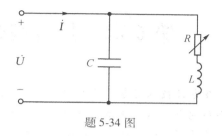

题 5-34 图

5-35　电路如题5-35图所示,求负载在下列情况下所获得的有功功率:

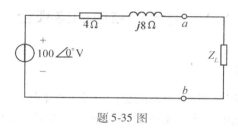

题 5-35 图

(1)$Z_L = 4\Omega$;

(2)$Z_L = 4 + j8\Omega$;

(3)$Z_L = 4 - j8\Omega$。

第6章 具有耦合电感元件的电路分析

在电工技术与电子技术中,广泛利用磁耦合原理来实现能量或信号的传输,根据不同的需要而制成空心变压器、铁心变压器,电流互感器、电压互感器等设备或器件。本章主要介绍这类具有耦合电感元件电路的基本原理和分析方法。主要内容有:互感的基本原理,耦合线圈的同名端,耦合系数,具有互感的电路计算,空心变压器,理想变压器,实际变压器的电路模型。

6.1 交流电路中的磁耦合

6.1.1 磁耦合线圈

一个匝数为 N 匝的载流线圈,当流入的交变电流 i 产生的磁通 ϕ 与线圈相交链,其磁通链(简称磁链)$\psi = N\phi$,根据电磁感应定律可以得到线圈的端电压与电流的关系式,有

$$u = \frac{\mathrm{d}\psi}{\mathrm{d}t} = \frac{\mathrm{d}(N\phi)}{\mathrm{d}t} = L\frac{\mathrm{d}i}{\mathrm{d}t} \tag{6-1}$$

由于磁通 ϕ 是由线圈自身的电流 i 产生的,故称之为自感磁通,因自感磁通的变化而感应的电压 u 称为自感电压。

在交流电路中,如果有两个或两个以上的线圈,当其中某一线圈流入交流电流,此电流产生的磁通不仅在本线圈中感应自感电压,它的交变磁通与邻近线圈相交链时,还会使相邻线圈感应互感电压,这一现象称为两个线圈之间有磁耦合。

图 6-1(a)所示的两个彼此邻近的线圈 1 和线圈 2,它们的匝数分别为 N_1 和 N_2,当线圈 1 流入交变电流 i_1 产生的交变磁通为 ϕ_{11},ϕ_{11} 与线圈 1 相交链的磁链为 ψ_{11},ψ_{11} 称为线圈 1 的自感磁链。根据自感的定义,应有

$$L_1 = \frac{\psi_{11}}{i_1} = \frac{N_1\phi_{11}}{i_1} \tag{6-2}$$

类似地,线圈 2 中流入交变电流 i_2 产生的交变磁通为 ϕ_{22},ϕ_{22} 与线圈 2 交链的磁链为 ψ_{22},ψ_{22} 称为线圈 2 的自感磁链,线圈 2 的自感为

$$L_2 = \frac{\psi_{22}}{i_2} = \frac{N_2\phi_{22}}{i_2} \tag{6-3}$$

由于线圈 2 与线圈 1 相邻,磁通 ϕ_{11} 中的一部分穿过了线圈 2,令此部分磁通为 ϕ_{21},称它为互感磁通,它与线圈 2 相交链,称为互感磁链 ψ_{21}。ψ_{21} 与 i_1 成正比,比例系数用 M_{21} 表示,即

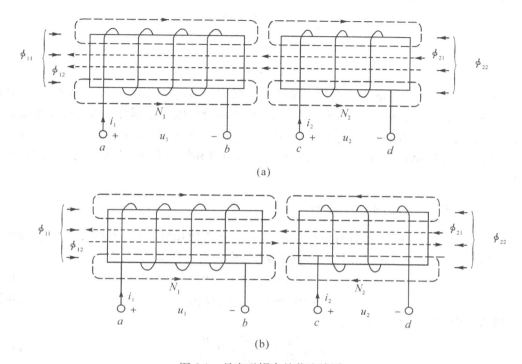

图 6-1 具有磁耦合的载流线圈

$$M_{21} = \frac{\psi_{21}}{i_1} = \frac{N_2 \phi_{21}}{i_1} \tag{6-4}$$

M_{21} 称为线圈 2 与线圈 1 的互感系数,简称互感。

类似地,线圈 2 流入的电流 i_2 产生的磁通 ϕ_{22} 中的一部分 ϕ_{12} 会穿过线圈 1,它与线圈 1 相交链构成互感磁链 ψ_{12}、ψ_{12} 与 i_2 成正比,比例系数用 M_{12} 表示,即

$$M_{12} = \frac{\psi_{12}}{i_2} = \frac{N_1 \phi_{12}}{i_2} \tag{6-5}$$

M_{12} 称为线圈 1 与线圈 2 的互感系数。当两个线圈的位置相对固定时,可以证明 M_{12} 与 M_{21} 是相等的,并用 M 表示。互感 M 是磁耦合线圈的一个物理参数,恒为正值,单位为亨利 (H)。

6.1.2 耦合系数

为了衡量两个线圈之间磁耦合的强弱程度,特别定义了一个耦合系数。在图 6-1(a)所示电路中,两个线圈由电流产生的互感磁通与自感磁通的比例系数分别为

$$k_1 = \frac{\phi_{21}}{\phi_{11}} , k_2 = \frac{\phi_{12}}{\phi_{22}}$$

则有

$$k_1 k_2 = \frac{\phi_{21}}{\phi_{11}} \cdot \frac{\phi_{12}}{\phi_{22}}$$

令 $k_1 k_2 = k^2$,将式(6-2)~式(6-5)的关系代入上式,整理后得

$$k^2 = \frac{M_{21}}{L_1} \cdot \frac{M_{12}}{L_2} = \frac{M^2}{L_1 L_2}$$

故有

$$k = \frac{M}{\sqrt{L_1 L_2}}$$

k 称为两个耦合线圈的耦合系数。在通常情况下, $0 \leqslant k_1 \leqslant 1, 0 \leqslant k_2 \leqslant 1$,故有 $0 \leqslant k \leqslant 1$ 。当 $\phi_{21} = \phi_{11}$ 、 $\phi_{12} = \phi_{22}$ 时, $k_1 = k_2 = 1$,此时 $k = 1$,称这种耦合程度为全耦合。本章后面介绍的理想变压器就是全耦合线圈。当 $\phi_{21} = 0$ 、 $\phi_{12} = 0$ 时, $k_1 = k_2 = 0$,此时 $k = 0$,称这种耦合程度为无耦合。两线圈之间耦合系数的大小,与它们的相对位置和结构有关,还与它们之间的磁介质有关。

6.1.3　耦合线圈的电压方程

对于图 6-1(a)、(b)所示具有磁耦合的两组线圈,它们的线圈 1、线圈 2 的磁链分别为 ψ_1 、 ψ_2 ,当 ψ_1 、 ψ_2 的参考方向分别与 i_1 、 i_2 的参考方向符合右螺旋法则,有

$$\psi_1 = \psi_{11} \pm \psi_{12} = L_1 i_1 \pm M i_2 \tag{6-6}$$

$$\psi_2 = \pm \psi_{21} + \psi_{22} = \pm M i_1 + L_2 i_2 \tag{6-7}$$

则两个线圈的电压可表示为

$$u_1 = \frac{\mathrm{d}\psi_1}{\mathrm{d}t} = L_1 \frac{\mathrm{d}i_1}{\mathrm{d}t} \pm M \frac{\mathrm{d}i_2}{\mathrm{d}t} \tag{6-8}$$

$$u_2 = \frac{\mathrm{d}\psi_2}{\mathrm{d}t} = \pm M \frac{\mathrm{d}i_1}{\mathrm{d}t} + L_2 \frac{\mathrm{d}i_2}{\mathrm{d}t} \tag{6-9}$$

上述两个方程,用相量表示,有

$$\dot{U}_1 = j\omega L_1 \dot{I}_1 \pm j\omega M \dot{I}_2 \tag{6-10}$$

$$\dot{U}_2 = \pm j\omega M \dot{I}_1 + j\omega L_2 \dot{I}_2 \tag{6-11}$$

式(6-8)和式(6-9)中, $L_1 \frac{\mathrm{d}i_1}{\mathrm{d}t}$ 和 $L_2 \frac{\mathrm{d}i_2}{\mathrm{d}t}$ 分别是线圈 1 与线圈 2 的自感电压,都为正值,因为电压 u_1 、 u_2 分别与电流 i_1 、 i_2 的参考方向相关联;而 $M \frac{\mathrm{d}i_2}{\mathrm{d}t}$ 和 $M \frac{\mathrm{d}i_1}{\mathrm{d}t}$ 分别是线圈 1 与线圈 2 的互感电压,它们可能为正,也可能为负,这取决于线圈导线的绕向以及电流的参考方向,或者说取决于这个线圈中的自感磁链与互感磁链的方向是一致的还是相反的。当自感磁链与互感磁链的方向一致时,表明此线圈中心磁链是相互增强的,互感电压为正,如图 6-1(a)所示;否则取负,如图 6-1(b)所示。

6.1.4　互感的同名端

为了确定互感电压的正负号,应该知道线圈中导线的绕向,而在工程中为了安全,线圈绕完线之后要加包绝缘层将导线密封起来,所以导线的绕向是看不见的。在电工技术中,采用对线圈的引出端钮标记符号代替导线的绕向,这种标记有相同符号(用"＊"、"·"等标示)的端钮称为互感的同名端。

标记同名端的规则是，当电流分别从两线圈的各自一个端钮上流进(或者流出)，如果线圈的自感磁链和互感磁链是相互增强的，这两个端钮就是同名端。例如在图 6-1(a)中，端钮 a 与 c 就是同名端，当然端钮 b 与 d 也是同名端。在图 6-1(b)中，端钮 a 与 d 是同名端。当标记同名端之后，磁耦合线圈就不再画绕向了，例如图 6-1(a)、(b)就可另外画成图 6-2(a)、(b)的形式；它的相量模型如图 6-2(c)、(d)所示。

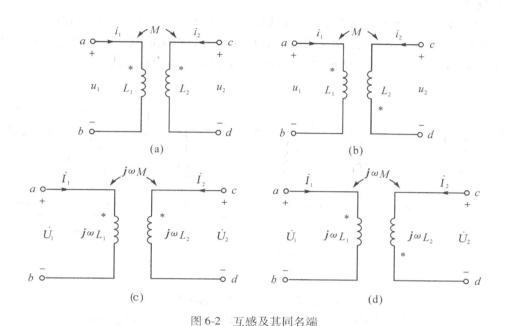

图 6-2 互感及其同名端

在图 6-2(a)所示的电路中，当标明线圈的同名端之后，就存在这样一个关系：电压 u_1 选定同名端为"+"时，当电流 i_2 也从同名端流入，则 i_2 在线圈 1 中产生的互感电压取"正"值。即有

$$u_1 = L_1 \frac{\mathrm{d}i_1}{\mathrm{d}t} + M \frac{\mathrm{d}i_2}{\mathrm{d}t}$$

根据这一原则，在图 6-2(b)中，应有

$$u_1 = L_1 \frac{\mathrm{d}i_1}{\mathrm{d}t} - M \frac{\mathrm{d}i_2}{\mathrm{d}t}$$

例 6-1 有两个未知导线绕向的磁耦合线圈，如图 6-3(a)所示，试用实验的方法确定它们的同名端。

解法一 直流测试法

在线圈 a—b 端钮间串联一个开关 S 和一直流电压源 U_s；在线圈 c—d 端串入一个直流电压表，如图 6-3(b)所示。在闭合开关 S 的瞬间，观察电压表指针的偏转方向，如果电压表指针发生正偏转，则接电压表的"+"极一端 c 与电源的"+"极端 a 为同名端；如果电压表指针反偏转，则这两端为异名端。这是因为电压表的端电压为

$$u_{cd} = \pm M \frac{\mathrm{d}i_1}{\mathrm{d}t}$$

在 S 闭合瞬间，$\frac{\mathrm{d}i_1}{\mathrm{d}t} > 0$，当端钮 a、c 为同名端时，互感电压 u_{cd} 应取"+"号，即 $u_{cd} > 0$，此时电压表正偏转。

解法二 交流测试法

把两个线圈按图 6-3(c) 串联接线，在线圈的匝数较多的(自感较大)端钮(假定是 a、b 端钮)接入交流电压 $\dot{U}_s$，在端钮 a、c 接入交流电压表。如果交流电压表的读数 $U > U_s$，则端钮 a、d 是同名端；如果 $U < U_s$，则它们是异名端。这是因为，按上述接线，有

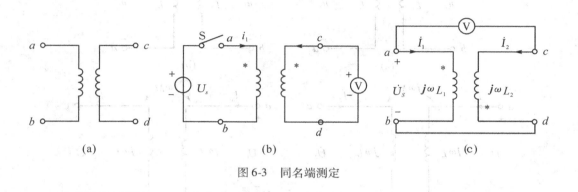

图 6-3 同名端测定

$$\dot{U}_s = j\omega L_1 \dot{I}_1, \quad \dot{U} = j\omega L_1 \dot{I}_1 \pm j\omega M \dot{I}_1$$

如果端钮 a、d 是同名端时，互感电压 $\dot{U}_{dc} = j\omega M \dot{I}_1$，此时：$\dot{U} = \dot{U}_s + \dot{U}_{dc} = j\omega L_1 \dot{I}_1 + j\omega M \dot{I}_1$。显然电压的读数 U(有效值)大于电源电压 U_s(有效值)。

6.2 具有耦合电感元件电路的计算

6.2.1 两耦合线圈串联

两个耦合线圈串联，由于存在同名端的问题，和纯电感的串联不一样，可分为两种串联形式，即顺接串联和反接串联。

图 6-4(a) 所示的联接方式，称为耦合线圈的顺接串联，其特点是将它们的异名端相联，电流从两线圈的同名端流入。串联后的电压方程为

$$\dot{U} = \dot{U}_1 + \dot{U}_2 = R_1 \dot{I} + j\omega L_1 \dot{I} + j\omega M \dot{I} + R_2 \dot{I} + j\omega L_2 \dot{I} + j\omega M \dot{I}$$

$$= (R_1 + R_2)\dot{I} + j\omega(L_1 + L_2 + 2M)\dot{I}$$

$$= R_{eq}\dot{I} + j\omega L_{eq}\dot{I}$$

其中，$R_{eq} = R_1 + R_2$ 为串联等效电阻，$L_{eq} = L_1 + L_2 + 2M$ 为顺接等效电感。

图 6-4(b) 所示的联接方式，就是耦合线圈的反接串联，特点是将它们的同名端相联，电流从一个线圈的同名端流入，从另一个线圈的同名端流出。其串联后的电压方程为

$$\dot{U} = \dot{U}_1 + \dot{U}_2 = R_1\dot{I} + j\omega M\dot{I} - j\omega M\dot{I} + R_2\dot{I} + j\omega L_2\dot{I} - j\omega M\dot{I}$$

$$= (R_1 + R_2)\dot{I} + j\omega(L_1 + L_2 - 2M)\dot{I}$$

$$= R_{eq}\dot{I} + j\omega L'_{eq}\dot{I}$$

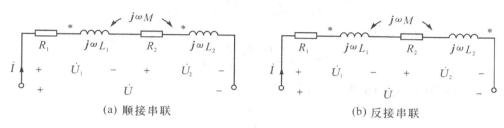

(a) 顺接串联   (b) 反接串联

图 6-4 两耦合线圈串联

其中，$R_{eq} = R_1 + R_2$ 为串联等效电阻，$L'_{eq} = L_1 + L_2 - 2M$ 为反接等效电感。

从以上分析可以得出一个结论：两个线圈顺接串联的等效电感大于它们反接串联的等效电感。其原因是线圈顺接串联时，线圈的自感磁链和互感磁链是相互增强的；而反接串联的线圈，其自感磁链与互感磁链是相互减弱的。由以上分析，还可以得出一个计算互感系数 M 的方法。因为

$$L_{eq} - L'_{eq} = L_1 + L_2 + 2M - (L_1 + L_2 - 2M) = 4M$$

即可得到

$$M = \frac{L_{eq} - L'_{eq}}{4}$$

6.2.2 两耦合线圈并联

两个耦合线圈并联，同样也有两种形式，一种是同侧并联，另一种是异侧并联。

图 6-5(a)所示的并联方式，称为同侧并联，也就是把它们的同名端并在同一侧。

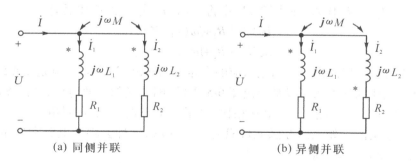

(a) 同侧并联   (b) 异侧并联

图 6-5 两耦合线圈并联

该电路的两条支路电压方程为

$$\dot{U} = (R_1 + j\omega L_1)\dot{I}_1 + j\omega M\dot{I}_2 = Z_1\dot{I}_1 + Z_M\dot{I}_2 \qquad (6\text{-}12)$$

$$\dot{U} = (R_2 + j\omega L_2)\dot{I}_2 + j\omega M\dot{I}_1 = Z_2\dot{I}_2 + Z_M\dot{I}_1 \tag{6-13}$$

式中，$Z_1 = R_1 + j\omega L_1$ 是线圈 1 的复阻抗，$Z_2 = R_2 + j\omega L_2$ 是线圈 2 的复阻抗，$Z_M = j\omega M = jX_M$ 是互感阻抗。求解上述方程，可求得两线圈的电流。有

$$\dot{I}_1 = \frac{\dot{U}(Z_2 - Z_M)}{Z_1 Z_2 - Z_M^2}, \quad \dot{I}_2 = \frac{\dot{U}(Z_1 - Z_M)}{Z_1 Z_2 - Z_M^2}$$

并联电路的总电流为

$$\dot{I} = \dot{I}_1 + \dot{I}_2 = \frac{\dot{U}(Z_1 + Z_2 - 2Z_M)}{Z_1 Z_2 - Z_M^2}$$

设并联电路的入端阻抗为 Z_e，则有

$$Z_e = \frac{\dot{U}}{\dot{I}} = \frac{Z_1 Z_2 - Z_M^2}{Z_1 + Z_2 - 2Z_M}$$

在特殊情况下，当 $R_1 = R_2 = 0$ 时，电路为两个线电感线圈并联，其入端阻抗为

$$Z_e = j\omega \frac{L_1 L_2 - M^2}{L_1 + L_2 - 2M}$$

此时，并联电路对外等效于一个电感 L_e。即

$$L_e = \frac{L_1 L_2 - M^2}{L_1 + L_2 - 2M}$$

图 6-5（b）所示的并联方式，称为异侧并联，也就是把它们的异名端并联在同一侧。其两条支路的电压方程为

$$\dot{U} = (R_1 + j\omega L_1)\dot{I}_1 - j\omega M\dot{I}_2 = Z_1\dot{I}_1 - Z_M\dot{I}_2$$
$$\dot{U} = (R_2 + j\omega L_2)\dot{I}_2 - j\omega M\dot{I}_1 = Z_2\dot{I}_2 - Z_M\dot{I}_1$$

与同侧并联电路的计算步骤一样，可以推导出各支路电流和入端阻抗等物理量，其结果是把同侧并联的相应表达式中的 Z_M、M 前的"+"、"−"符号反号，而 Z_M^2、M^2 前的符号不变。

6.2.3　耦合线圈并联的去耦电路

对于图 6-5（a）所示的耦合线圈同侧并联电路，可以用一个无耦合等效电路替代它。在式（6-12）中，将 $\dot{I}_2 = \dot{I} - \dot{I}_1$ 代入，在式（7-13）中将 $\dot{I}_1 = \dot{I} - \dot{I}_2$ 代入，经简化后有

$$\dot{U} = j\omega M\dot{I} + [R_1 + j\omega(L_1 - M)]\dot{I}_1$$
$$\dot{U} = j\omega M\dot{I} + [R_2 + j\omega(L_2 - M)]\dot{I}_2$$

按照以上方程可以画出一个与之对应的电路如图 6-6（a）所示，它就是图 6-5（a）的去耦合等效电路。用相同的方法可以推导出图 6-5（b）异侧并联的等效电路，如图 6-6（b）所示。但必须说明，去耦合等效电路与原电路相比，多了一个节点，该节点对电源"−"端的电压在原电路中是无意义的。如果两互感元件只有一端并联，这种去耦合电路和也是适用的，当然，对应的电路也是一端并联。

图 6-5（a）、（b）所表示的耦合线圈并联电路，还可以用含有电流控制电压源的电路去等效，如图 6-6（c）、（d）所示。不难看出，等效电路的 KVL 方程和原电路是完全一样的。串联的耦合线圈，也可以用这种方法画出等效去耦电路。

例 6-2　图 6-7（a）所示电路，已知 $R_1 = 10\Omega$，$R_2 = 50\Omega$，$\omega L_1 = 30\Omega$，$\omega L_2 = 90\Omega$，$\omega M = 50\Omega$，

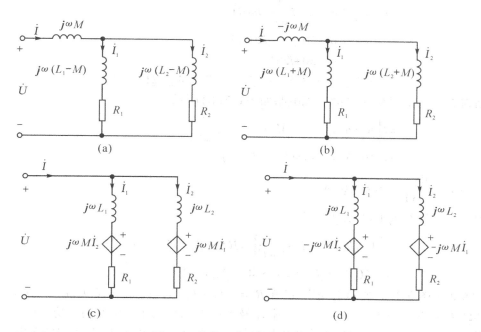

图 6-6 并联互感元件的去耦电路

$\dfrac{1}{\omega C}=20\,\Omega$, $\dot U_s=240\;\underline{/0^\circ}\;\text{V}$ 。求开路电压 $\dot U_2$ 。

解法一 由于 $\dot U_2$ 端为开路,故对于电路左边网孔列 KVL 方程,有

$$\dot U_s = \dot I\left[R_1+R_2+j\omega(L_1+L_2-2M)-j\frac{1}{\omega C}\right] = \dot I\left[10+50+j(30+90-2\times50)-j20\right]$$

解得 $\dot I = \dfrac{240\;\underline{/0^\circ}}{60}=4\;\underline{/0^\circ}\;\text{A}$ 。

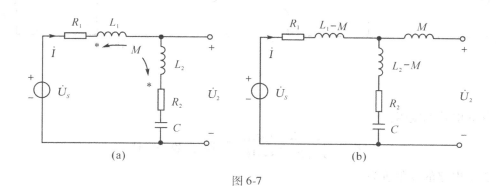

图 6-7

对于右边网孔,列 KVL 方程得

$$\dot{U}_2 = \dot{I}\left(R_2 + j\omega L_2 - j\frac{1}{\omega C} - j\omega M\right)$$

$$= 4 \underline{/0°}(50 + j90 - j20 - j50)$$

$$= 4 \underline{/0°}(50 + j20)$$

$$= 4 \underline{/0°} \times 53.85 \underline{/21.8°} = 215.4 \underline{/21.8°} \text{ V}$$

解法二　画出图 6-7(a)的去耦电路如图 6-7(b)所示。

$$\dot{U}_s = \dot{I}\left[R_1 + R_2 + j\omega(L_1 - M + L_2 - M) - j\frac{1}{\omega C}\right]$$

$$= \dot{I}[10 + 50 + j(30 + 90 - 2 \times 50) - j20]$$

解得 $\dot{I} = \dfrac{240 \underline{/0°}}{60} = 4 \underline{/0°} \text{ A}$。

对于右边网孔列 KVL 方程,有

$$\dot{U}_2 = \dot{I}\left[R_2 + j\omega(L_2 - M) - j\frac{1}{\omega C}\right] = \dot{I}(50 + j90 - j50 - j20)$$

$$= 4 \underline{/0°}(50 + j20) = 215.4 \underline{/21.8°} \text{ V}$$

例 6-3　图 6-8(a)所示电路中,已知 $R_1 = 12\Omega, \omega L_1 = 12\Omega, \omega L_2 = 10\Omega, \omega M = 6\Omega, R_3 = 8\Omega$, $\omega L_3 = 6\Omega, \dot{U} = 120 \underline{/0°}(\text{V})$。求:(1)电流 $\dot{I}_1$ 及电压 $\dot{U}_{AB}$、$\dot{U}_{BC}$;(2)电路的有功功率。

解　(1)画图 6-8(a)电路的去耦电路如图 6-8(b)所示。电流 $\dot{I}_2$、$\dot{I}_3$ 支路的复阻抗

$$Z_2 = j\omega(L_2 + M) = j10 + j6 = j16\Omega$$

$$Z_3 = R_3 + j\omega(L_3 - M) = 8 + j6 - j6 = 8\Omega$$

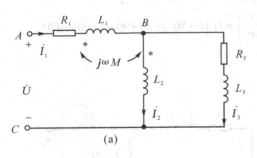 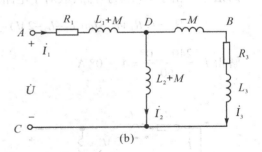

图 6-8

并联电路的复阻抗

$$Z_{DC} = \frac{Z_2 \cdot Z_3}{Z_2 + Z_3} = \frac{8 \times j16}{8 + j16} = 7.15 \underline{/26.6°} \ \Omega$$

整个电路的复阻抗为

$$Z_{AC} = R_1 + j\omega(L_1 + M) + Z_{DC} = 12 + j18 + 7.15 \underline{/26.6°} = 28.1 \underline{/49°} \ \Omega$$

电流 $\dot{I}_1$ 及电压 $\dot{U}_{AB}$、$\dot{U}_{BC}$ 为

$$\dot{I}_1 = \frac{\dot{U}}{Z_{AC}} = \frac{120\angle 0°}{28.1\angle 49°} = 4.27\angle -49°\ \text{A}$$

$$\dot{I}_3 = \frac{Z_2}{Z_2+Z_3}\dot{I}_1 = 3.82\angle -22.4°\ \text{A}$$

$$\dot{U}_{AB} = [R_1+j\omega(L_1+M)]\dot{I}_1 - j\omega M\dot{I}_3 = 83.26\angle -6.5°\ \text{V}$$

$$\dot{U}_{BC} = (R_3+j\omega L_3)\dot{I}_3 = 38.2\angle 14.37°\ \text{V}$$

（2）电路的有功功率为

$$P = UI_1\cos\varphi = 120\times4.27\times\cos(-49°) = 336.2\text{W}$$

6.3 空心变压器

变压器是利用互感来完成电路中能量或信号传递任务的器件，它具有变换电压、变换电流和变换阻抗的作用，在工程中有着广泛的应用。变压器由两个或两个以上的具有磁耦合的线圈（也称为绕组）组成，接向电源端的线圈称为变压器的原边（或初级），接向负载端的线圈称为变压器的副边（或次级）。这些线圈有的绕在铁磁材料上，称为铁心变压器，其耦合系数大，适合用于电能传输；也有的绕在非铁磁材料上，称为空心变压器，其耦合系数较小，主要应用于电子、通讯及自动化工程的高频电路。

6.3.1 空心变压器的原边等效电路

一个最简单的双绕组空心变压器如图 6-9（a）所示，它的等效电路如图 6-9（b）。设原边复阻抗：$R_1+j\omega L_1 = Z_{11}$，副边复阻抗：$R_2+j\omega L_2+R_L+jX_L = Z_{22}+jX_{22} = Z_{22}$，互感复阻抗 $j\omega M = jX_M = Z_M$。列出原边回路和副边回路的 KVL 方程，有

$$\left.\begin{array}{l}Z_{11}\dot{I}_1+Z_M\dot{I}_2 = \dot{U}_1\\ Z_M\dot{I}_1+Z_{22}\dot{I}_2 = 0\end{array}\right\}\tag{6-14}$$

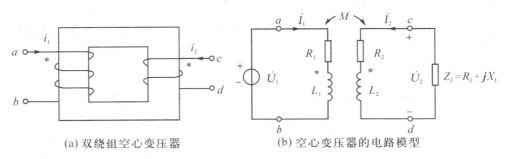

(a) 双绕组空心变压器　　(b) 空心变压器的电路模型

图 6-9　变压器及其电路模型

求解以上方程，可得

$$\dot{I}_1 = \frac{\dot{U}_1}{Z_{11}+\dfrac{(\omega M)^2}{Z_{22}}}\tag{6-15}$$

$$\dot{I}_2 = \frac{-\dfrac{Z_M}{Z_{11}}\dot{U}_1}{Z_{22}+\dfrac{(\omega M)^2}{Z_{11}}} = \frac{-\dfrac{Z_M}{Z_{11}}\dot{U}_1}{\dfrac{(\omega M)^2}{Z_{11}}+Z_2+Z_L} \tag{6-16}$$

式中，$Z_2 = R_2 + j\omega L_2$。

根据式(6-15)，可以作出一个与之对应的电路，称为空心变压器的原边等效电路，如图6-10(a)所示。其中令

$$Z'_{11} = \frac{(\omega M)^2}{Z_{22}} = \frac{X_M^2}{R_{22}^2+X_{22}^2}R_{22} - j\frac{X_M^2}{R_{22}^2+X_{22}^2}X_{22} = R'+jX'$$

且有

$$R' = \frac{X_M^2}{R_{22}^2+X_{22}^2}R_{22}, X' = -\frac{X_M^2}{R_{22}^2+X_{22}^2}X_{22}$$

称 Z'_{11} 为反射阻抗，它反映了副边绕组及负载对原边的影响。其实部 R' 是反射电阻，它总为正值，它表示副边回路电阻 R_{22} 反射到原边后，仍然是电阻，但数值发生了改变，它吸收的功率就是原边向副边传递的功率；其虚部 X' 是反射电抗，表示副边回路电抗 X_{22} 反射到原边后，不仅数值发生了变化，而且性质也发生了变化，由于 X' 前面为负号，表示它与副边阻抗的性质相反。如果副边 X_{22} 为感性时，反射到原边则变为容性；使原边等值电路的总阻抗减少，这时副边线圈的电流对原边线圈起去磁作用；X_{22} 为容性时，反射到原边为感性。使原边等值电路的总阻抗增大，副边线圈的电流对原边线圈起增磁作用。令 $k_2 = \dfrac{X_M^2}{R_{22}^2+X_{22}^2}$，$k_2$ 为反射系数。

6.3.2 空心变压器的副边等效电路

根据式(6-16)可以作出一个与之对应的电路，就是空心变压器的副边等效电路，如图6-10(b)所示。其中，令 $Z''_{11} = \dfrac{(\omega M)^2}{Z_{11}}$，它就是原边对副边的反射阻抗，而 $\dfrac{Z_M}{Z_{11}}\dot{U}_1$ 是一个电压源，它是原边电源对副边的一个等效电源，也就是将副边的负载断开之后，在 c、d 端钮处的开路电压。

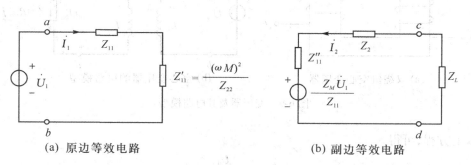

(a) 原边等效电路   (b) 副边等效电路

图 6-10 空心变压器的等效电路

例 6-4 如图 6-9（b）所示的空心变压器,已知原副边线圈参数为 $R_1 = 50\,\Omega$, $L_1 = 0.025\,H$, $R_2 = 200\,\Omega$, $L_2 = 0.1\,H$, $M = 0.045\,H$;电源电压 $U_1 = 100\,V$,角频率 $\omega = 10^5\,rad/s$;负载阻抗 $Z_L = (1000 + j500)\,\Omega$。求原边电流 $\dot{I}_1$;电源输给变压器的复功率;变压器输出的复功率;变压器的传输效率。

解 选定电流 $\dot{I}_1$、$\dot{I}_2$ 的参考方向如图 6-9（b）所示。电路的阻抗参数分别为

$$Z_{11} = R_1 + j\omega L_1 = 50 + j \times 10^5 \times 0.025 = 50 + j2500\,\Omega$$

$$Z_{22} = R_{22} + jX_{22} = R_2 + R_L + j(\omega L_2 + X_L)$$
$$= (200 + 1000) + j(10^5 \times 0.1 + 500) = 1200 + j10500\,\Omega$$

$$X_M = \omega M = 10^5 \times 0.045 = 4500\,\Omega$$

原边等效电路和的反射阻抗为

$$Z'_{11} = \frac{(\omega M)^2}{Z_{22}} = \frac{4500^2}{1200 + j10500} = 218 - j1904\,\Omega$$

设 $\dot{U}_1 = 100 \underline{/0°}\,V$,则原边电流

$$\dot{I}_1 = \frac{\dot{U}_1}{Z_{11} + Z'_{11}} = \frac{100 \underline{/0°}}{50 + j2500 + 218 - j1904} = \frac{100 \underline{/0°}}{653 \underline{/65.8°}}$$
$$= 0.1531 \underline{/-65.8°}\,A$$

由式（6-14）可计算副边电流,有

$$\dot{I}_2 = \frac{-Z_M}{Z_{22}} \dot{I}_1 = \frac{-j4500}{1200 + j10500} \times 0.1531 \underline{/-65.8°}$$
$$= -0.0652 \underline{/-59.28°}\,A$$

电源输给变压器的复功率为

$$\tilde{S} = \dot{U}_1 \times \dot{I}_1^* = 100 \underline{/0°} \times 0.153 \underline{/65.8°} = 15.3 \underline{/65.8°}$$
$$= 6.27 + j13.96\,VA$$

变压器输出复功率为

$$\tilde{S}_2 = I_2^2 \cdot Z_L = 0.0652^2 \times (1000 + j500) = 4.25 + j2.13\,VA$$

变压器的传输效率为

$$\eta = \frac{P_2}{P_1} \times 100\% = \frac{4.25}{6.27} \times 100\% = 67.8\%$$

6.4 理想变压器

6.4.1 理想变压器的条件

满足以下条件的铁心变压器,称为理想变压器:(1)变压器的原边绕组和副边绕组的电阻 $R_1 = R_2 = 0$,磁心中没有涡流和磁滞效应,其能量损耗为零;(2)变压器的耦合系数 $k = 1$,即为全耦合;(3)磁心材料的磁导率 $\mu \to \infty$,因而原、副边绕组的自感 L_1、L_2 及它们间的互感 M 均趋于无限大,但 $\sqrt{\dfrac{L_1}{L_2}} = \dfrac{N_1}{N_2} = n$。显然,这是一种理想化的器件,工程中是难以完全实现

的,但对于它的研究是有实际意义的。因为对于理想变压器的模型加以必要的改进,就能构成实际变压器的电路模型。理想变压器的电路模型如图 6-11(a) 所示,也可用图6-11(b) 所示的受控源电路表示。

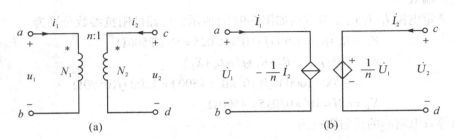

图 6-11　理想变压器及其等效模型

6.4.2　理想变压器原、副边电压电流关系

现在来分析理想变压器原、副边电压和电流的关系。设原边绕组的磁通 $\phi_1 = \phi_{11} + \phi_{12}$,副边绕组的磁通 $\phi_2 = \phi_{11} + \phi_{21}$,由条件(2)可得:$\phi_1 = \phi_2 = \phi$。

设原、副边绕组的匝数分别为 N_1 和 N_2,且 $N_1 : N_2 = n : 1 = n$。原、副边的电压方程为

$$\left.\begin{array}{l} u_1 = \dfrac{\mathrm{d}\psi_1}{\mathrm{d}t} = N_1\,\dfrac{\mathrm{d}\phi}{\mathrm{d}t} \\[3mm] u_2 = \dfrac{\mathrm{d}\psi_2}{\mathrm{d}t} = N_2\,\dfrac{\mathrm{d}\phi}{\mathrm{d}t} \end{array}\right\} \tag{6-17}$$

原、副边的电压比为

$$\frac{u_1}{u_2} = \frac{N_1}{N_2} = \frac{n}{1} = n \tag{6-18}$$

同理可以得

$$\frac{\dot{U}_1}{\dot{U}_2} = \frac{N_1}{N_2} = n \tag{6-19}$$

即原、副边绕组电压之比等于绕组的匝数比,成正比关系。匝数比用 n 表示,称为理想变压器的变比。

为了分析理想变压器原、副边绕组的电流关系,先写出原边回路电压的相量方程,有

$$\dot{U}_1 = j\omega L_1 \dot{I}_1 + j\omega M \dot{I}_2$$

由上述方程解得

$$\dot{I}_1 = \frac{\dot{U}_1}{j\omega L_1} - \frac{M}{L_1}\dot{I}_2$$

由条件(2) $k=1$,即 $M = \sqrt{L_1 L_2}$ 代入上式,有

$$\dot{I}_1 = \frac{\dot{U}}{j\omega L_1} - \sqrt{\frac{L_2}{L_{12}}}\,\dot{I}_2$$

又由条件(3)可知,L_1 趋于无限大且 $\sqrt{\dfrac{L_1}{L_2}} = n$,故有

$$\frac{\dot{I}_1}{\dot{I}_2} = -\sqrt{\frac{L_2}{L_1}} = -\frac{1}{n} \tag{6-20}$$

即原、副边绕组电流之比与匝数比成反比关系。式中的负号与电流的参考方向有关,若将电流 $\dot{I}_2$ 的参考方向设为相反方向,则负号就没有了。

如果理想变压器的副边绕组开路,则 $\dot{I}_2 = 0$,由式(6-20)可知,原边电流 $\dot{I}_1 = 0$,这表明在理想变压器的铁心中建立磁场是不需要激磁电流的,这一点正好印证了构成它铁心的铁磁材料磁导率为无限大这一条件。

6.4.3 理想变压器的作用

由前面的分析已知,通过改变理想变压器原、副边绕组的匝数比,就可以改变它们的电压比和电流比。显然,理想变压器可以用于变换电压和变换电流。除此之外,理想变压器还有另外一个作用,它可以变换阻抗。

在理想变压器的副边接入负载阻抗 Z_L,如图 6-12所示。从原边看进去的输入阻抗为

$$Z_{in} = \frac{\dot{U}_1}{\dot{I}_1} = \frac{n\dot{U}_2}{-\dfrac{1}{n}\dot{I}_2} = n^2 \frac{\dot{U}_2}{-\dot{I}_2} = n^2 Z_L \tag{6-21}$$

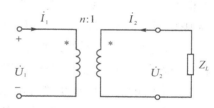

图 6-12 理想变压器电路的输入阻抗

这说明,通过改变理想变压器的变比 n,就可以改变电路的输入阻抗。这一原理常用于电子电路中,在信号源与负载之间接入理想变压器,以达到负载与信号源的阻抗匹配,使负载获得最大功率的目的。

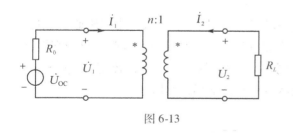

图 6-13

例6-5 如图 6-13 所示,某信号源的开路电压 $\dot{U}_{oc} = 4.5 \angle 0° \text{ V}$,内阻 $R_0 = 3\Omega$,负载 $R_L = 27\Omega$。要使负载获得最大功率,试问信号源与负载之间接入的理想变压器的变比是多少?并求负载端电压、电流之有效值及负载获得的功率。

解 由于理想变压器无功率损耗,故信号源输出的功率就是负载吸收的功率。

当入端电阻 $R_{in} = R = 3\Omega$ 时,负载可以获得最大功率。

因为 $R_{in} = n^2 R_L$,则 $n^2 = \dfrac{R_{in}}{R_L} = \dfrac{3}{27} = \dfrac{1}{9}$,故 $n = \dfrac{1}{3}$。理想变压器原边电流有效值

$$I_1 = \frac{U_{oc}}{R_o + R_{in}} = \frac{4.5}{3+3} = 0.75\text{A}$$

负载端电流为

$$I_2 = nI_1 = \frac{0.75}{3} = 0.25\,\text{A}$$

负载端电压为

$$U_2 = I_2 R_L = 0.25 \times 27 = 6.75\,\text{V}$$

负载获得的功率为

$$P = I_2^2 R_L = 0.25 \times 0.25 \times 27 = 1.69\,\text{W}$$

6.5　实际变压器的等效电路

6.5.1　实际变压器与理想变压器的差异

理想变压器是一种理想化的器件,为了简化分析过程,将变压器的主要特征抽象出来,而忽略了许多次要因素,比如采用高磁导率材料制成的铁心绕制小功率变压器,它的耦合系数较大,空载电流和功率损耗很小,在近似计算时可以将它当做理想变压器分析。然而电气工程中使用的大功率电力变压器,与理想变压器的条件差别较大,有许多因素都不能忽略,必须按实际条件进行分析。实际变压器与理想变压器的主要差异在以下几方面。

首先,实际变压器的铁心是有损耗的。在交变磁通作用下,铁心中的磁路损耗,分别由涡流和磁滞效应产生的。单位体积铁心内的涡流损耗与铁心材料的电导率、电源频率、平行于磁感应强度的钢片厚度、铁心内磁感应强度最大值等参数有关;铁心的磁滞损耗与材料有关的系数、电源频率、铁心内磁感应强度最大值、铁心的体积等参数有关。以上两种损耗是由铁磁材料产生的,工程中称它为铁损。

其次,变压器的原、副边线圈具有电阻,流过电流时,它会发热而产生损耗,工程上称它为铜损。

最后,实际变压器的耦合系数 $k<1$。如图 6-14 所示,线圈 1 的电流产生的磁通 ϕ_{11} 中,大部分与线圈 2 交链,构成变压器的主磁通 ϕ_{21},但另外还有一小部分仅与线圈 1 自身交链,形成了线圈 1 的漏磁通 $\phi_{\sigma 1}$。即 $\phi_{11} = \phi_{21} + \phi_{\sigma 1}$。同理,线圈 2 的电流产生的磁通为: $\phi_{22} = \phi_{12} + \phi_{\sigma 2}$。$\phi_{\sigma 2}$ 为线圈 2 的漏磁通。显然,实际变压器不可能是全耦合变压器。

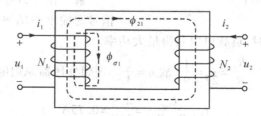

图 6-14　变压器的主磁通与漏磁通

6.5.2　实际变压器的等效电路

在线圈 1 中,根据自感的定义,有

$$L_1 = \frac{N_1 \phi_{11}}{i_1} = \frac{N_1(\phi_{21}+\phi_{\sigma1})}{i_1} = \frac{N_1}{N_2} \cdot \frac{N_2 \phi_{21}}{i_1} + \frac{N_1 \phi_{\sigma1}}{i_1} \tag{6-22}$$

由互感的定义,上式中

$$\frac{N_2 \phi_{21}}{i_1} = M_{21} = M \tag{6-23}$$

由电感的定义,式(6-22)中

$$\frac{N_1 \phi_{\sigma1}}{i_{\sigma1}} = L_{\sigma1} \tag{6-24}$$

式(6-22)可改写成为

$$L_1 = \frac{N_1}{N_2}M + L_{\sigma1} = nM + L_{\sigma1} \tag{6-25}$$

在线圈 2 中,同样可以推导出

$$L_2 = \frac{N_2 \phi_{22}}{i_2} = \frac{N_2(\phi_{12}+\phi_{\sigma2})}{i_2} = \frac{N_2}{N_1} \cdot \frac{N_1 \phi_{12}}{i_2} + \frac{N_2 \phi_{\sigma2}}{i_2} \tag{6-26}$$

即

$$\frac{N_1 \phi_{12}}{i_2} = M_{12} = M \tag{6-27}$$

$$\frac{N_2 \phi_{\sigma2}}{i_2} = L_{\sigma2} \tag{6-28}$$

式(6-26)可改写成为

$$L_2 = \frac{1}{n}M + L_{\sigma2} \tag{6-29}$$

$L_{\sigma1}$ 和 $L_{\sigma2}$ 称为线圈 1、线圈 2 的漏电感,它反映了漏磁通的作用,在它们之间不存在互感。而 nM 和 $\frac{1}{n}M$ 反映了主磁通的作用,在它们之间是全耦合。由以上的分析,可以画出变压器的等效电路如图 6-15(a)所示。将图 6-15(a)中的全耦合变压器电路等效画成图 6-15(b)所示的理想变压器电路。在此基础之上,再令 $nM = L_1 - L_{\sigma1} = L_M$,$L_M$ 称为激磁电感。流过

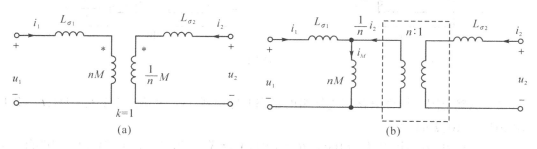

图 6-15　变压器的等效电路

它的电流为 $i_M = i_1 + \dfrac{1}{n} i_2$，当变压器的副边开路时，由于 $i_2 = 0$，则 $i_M = i_1$，这就是变压器的空载电流，也就是变压器的激磁电流。考虑到变压器绕组的铜耗，应在变压器的原边和副边回路中添加串联电阻 R_1、R_2；再考虑到变压器铁心的涡流和磁滞损耗，还应在激磁电感两端并联一个电阻 R_M。最后画出实际变压器的等效电路，如图 6-16 所示。

　　由于实际变压器的铁心多用铁磁材料做成，它的 L_M 和 R_M 并不是一个常数，而与绕组感应电压有效值的大小有关，当电压有效值变化不大时，L_M 和 R_M 感可以近似地当做常数处理。另外，由于铁磁材料的磁化曲线是非线性的，所以铁心变压器的原、副边绕组都是非线性元件。但是，由于采用了漏电感这一概念，漏磁通是通过空气而闭合的，而空气的磁阻远远大于铁磁物质，所以认为漏电感基本上是线性的。在高频电路中，变压器的原、副边绕组自身及相互之间都存在一定的电容，在电路分析时不能忽略这些电容的影响。

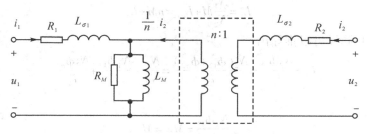

图 6-16　实际变压器的等效电路

习　题

6-1　试确定图示耦合线圈的同名端。

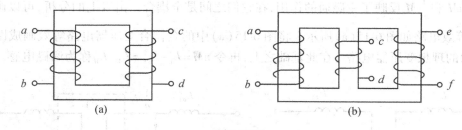

题 6-1 图

6-2　试确定图示耦合电路副边绕组的稳态开路电压。已知：$R_1 = 1\,\Omega$，$L_1 = 1\mathrm{H}$，$L_2 = 2\mathrm{H}$，$M = 0.5\mathrm{H}$，$i_s = 10\sqrt{2}\sin t$ A。

6-3　图示电路中，已知 $\dot{U}_1 = 100\mathrm{V}$，$R_1 = 10\,\Omega$，$X_{L1} = X_{L2} = 100\,\Omega$，$X_M = 80\,\Omega$，$X_C = 100\,\Omega$。求输入电流 $\dot{I}_1$ 和输出电压 $\dot{U}_2$。

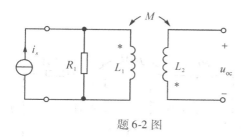
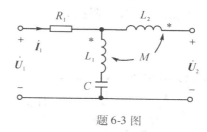

题 6-2 图　　　　　　　　　　题 6-3 图

6-4　图示电路中，$\dot{U}=100\text{V}$，$R_1=400\Omega$，$R_2=300\Omega$，$X_{L1}=700\Omega$，$X_{L2}=400\Omega$，$X_M=400\Omega$。求各支路电流 $\dot{I}_1$、$\dot{I}_2$ 和 $\dot{I}_3$。

6-5　图示电路中，已知 $U_1=100\text{V}$，$R_1=30\Omega$，$R_3=100\Omega$，$\omega L_1=40\Omega$，$\omega L_2=100\Omega$，$\omega L_3=1000\Omega$，$\omega M_{12}=50\Omega$，$\omega M_{23}=100\Omega$，$\omega M_{31}=150\Omega$。求输出电压 U_2。

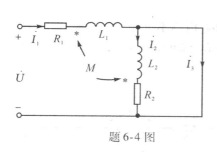
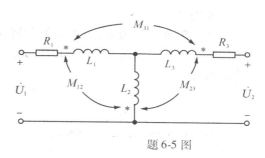

题 6-4 图　　　　　　　　　　题 6-5 图

6-6　图示电路中，已知 $U_s=120\text{V}$，$\omega=1000\text{rad/s}$，$L_1=0.16\text{H}$，$L_2=0.04\text{H}$，$M=0.08\text{H}$，$R=300\Omega$。求电流 I_1 和 I_2。

6-7　求图示电路的谐振角频率。已知 $L_1=10\text{H}$，$L_2=6\text{H}$，$M=2\text{H}$，$C=1\mu\text{F}$。

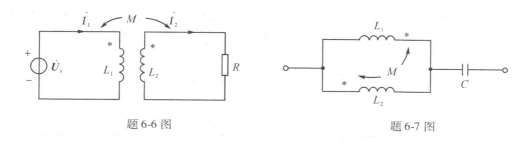

题 6-6 图　　　　　　　　　　题 6-7 图

6-8　图示电路中，$R_1=12\Omega$，$R_3=6\Omega$，$\omega L_1=12\Omega$，$\omega L_2=10\Omega$，$\omega M=6\Omega$，$\dfrac{1}{\omega C}=6\Omega$。求电路的输入阻抗。

6-9　在图示电路中，已知电压源 $\dot{U}=100\angle0°\text{V}$，两线圈间的耦合系数 $k=0.5$。试求：
（1）电流 $\dot{I}_1$、$\dot{I}_2$、$\dot{I}_3$ 的值；

（2）电压源 $\dot{U}$ 输出的复功率；

（3）电路的等效输入阻抗 Z。

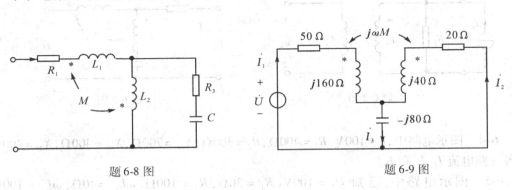

题 6-8 图   题 6-9 图

6-10 在图示电路中,已知 $R=25\Omega$, $L_1=L_2=50\text{mH}$, $M=25\text{mH}$, $C=20\mu\text{F}$。求:

（1）电路的谐振角频率；

（2）如果电阻 R 的值可变,当 R 的值在何种范围内,电路不可能发生谐振?

6-11 图示电路中,已知 $R_1=R_2=10\Omega$, $\omega L_1=30\Omega$, $\omega L_2=20\Omega$, $\omega M=20\Omega$, $\dot{U}=100\angle 0°\text{ V}$。求电路的输出电压 $\dot{U}_2$。

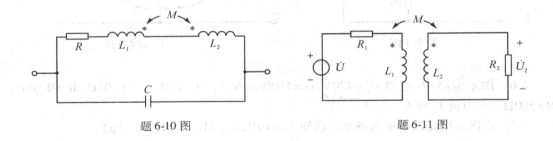

题 6-10 图   题 6-11 图

6-12 图示电路中,已知 $U=10\text{V}$, $\omega=10^6\text{rad/s}$, $R_1=10\Omega$, $L_1=L_2=0.1\text{mH}$, $M=0.02\text{mH}$, $C_1=C_2=0.01\mu\text{F}$。要使负载 R_2 吸收的功率最大,问 R_2 应为何值? 并求此最大功率及 C_2 上的电压。

6-13 图示理想变压器电路中, $\dot{U}=10\angle 0°\text{ V}$,求电流 $\dot{I}$。

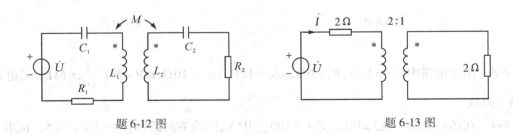

题 6-12 图   题 6-13 图

6-14　在图示电路中,已知 $R=1\Omega,L=1\text{H},U_s=10\sin t$ V。求电流 i_1。

6-15　图示正弦稳态电路中,已知 $R=1\Omega,X_C=4\Omega,\dot{U}_S=8\angle 0°$ V,Z 可以自由地改变。试问 $Z=$? 时网络能向 Z 提供最大的平均功率? 该功率有多大?

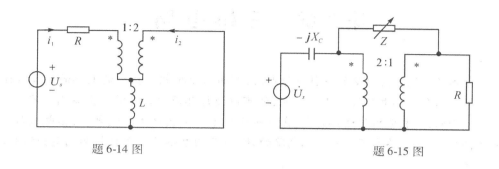

题 6-14 图　　　　　　　　　　题 6-15 图

第7章 三相电路

三相电路是正弦交流电路的一种特殊形式,前面用于单相正弦交流电路的计算方法在此全部适用。结合三相电路特点进行分析,还可以使计算简化。本章的主要内容有:三相电路的基本概念,三相电路的连接方式;在不同连接方式下相电压与线电压、相电流与线电流的关系;对称三相电路和不对称三相电路的计算;三相电路的功率计算和测量;对称分量法的基本概念。

7.1 三相电路的基本概念

19世纪末,电能开始作为一种动力形态被社会利用,单相供电系统有较多弱点,逐渐被三相供电系统所替代。三相供电系统有以下优点:发电机在相同尺寸下,三相发电机比单相发电机输出的功率大;三相电源的传输比单相电源的传输节省输电线;三相供电系统带负载的灵活性大;三相电动机运行平稳。因而三相供电系统得到广泛应用。

7.1.1 三相电源

三相发电机的原理如图7-1(a)所示。三相发电机的定子上装有三组线圈 AX、BY、CZ,它们导线的粗细、匝数、绕行方向完全一样,空间位置互相相差120°;三相发电机的转子为电磁铁。转子与定子之间的气隙中,以转子轴线位置为圆心的圆周上,转子的径向磁感应强度依照正弦函数分布。当转子以恒定角速度 ω 旋转时,在三个线圈上将分别感生出大小相等而相位依次相差120°的电压。如果在计时起点 $t = 0$ 瞬间,转子磁极 N - S 轴线与定子线圈 AX 平面相垂直,转子按照图示逆时针方向旋转,根据线圈于磁铁的相对运动,依据右手

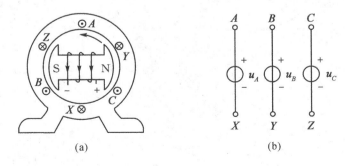

(a)   (b)

图7-1 三相发电机示意图及三相电源的电路模型

法则可以确定三个线圈的输出端电压将分别为

$$u_A = \sqrt{2}\,U\sin(\omega t + 0°)$$
$$u_B = \sqrt{2}\,U\sin(\omega t - 120°)$$
$$u_C = \sqrt{2}\,U\sin(\omega t - 240°) = \sqrt{2}\,U\sin(\omega t + 120°)$$

(7-1)

三相电源的电路模型如图 7-1（b）所示。同频率的三相电源电压的有效值相等、相位依次相差 120°时,称为对称三相电源。对称三相电源的波形图如图 7-2 所示。

三相电源电压用相量表示为

$$\dot{U}_A = U_P\angle 0°$$
$$\dot{U}_B = U_P\angle -120° = \alpha^2 \dot{U}_A$$
$$\dot{U}_C = U_P\angle -240° = U_P\angle +120° = \alpha \dot{U}_A$$

(7-2)

式中,α 为单位相量算子,$\alpha = 1\angle 120° = -0.5 + j0.866$。三相电源电压相量图如图 7-3 所示。

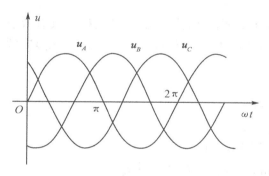

图 7-2 三相电源电压的波形图

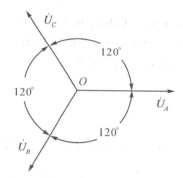

图 7-3 三相电源的相量图

对称三相电源的特点是三相电压的瞬时值之和等于零,即

$$u_A + u_B + u_C = 0$$

或三相电压的相量之和等于零,即

$$\dot{U}_A + \dot{U}_B + \dot{U}_C = 0$$

发电机的每个绕组构成的一个电压源称为电源的一相。三相电源中,各相电压从同一方向经过同一值的先后次序称为三相电源的相序。如果 A 相超前于 B 相,B 相超前于 C 相,这种相序称为正序(或顺序),即 A—B—C。图 7-2 所示的三相电压是正序。如果 B 相超前于 A 相,C 相超前于 B 相,这种相序称为负序(或逆序),即 C—B—A。三相电压的相序是由发电机绕组的排列和发电机的旋转方向决定的。如无特别说明,三相电源电压的相序均指正序。

7.1.2 三相电源的连接方式

三相电路中的电源有两种基本的连接方式,即星形连接和三角形连接。

将三相电源的三个绕组的末端 X、Y、Z 连接在一起,形成一个节点 O,该点称为电源的中性点或中点,将三个绕组的首端 A、B、C 向外引出三条端线与输电线连接。像这种连接方式称为星形连接,如图 7-4(a)所示。这种连接方式的电源称为星形三相电源。

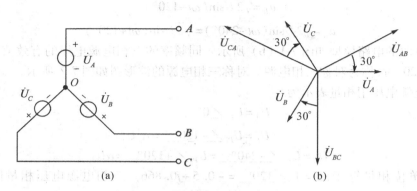

图 7-4　电源的星形连接及其电压相量图

每一相绕组的电压称为相电压,如 $\dot{U}_{AO}$、$\dot{U}_{BO}$、$\dot{U}_{CO}$,也可以简写为 $\dot{U}_A$、$\dot{U}_B$、$\dot{U}_C$。其有效值用 U_P 表示。两端线间的电压称为线电压,如 $\dot{U}_{AB}$、$\dot{U}_{BC}$、$\dot{U}_{CA}$,其有效值用 U_l 表示。星形电源线电压与相电压的关系为

$$\dot{U}_{AB} = \dot{U}_A - \dot{U}_B$$
$$\dot{U}_{BC} = \dot{U}_B - \dot{U}_C \qquad\qquad (7\text{-}3)$$
$$\dot{U}_{CA} = \dot{U}_C - \dot{U}_A$$

将对称三相电源的相电压式(7-2)代入式(7-3)式,有

$$\dot{U}_{AB} = \dot{U}_A - \dot{U}_B = U_P\ \angle 0° - U_P\ \angle -120° = U_P\left[1 - \left(-\frac{1}{2} - j\frac{1}{2}\sqrt{3}\right)\right]$$

$$= \sqrt{3}\,U_P\left(\frac{1}{2}\sqrt{3} + j\frac{1}{2}\right)$$

$$= \sqrt{3}\,U_P\ \angle 30°$$

$$= \sqrt{3}\,\dot{U}_A\ \angle 30°$$

同理可得

$$\dot{U}_{BC} = \dot{U}_B - \dot{U}_C = U_P\ \angle -120° - U_P\ \angle 120° = \sqrt{3}\,\dot{U}_B\ \angle 30°$$
$$\dot{U}_{CA} = \dot{U}_C - \dot{U}_A = U_P\ \angle 120° - U_P\ \angle 0° = \sqrt{3}\,\dot{U}_C\ \angle 30°$$

由以上分析可知

$$U_l = \sqrt{3}\,U_P$$

即在对称星形电源电路中线电压 U_l 是相电压 U_P 的 $\sqrt{3}$ 倍,线电压 $\dot{U}_{AB}$ 超前相电压 $\dot{U}_A$ 30°。星形电源线电压与相电压的相量图如图 7-4(b)所示。

电网电压都是指线电压,例如 110kV 的输电线是指输电线的线电压为 110kV,而生活用电的电压 220V 是指相电压,与其对应的线电压是 380V。

当星形电源与负载连接时,电路中就有电流。流过三相电源每一相绕组的电流称为相

电流,记为 $\dot{I}_A$、$\dot{I}_B$、$\dot{I}_C$,其有效值用 I_P 表示。流过三相电源端线的电流称为线电流,也记为 $\dot{I}_A$、$\dot{I}_B$、$\dot{I}_C$,其有效值用 I_l 表示。从图 7-4 中可以看出,星形电路中相电流等于线电流,即 $I_P = I_l$。电源中点 O 与负载中点 O' 有连线的电路称为三相四线制电路,这一条连线称为中线。流过中线的电流称为中线电流,记为 $\dot{I}_O$。电源中点 O 与负载中点 O' 没有连线的电路称为三相三线制电路。根据基尔霍夫定律,三相四线制电路应有

$$\dot{I}_A + \dot{I}_B + \dot{I}_C = \dot{I}_O$$

三相三线制电路应有

$$\dot{I}_A + \dot{I}_B + \dot{I}_C = 0$$

将三相电源的三个绕组首尾相连,X 与 B、Y 与 C、Z 与 A 连接在一起,形成一个闭合的三角形,从三个绕组的首端 A、B、C 向外引出三条端线与输电线连接。这种连接方式称为三角形连接,如图 7-5 所示。这种连接方式的电源称为三角形电源。在正确连接情况下,由于 $\dot{U}_A + \dot{U}_B + \dot{U}_C = 0$,所以在闭合电路中不会产生环流。如果连接发生错误,将会产生很大的环流,以致烧毁电机。

三角形电源线电压与相电压的关系为

$$\dot{U}_{AB} = \dot{U}_A$$
$$\dot{U}_{BC} = \dot{U}_B \qquad (7\text{-}4)$$
$$\dot{U}_{CA} = \dot{U}_C$$

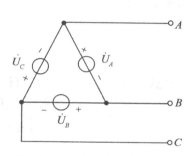

图 7-5 三相电源的三角形连接

7.1.3 三相负载的连接方式

三相电路中的负载也有两种基本的连接方式,即星形连接和三角形连接。

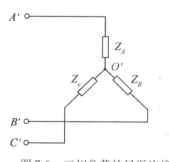

图 7-6 三相负载的星形连接

将三相负载的三个复阻抗分别用 Z_A、Z_B、Z_C 表示,它们的首端用 A'、B'、C' 表示,它们的末端 X'、Y'、Z' 连接在一起,形成一个节点 O',该点称为负载的中性点或中点,将三个阻抗的首端 A'、B'、C' 向外引出三条端线与输电线连接。这种连接方式称为星形连接,如图7-6所示。这种连接方式的负载称为星形负载。

当星形负载与电源连接时,电路中就有电流。流过三相负载每一相复阻抗的电流称为相电流,记为 $\dot{I}_A$、$\dot{I}_B$、$\dot{I}_C$。流过三相负载端线的电流称为线电流,也记为 $\dot{I}_A$、$\dot{I}_B$、$\dot{I}_C$。从图 7-6 中可以看出,星形负载中相电流等于线电流,即 $I_P = I_l$。

根据基尔霍夫定律,三相四线制电路应有

$$\dot{I}_A + \dot{I}_B + \dot{I}_C = \dot{I}_O$$

三相三线制电路应有

$$\dot{I}_A + \dot{I}_B + \dot{I}_C = 0 \qquad (7\text{-}5)$$

将三相负载的三个复阻抗组首尾相连,X' 与 B'、Y' 与 C'、Z' 与 A' 分别连接在一起,形成

一个闭合的三角形,从三个负载的首端 A'、B'、C' 向外引出三条端线与输电线连接。这种连接方式称为三角形连接,如图 7-7(a)所示。这种连接方式的负载称为三角形负载。

三角形负载的线电压等于相电压,即 $U_l = U_P$。三角形负载的线电流用 $\dot{I}_A$、$\dot{I}_B$、$\dot{I}_C$ 表示,相电流用 $\dot{I}_{AB}$、$\dot{I}_{BC}$、$\dot{I}_{CA}$ 表示,线电流与相电流的关系为:

$$\dot{I}_A = \dot{I}_{AB} - \dot{I}_{CA}$$
$$\dot{I}_B = \dot{I}_{BC} - \dot{I}_{AB} \tag{7-6}$$
$$\dot{I}_C = \dot{I}_{CA} - \dot{I}_{BC}$$

三相负载的复阻抗相等时称为对称负载,对称负载的三个相电流是对称的,当选 $\dot{I}_{AB}$ 为参考相量即有

$$\dot{I}_{AB} = I \angle 0°$$
$$\dot{I}_{BC} = I \angle -120° \tag{7-7}$$
$$\dot{I}_{CA} = I \angle 120°$$

将式(7-7)代入式(7-6),可得到线电流与相电流的有效值关系和相位关系

$$\dot{I}_A = I \angle 0° - I \angle 120°$$
$$= I\left[1 - \left(-\frac{1}{2} + j\frac{1}{2}\sqrt{3}\right)\right] = I\left(\frac{3}{2} - j\frac{1}{2}\sqrt{3}\right) = \sqrt{3}I\left[\frac{1}{2}\sqrt{3} - j\frac{1}{2}\right]$$
$$= \sqrt{3}I \angle -30° = \sqrt{3}\dot{I}_{AB} \angle -30°$$

同理可以得到

$$\dot{I}_B = \sqrt{3}\dot{I}_{BC} \angle -30°$$
$$\dot{I}_C = \sqrt{3}\dot{I}_{CA} \angle -30°$$
$$I_l = \sqrt{3}I_P$$

即在对称三角形负载电路中,线电流是相电流的 $\sqrt{3}$ 倍,并且线电流 $\dot{I}_A$ 在相位上滞后相电流 $\dot{I}_{AB}$ 30°,其余两相类推。电流相量图如图 7-7(b)所示。显然,在图 7-5 所示的三相电源的三角形连接中,线电流与相电流之间也存在 $\sqrt{3}$ 倍的关系。

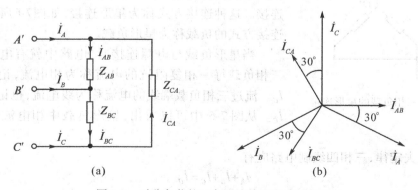

(a)　　(b)

图 7-7　对称负载的三角形连接和电流相量图

7.1.4 三相电路的连接方式

三相电源和三相负载连接在一起就构成三相电路,三相供电系统是一种广泛采用的供电方式。其接线方式有以下几种:Y_0-Y_0连接、Y-Y连接、Y-△连接、△-Y连接、△-△连接及其他复杂三相电路,如图7-8所示。某一供电系统应选用哪一种连接方式,应由负载的额定电压和电源电压相匹配来确定。电源作星形连接,可向用户提供两种电压,即线电压和相电压;电源作三角形连接,则只能向用户提供一种电压,即线电压。三相负载应根据其额定电压和电源电压的大小来决定它的连接方式,如果负载额定电压等于电源的线电压,则作三角形连接,如果负载的额定电压等于电源的相电压,则作星形连接。

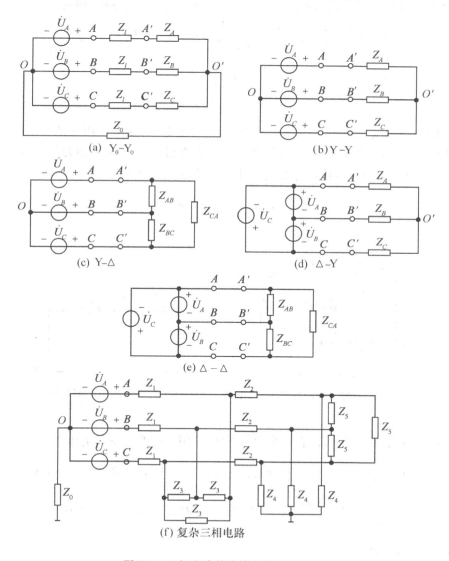

(a) Y_0–Y_0

(b) Y–Y

(c) Y–△

(d) △–Y

(e) △–△

(f) 复杂三相电路

图7-8 三相电路的连接方式(a)~(f)

7.2　对称三相电路的分析计算

三相电源对称、三相负载对称、三条输电线阻抗相等的三相电路称为对称三相电路。三相电路是一种复杂的正弦交流电路,前面几章中所讲述的正弦交流电路的分析方法完全适用于三相电路的分析计算。利用对称这一特点,可以简化三相电路的分析计算。

7.2.1　Y_0-Y_0 电路的计算

电路的计算条件是已知电路的连接方式、电源电压和负载的复阻抗值,求各支路的电流、电压。如图 7-9 所示电路,设 $Z_A = Z_B = Z_C = Z$,用节点法进行分析,便有

$$\dot{U}_{O'O}\left(\frac{1}{Z_A}+\frac{1}{Z_B}+\frac{1}{Z_C}+\frac{1}{Z_0}\right)=\frac{\dot{U}_A}{Z_A}+\frac{\dot{U}_B}{Z_B}+\frac{\dot{U}_C}{Z_C}=(\dot{U}_A+\dot{U}_B+\dot{U}_C)\frac{1}{Z}$$

$$\dot{U}_{O'O}=\frac{(\dot{U}_A+\dot{U}_B+\dot{U}_C)\dfrac{1}{Z}}{\dfrac{3}{Z}+\dfrac{1}{Z_0}}=0$$

由于 O' 点与 O 点之间的电压等于零,即两点间等电位,故可以用一条短接线将其连接起来,这样就可以将三相电路化为三个单相电路去进行计算。以 A 相为例,它的单相等效电路如图 7-10 所示,由此电路可计算出 A 相负载的电流和电压。

$$\dot{I}_A=\frac{\dot{U}_A}{Z},\quad \dot{U}_{AO'}=\dot{I}_A Z$$

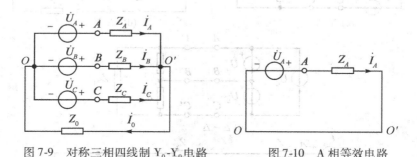

图 7-9　对称三相四线制 Y_0-Y_0 电路　　　　图 7-10　A 相等效电路

根据电路的对称性,便可以直接推出 B 相和 C 相负载的电流和电压。

$$\dot{I}_B=\frac{\dot{U}_B}{Z}=\frac{\dot{U}_A\angle-120°}{Z}=\dot{I}_A\angle-120°,\quad \dot{U}_{BO'}=\dot{I}_B Z=\dot{U}_{AO'}\angle-120°$$

$$\dot{I}_C=\frac{\dot{U}_C}{Z}=\frac{\dot{U}_A\angle120°}{Z}=\dot{I}_A\angle120°,\quad \dot{U}_{CO'}=\dot{I}_C Z=\dot{U}_{AO'}\angle120°$$

7.2.2　Y-Y 电路的计算

图 7-9 电路去掉中线后便是 Y-Y 电路,依照节点法可得

$$\dot{U}_{O'O}=\frac{(\dot{U}_A+\dot{U}_B+\dot{U}_C)\dfrac{1}{Z}}{\dfrac{3}{Z}}=0$$

由于 O' 点与 O 点之间的电压等于零,即两点间等电位,故可以用一条短接线将其连接起来。这样就可以将三相电路化为三个单相电路计算。其计算方法和 Y_0- Y_0 电路完全一样。

7.2.3 △-Y 电路的计算

当电源作三角形连接、负载作星形连接时,就构成如图 7-11 所示的 △-Y 电路。如果用回路法或节点法去进行计算是完全可以的,但比较麻烦。在此只要将三角形电源等效变换为星形电源,即可简化分析步骤。因为 $\dot{U}_{AB}=\sqrt{3}\dot{U}_A\angle 30°$,即

$$\dot{U}_A=\frac{1}{\sqrt{3}}\dot{U}_{AB}\angle -30°$$

同理可得

$$\dot{U}_B=\frac{1}{\sqrt{3}}\dot{U}_{BC}\angle -30°=\dot{U}_A\angle -120°$$

$$\dot{U}_C=\frac{1}{\sqrt{3}}\dot{U}_{CA}\angle -30°=\dot{U}_A\angle 120°$$

当计算出 $\dot{U}_A$、$\dot{U}_B$、$\dot{U}_C$ 之后就将原电路转换为 Y-Y 电路,用前面所述的 Y-Y 电路的分析方法,便可化三相电路为单相电路进行计算。

例 7-1 对称三相负载作星形连接,负载阻抗 $Z=78+j67\,\Omega$,输电线阻抗 $Z_l=2+j3\,\Omega$,对称电源的线电压有效值 $U_l=380$ V。求负载的电流、负载端的线电压和相电压。

解 画出三相电路的电路图,如图 7-12 所示。由对称三相电源线电压可求得对称三相电源相电压为

$$U_P=\frac{U_l}{\sqrt{3}}=\frac{380}{\sqrt{3}}=220\text{V}$$

选择 A 相电压为参考相量,即令

$$\dot{U}_A=220\angle 0°\text{ V}$$

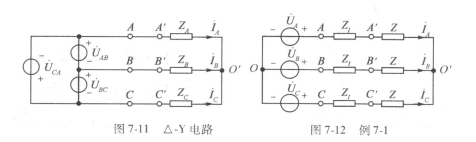

图 7-11　△-Y 电路　　　　　图 7-12　例 7-1

采用化为一相的计算方法,画出 A 相的计算电路如图 7-13 所示,从而可以确定 A 相电流为

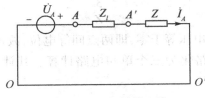

图 7-13 A 相计算电路

$$\dot{I}_A = \dot{U}_A \div (Z_l + Z) = 220 \angle 0° \div (2+j3+78+j67) = 2.07 \angle -41.19° \text{ A}$$

由对称性可得

$$\dot{I}_B = \dot{I}_A \angle -120° = 2.07 \angle -161.19° \text{ A}$$

$$\dot{I}_C = \dot{I}_A \angle 120° = 2.07 \angle 78.81° \text{ A}$$

A 相负载电压

$$\dot{U}_{A'O'} = \dot{I}_A Z = 2.07 \angle -41.19° \times (78+j67) = 212.86 \angle -0.53° \text{ V}$$

由对称性可得

$$\dot{U}_{B'O'} = \dot{U}_{A'O'} \angle -120° = 212.86 \angle -120.53° \text{ V}$$

$$\dot{U}_{C'O'} = \dot{U}_{A'O'} \angle 120° = 212.86 \angle 119.47° \text{ V}$$

负载线电压

$$\dot{U}_{A'B'} = \sqrt{3} \dot{U}_{A'O'} \angle 30° = 368.68 \angle 29.47° \text{ V}$$

$$\dot{U}_{B'C'} = \sqrt{3} \dot{U}_{B'O'} \angle 30° = 368.68 \angle -90.53° \text{ V}$$

$$\dot{U}_{C'A'} = \sqrt{3} \dot{U}_{C'O'} \angle 30° = 368.68 \angle 149.47° \text{ V}$$

7.2.4 △-△电路的计算

三相电路中的电源和负载都作三角形连接时,便构成△-△电路,如图 7-14 所示。△-△电路的计算方法是分别将电源和负载等效变换成为星形,即将原电路变换成为对称 Y-Y 电路如图 7-15 所示。用对称 Y-Y 电路的计算方法计算出线电流 $\dot{I}_A$、$\dot{I}_B$、$\dot{I}_C$,然后再利用对称三角形负载线电流和相电流的关系计算负载的相电流、相电压。

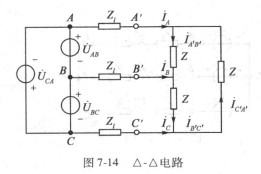

图 7-14 △-△电路

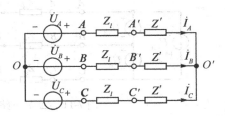

图 7-15 △-△电路的等效 Y-Y 电路

等效星形连接的电源相电压分别为

$$\dot{U}_A = \frac{1}{\sqrt{3}} \dot{U}_{AB} \angle{-30°}$$

$$\dot{U}_B = \frac{1}{\sqrt{3}} \dot{U}_{BC} \angle{-30°} = \dot{U}_A \angle{-120°}$$

$$\dot{U}_C = \frac{1}{\sqrt{3}} \dot{U}_{CA} \angle{-30°} = \dot{U}_A \angle{120°}$$

等效星形连接的负载为复阻抗

$$Z' = Z_Y = \frac{1}{3} Z_\triangle = \frac{1}{3} Z$$

采用化为单相电路的计算方法可算出 $\dot{I}_A$,然后回到三角形电路中计算负载的相电流和相电压如下:

$$\dot{I}_{A'B'} = \frac{\dot{I}_A}{\sqrt{3}} \angle{30°}, \quad \dot{I}_{B'C'} = \dot{I}_{A'B'} \angle{-120°}, \quad \dot{I}_{C'A'} = \dot{I}_{A'B'} \angle{120°}$$

$$\dot{U}_{A'B'} = \dot{I}_{A'B'} Z, \quad \dot{U}_{B'C'} = \dot{I}_{B'C'} Z, \quad \dot{U}_{C'A'} = \dot{I}_{C'A'} Z$$

例 7-2 在图 7-14 所示的对称 △-△ 电路中,电源线电压 $U_l = 380$ V,线路阻抗 $Z_l = 1+j2\,\Omega$,负载阻抗 $Z = 6+j8\,\Omega$,求线电流和负载的相电流以及负载的端电压。

解 将对称 △-△ 电路等效变换为对称 Y-Y 电路,等效星形电源的相电压为

$$U_P = \frac{U_l}{\sqrt{3}} = \frac{380}{\sqrt{3}} = 220 (\text{V})$$

取 A 相电压为参考相量,则有

$$\dot{U}_A = 220 \angle{0°}\ \text{V}, \dot{U}_B = 220 \angle{-120°}\ \text{V}, \dot{U}_C = 220 \angle{120°}\ \text{V}$$

等效星形负载阻抗为

$$Z' = \frac{Z}{3} = 2+j2.67\,\Omega$$

化为单相电路计算如下:

$$\dot{I}_A = \frac{\dot{U}_A}{Z_l + Z'} = \frac{220 \angle{0°}}{(1+j2) + (2+j2.67)} = 39.6 \angle{-57.3°}\ \text{A}$$

$$\dot{I}_B = \dot{I}_A \angle{-120°} = 39.6 \angle{177.3°}\ \text{A}$$

$$\dot{I}_C = \dot{I}_A \angle{120°} = 39.6 \angle{62.7°}\ \text{A}$$

回到原电路中计算三角形负载的相电流如下:

$$\dot{I}_{A'B'} = \frac{\dot{I}_A}{\sqrt{3}} \angle{30°} = \frac{39.6 \angle{-57.3°}}{\sqrt{3}} \angle{30°} = 22.9 \angle{-27.3°}\ \text{A}$$

$$\dot{I}_{B'C'} = \dot{I}_{A'B'} \angle{-120°} = 22.9 \angle{-147.3°}\ \text{A}$$

$$\dot{I}_{C'A'} = \dot{I}_{A'B'} \angle{120°} = 22.9 \angle{92.7°}\ \text{A}$$

三角形负载的相电压如下:

$$\dot{U}_{A'B'} = Z\dot{I}_{A'B'} = (6+j8)22.9 \angle{-27.3°} = 229 \angle{25.8°}\ \text{V}$$

$$\dot{U}_{B'C'} = Z\dot{I}_{B'C'} = 229 \angle{-94.2°}\ \text{V}$$

$$\dot{U}_{C'A'} = Z\dot{I}_{C'A'} = 229 \angle{145.8°}\ \text{V}$$

7.2.5 复杂三相电路计算

由前面的分析得出结论:对称三相电路计算的方法是将对称三相电路等效分解为三个单相电路,取 A 相计算,然后利用三相电路对称这一特点,可以直接写出另外两相的结果。复杂对称三相电路计算的方法仍然是化三相电路为单相电路计算。

首先,电源如果是三角形连接则应变换为等效星形连接电源;如果电源是星形连接则不作任何变换。并将三角形连接的负载等效变换为星形负载。

其次,利用对称星形电路中电源中点与负载中点为等位点这一特点,用短接线将电源的中点和各个星形负载的中点直接连接起来。

最后,取 A 相电路计算出线电流、相电压,并根据对称性推算出 B 相和 C 相相应的电流电压,最后再回到变换前的电路中去计算各待求量。

7.3 不对称三相电路及其分析计算

在三相电路中,当电源不对称或者负载不对称时就成为不对称三相电路。在电力系统中三相电源一般是对称的,而负载不对称的情况则比较多。负载不对称的主要原因是三相电路中有许多单相负载,这些单相负载不可能均匀地分配在 A、B、C 三相;另外,当对称三相电路发生故障时,就变成了不对称三相电路。本节分析的不对称三相电路是三相电源对称而三相负载不对称的电路。不对称三相电路中的各相电流一般是不对称的,所以不对称三相电路的计算不能简化为单相电路计算。

7.3.1 Y-Y 电路计算

图 7-16 所示电路中当开关 S 断开时,由于 Z_A、Z_B、Z_C 不相等,就构成了不对称的Y-Y电路。该电路的节点电压方程为

$$\dot{U}_{O'O}\left(\frac{1}{Z_A}+\frac{1}{Z_B}+\frac{1}{Z_C}\right)=\frac{\dot{U}_A}{Z_A}+\frac{\dot{U}_B}{Z_B}+\frac{\dot{U}_C}{Z_C}$$

$$\dot{U}_{O'O}=\left(\frac{\dot{U}_A}{Z_A}+\frac{\dot{U}_B}{Z_B}+\frac{\dot{U}_C}{Z_C}\right)\div\left(\frac{1}{Z_A}+\frac{1}{Z_B}+\frac{1}{Z_C}\right)\neq0$$

负载相电压为

$$\dot{U}_{AO'}=\dot{U}_A-\dot{U}_{O'O},\quad \dot{U}_{BO'}=\dot{U}_B-\dot{U}_{O'O},\quad \dot{U}_{CO'}=\dot{U}_C-\dot{U}_{O'O}$$

负载相电流为

$$\dot{I}_A=\frac{\dot{U}_{AO'}}{Z_A},\quad \dot{I}_B=\frac{\dot{U}_{BO'}}{Z_B},\quad \dot{I}_C=\frac{\dot{U}_{CO'}}{Z_C}$$

注意到负载中点和电源中点之间的电压 $\dot{U}_{O'O}$ 不等于零,这时的 Y-Y 不对称电路的电压相量图如图 7-17 所示。在上一节分析的对称 Y-Y 电路中,由于负载中点和电源中点之间的电压 $\dot{U}_{O'O}$ 等于零,故在对应的电压相量图中 $O'O$ 两点是重合的;而在不对称电路中,负载的中点 O' 偏离电源的中点 O,这种现象称为负载中点偏移。中点偏移的程度取决于三相负载不对称的程度,由于负载中点的偏移造成三相负载的电压不相等,严重时会使三相负载的工

作不正常。

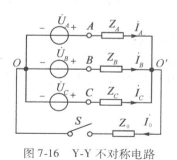

图 7-16 Y-Y 不对称电路

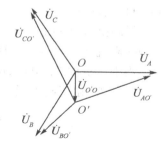

图 7-17 Y-Y 不对称电路电压相量图

7.3.2 Y_0-Y_0 电路计算

图 7-16 所示电路中当开关 K 闭合时,便是 Y_0-Y_0 电路。我们先分析中线阻抗 Z_0 为零时的情形。

由于中线阻抗 $Z_0 = 0$,中点电压 $\dot{U}_{O'O} = 0$,原三相电路就相当于三个单相电路的组合,三相电路就可以划分为三个单相电路分别进行计算。各相负载电流为

$$\dot{I}_A = \frac{\dot{U}_A}{Z_A}, \quad \dot{I}_B = \frac{\dot{U}_B}{Z_B}, \quad \dot{I}_C = \frac{\dot{U}_C}{Z_C}$$

中线电流为

$$\dot{I}_0 = \dot{I}_A + \dot{I}_B + \dot{I}_C$$

中线阻抗等于零的不对称 Y_0-Y_0 电路特点是:三相负载端电压 $\dot{U}_A$、$\dot{U}_B$、$\dot{U}_C$ 是对称的,它们的有效值是相等的;由于 $Z_A \neq Z_B \neq Z_C$,三相电流 $\dot{I}_A$、$\dot{I}_B$、$\dot{I}_C$ 是不对称的,中线电流 $\dot{I}_0$ 不等于零。

现在再来分析中线阻抗 Z_0 不为零时的不对称 Y_0-Y_0 电路。在图 7-16 所示电路中相当于开关 S 闭合且 $Z_0 \neq 0$ 的情况,用节点电压法分析,有

$$\dot{U}_{O'O} = \left(\frac{\dot{U}_A}{Z_A} + \frac{\dot{U}_B}{Z_B} + \frac{\dot{U}_C}{Z_C} \right) \div \left(\frac{1}{Z_A} + \frac{1}{Z_B} + \frac{1}{Z_C} + \frac{1}{Z_0} \right) \neq 0$$

负载相电压

$$\dot{U}_{AO'} = \dot{U}_A - \dot{U}_{O'O}, \quad \dot{U}_{BO'} = \dot{U}_B - \dot{U}_{O'O}, \quad \dot{U}_{CO'} = \dot{U}_C - \dot{U}_{O'O}$$

负载相电流

$$\dot{I}_A = \frac{\dot{U}_{AO'}}{Z_A}, \quad \dot{I}_B = \frac{\dot{U}_{BO'}}{Z_B}, \quad \dot{I}_C = \frac{\dot{U}_{CO'}}{Z_C}$$

中线电流为

$$\dot{I}_0 = \dot{I}_A + \dot{I}_B + \dot{I}_C = \frac{\dot{U}_{O'O}}{Z_0}$$

供给居民生活用电的三相系统属于不对称三相电路,均采用 Y_0-Y_0 接线方式。为了减小或消除负载的中点偏移,必须采取以下措施:中线选用电阻低、机械强度高的导线;中线上

不允许安装保险丝和开关。

例 7-3　Y_0-Y_0 三相电路中,对称三相电源线电压为 380 V,三相负载分别为:$Z_A = 121\Omega$, $Z_B = Z_C = 48.4\Omega$。求:

(1)当中线阻抗 $Z_0 = 0$ 时,三相负载的相电流和中线电流;

(2)当中线阻抗 $Z_0 = \infty$ 时,三相负载的相电流和中线电流。

解　(1)当中线阻抗 $Z_0 = 0$ 时,电源中点与负载中点相当于短接,不对称三相电路的计算可以分解为三个单相电路的计算

$$U_P = \frac{U_l}{\sqrt{3}} = \frac{380}{\sqrt{3}} = 220 \text{ V}$$

三相电源相电压为

$$\dot{U}_A = 220 \angle 0° \text{ V}, \quad \dot{U}_B = 220 \angle -120° \text{ V}, \quad \dot{U}_C = 220 \angle 120° \text{ V}$$

三相负载的相电流为

$$\dot{I}_A = \frac{\dot{U}_A}{Z_A} = 220 \angle 0° \div 121 = 1.82 \angle 0° \text{ A}$$

$$\dot{I}_B = \frac{\dot{U}_B}{Z_B} = 220 \angle -120° \div 48.4 = 4.55 \angle -120° \text{ A}$$

$$\dot{I}_C = \frac{\dot{U}_C}{Z_C} = 220 \angle 120° \div 48.4 = 4.55 \angle 120° \text{ A}$$

中线电流为

$$\dot{I}_0 = \dot{I}_A + \dot{I}_B + \dot{I}_C = 1.82 \angle 0° + 4.55 \angle -120° + 4.55 \angle 120° = 2.73 \angle -180° \text{ A}$$

(2)当中线阻抗 $Z_0 = \infty$ 时,连接电源中点与负载中点的中线相当于开路,这时的不对称三相电路的计算可采用节点电压法先计算电源中点与负载中点间的电压:

$$\dot{U}_{O'O} = \left(\frac{\dot{U}_A}{Z_A} + \frac{\dot{U}_B}{Z_B} + \frac{\dot{U}_C}{Z_C} \right) \div \left(\frac{1}{Z_A} + \frac{1}{Z_B} + \frac{1}{Z_C} \right)$$

$$= \left(\frac{220 \angle 0°}{121} + \frac{220 \angle -120°}{48.4} + \frac{220 \angle 120°}{48.4} \right) \div \left(\frac{1}{121} + \frac{1}{48.4} + \frac{1}{48.4} \right)$$

$$= 55 \angle -180° \text{ V}$$

三相负载的相电压分别为

$$\dot{U}_{AO}' = \dot{U}_A - \dot{U}_{O'O} = 220 \angle 0° - 55 \angle -180° = 275 \text{ V}$$

$$\dot{U}_{BO}' = \dot{U}_B - \dot{U}_{O'O} = 220 \angle -120° - 55 \angle -180° = 198.3 \angle -106.1° \text{ V}$$

$$\dot{U}_{CO}' = \dot{U}_C - \dot{U}_{O'O} = 220 \angle 120° - 55 \angle -180° = 198.3 \angle 106.1° \text{ V}$$

三相负载的相电流为

$$\dot{I}_A = \frac{\dot{U}_{AO'}}{Z_A} = 275 \div 121 = 2.27 \text{ A}$$

$$\dot{I}_B = \frac{\dot{U}_{BO'}}{Z_B} = 198.3 \angle -106.1° \div 48.4 = 4.10 \angle -106.1° \text{ A}$$

$$\dot{I}_C = \frac{\dot{U}_{CO'}}{Z_C} = 198.3 \angle 106.1° \div 48.4 = 4.10 \angle 106.1° \text{ A}$$

中线电流为

$$\dot{I}_0 = \dot{I}_A + \dot{I}_B + \dot{I}_C = 2.27 + 4.10 \angle{-106.1°} + 4.10 \angle{106.1°} = 0\mathrm{A}$$

由以上计算出的结果可以看出，中线阻抗 $Z_0 = \infty$ 即中线断开，此时两中点间的电压不等于零，即中点发生偏移。各相负载的电压不相等，会影响它们的正常工作。

例 7-4 在图 7-18 所示电路中，当 S_1、S_2 闭合时，各电流表的读数都是 10A，求：

(1) S_1 闭合，S_2 断开时各电流表读数；

(2) S_1 断开，S_2 闭合时各电流表读数。

解 (1) S_1 闭合，S_2 断开时各电流表读数：由于电路中当 S_1、S_2 闭合时，为对称电路，各电流表的读数都是 10A，设线电流

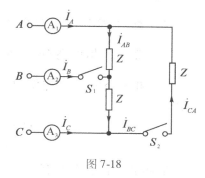

图 7-18

$$\dot{I}_A = 10 \angle{0°}\ \mathrm{A},$$

则 $\dot{I}_B = 10 \angle{-120°}\ \mathrm{A}$，$\dot{I}_C = 10 \angle{120°}\ \mathrm{A}$

由此可得到负载相电流为

$$\dot{I}_{AB} = \frac{10}{\sqrt{3}} \angle{30°} = 5.77 \angle{30°}\ \mathrm{A}, \quad \dot{I}_{BC} = 5.77 \angle{-90°}\ \mathrm{A}, \quad \dot{I}_{CA} = 5.77 \angle{150°}\ \mathrm{A}$$

当 S_2 断开时，$\dot{I}_A = \dot{I}_{AB} = 5.77 \angle{30°}\ \mathrm{A}$，$\dot{I}_C = -\dot{I}_{BC} = 5.77 \angle{90°}\ \mathrm{A}$；

$$\dot{I}_B = \dot{I}_{BC} - \dot{I}_{AB} = 5.77 \angle{-90°} - 5.77 \angle{30°} = 10 \angle{-120°}\ \mathrm{A}$$

故三个表的读数分别为：5.77A，10A，5.77A。

(2) S_1 断开，S_2 闭合时，各电流表读数：S_1 断开后，$\dot{I}_B = 0$，$\dot{I}_{CA} = 5.77 \angle{150°}\ \mathrm{A}$；

$$\dot{I}_{AB} = \dot{I}_{BC} = -0.5\dot{I}_{CA} = 0.5 \times 5.77 \angle{-30°} = 2.885 \angle{-30°}\ \mathrm{A}$$

$$\dot{I}_A = \dot{I}_{AB} - \dot{I}_{CA} = 2.885 \angle{-30°} - 5.77 \angle{150°} = 8.66 \angle{-30°}\ \mathrm{A}$$

$$\dot{I}_C = -\dot{I}_A = -8.66 \angle{-30°} = 8.66 \angle{150°}\ \mathrm{A}$$

故三个表的读数分别为：8.66A，0A，8.66A。

7.4　三相电路的功率

在前面几章论述过单相正弦交流电路的功率，现在我们来研究三相交流电路的功率，三相交流电路的功率计算与单相正弦交流电路的功率计算有许多联系。

7.4.1　三相电路的平均功率

在三相电路中，三相电源发出的有功功率等于三相负载吸收的有功功率，即等于各相有功功率之和。设 A、B、C 三相负载相电压有效值分别为 U_A、U_B、U_C，三相负载相电流有效值分别为 I_A、I_B、I_C，A、B、C 三相负载相电压与相电流的相位差分别为 φ_A、φ_B、φ_C。

$$P = P_A + P_B + P_C = U_A I_A \cos\varphi_A + U_B I_B \cos\varphi_B + U_C I_C \cos\varphi_C \tag{7-8}$$

在对称三相电路中，由于

$$U_A = U_B = U_C = U_P, I_A = I_B = I_C = I_P, \varphi_A = \varphi_B = \varphi_C = \varphi$$

$$P = 3U_P I_P \cos\varphi \tag{7-9}$$

负载星形连接时，$U_P = U_l / \sqrt{3}$，$I_P = I_l$；负载三角形连接时，$U_P = U_l$，$I_P = I_l \sqrt{3}$，所以式（7-9）可统一写为

$$P = \sqrt{3}\, U_l I_l \cos\varphi \tag{7-10}$$

请注意，上式中 U_l、I_l 是线电压和线电流，φ 是相电压和相电流之间的相位差。

7.4.2 三相电路的无功功率

在三相电路中，三相电源的无功功率等于三相负载的无功功率，即等于各相无功功率之和，即

$$\begin{aligned}
Q &= Q_A + Q_B + Q_C \\
&= U_A I_A \sin\varphi_A + U_B I_B \sin\varphi_B + U_C I_C \sin\varphi_C
\end{aligned} \tag{7-11}$$

在对称三相电路中，有

$$Q = \sqrt{3}\, U_l I_l \sin\varphi \tag{7-12}$$

7.4.3 三相电路的视在功率

三相电路的视在功率

$$S = \sqrt{P^2 + Q^2} \tag{7-13}$$

在对称三相电路中

$$S = 3U_P I_P = \sqrt{3}\, U_l I_l$$

7.4.4 对称三相电路的瞬时功率

对称三相电路的瞬时功率等于各相电路的瞬时功率之和。设

$$u_A = \sqrt{2}\, U_P \sin\omega t \qquad\qquad i_A = \sqrt{2}\, I_P \sin(\omega t - \varphi)$$

$$u_B = \sqrt{2}\, U_P \sin(\omega t - 120°) \qquad i_B = \sqrt{2}\, I_P \sin(\omega t - 120° - \varphi)$$

$$u_C = \sqrt{2}\, U_P \sin(\omega t - 240°) \qquad i_C = \sqrt{2}\, I_P \sin(\omega t - 240° - \varphi)$$

各相电路的瞬时功率为

$$\begin{aligned}
p_A &= u_A i_A = \sqrt{2}\, U_P \sin\omega t \times \sqrt{2}\, I_P \sin(\omega t - \varphi) \\
&= U_P I_P [\cos\varphi - \cos(2\omega t - \varphi)] \\
p_B &= u_B i_B = \sqrt{2}\, U_P \sin(\omega t - 120°) \times \sqrt{2}\, I_P \sin(\omega t - 120° - \varphi) \\
&= U_P I_P [\cos\varphi - \cos(2\omega t - 240° - \varphi)] \\
p_C &= u_C i_C = U_P I_P [\cos\varphi - \cos(2\omega t - 480° - \varphi)]
\end{aligned}$$

各相电路的瞬时功率和为

$$p = p_A + p_B + p_C = 3U_P I_P \cos\varphi = P \tag{7-14}$$

这是因为 $\cos(2\omega t - \varphi) + \cos(2\omega t - 240° - \varphi) + \cos(2\omega t - 480° - \varphi) = 0$ 的缘故。

对称三相电路的瞬时功率为一常数,等于三相电路的平均功率。这是三相制的优点之一。不管是三相发电机还是三相电动机,它的瞬时功率为一常数,这就意味着它们的机械转矩是恒定的,从而免除运转时的震动,使得电机运转平稳。

7.4.5　三相功率的测量

1. 三相四线制电路

在三相四线制电路中,当负载不对称时须用三个单相功率表测量三相负载的功率,如图7-19 所示。这种测量方法称为三瓦计法。

在三相四线制电路中,当负载对称时只需用一个单相功率表测量三相负载的功率,如图7-19 中的任意一个表都可以。这时

$$P = 3P_A = 3P_B = 3P_C$$

即任意一个表的读数乘以 3 就是三相负载的功率。这种测量方法称为一瓦计法。

2. 三相三线制电路

对于三相三线制电路,不管负载对称还是不对称,也不管负载是星形连接还是三角形连接,都可以用两个单相功率表测量三相负载的功率,如图7-20 所示。这种测量方法称为两瓦计表法。现在我们来证明其正确性。

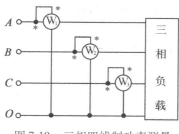

图 7-19　三相四线制功率测量

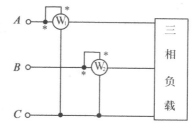

图 7-20　三相三线制功率测量

假设负载为星形连接,如果负载为三角形连接可以等效变换成星形连接。星形连接三相负载的瞬时功率为

$$p = p_A + p_B + p_C = u_{AO'} i_A + u_{BO'} i_B + u_{CO'} i_C$$

式中,O' 是星形负载的中点。由 KCL 可知:$i_A + i_B + i_C = 0$,即

$$i_C = -(i_A + i_B)$$

将此关系代入前式中

$$\begin{aligned} p &= p_A + p_B + p_C = u_{AO'} i_A + u_{BO'} i_B + u_{CO'}[-(i_A + i_B)] \\ &= (u_{AO'} - u_{CO'}) i_A + (u_{BO'} - u_{CO'}) i_B \\ &= u_{AC} i_A + u_{BC} i_B \end{aligned}$$

三相负载的平均功率为

$$P = \frac{1}{T} \int_0^T p \, \mathrm{d}t = \frac{1}{T} \int_0^T (u_{AC} i_A + u_{BC} i_B) \, \mathrm{d}t$$

$$= U_{AC}I_A\cos\varphi_1 + U_{BC}I_B\cos\varphi_2 = P_1 + P_2$$

式中，φ_1、φ_2 分别是 $\dot{U}_{AC}$ 与 $\dot{I}_A$ 之间、$\dot{U}_{BC}$ 与 $\dot{I}_B$ 之间的相位差；P_1、P_2 是功率表 W_1、W_2 的读数。再看一下图 7-20 中两个功率表的接法，可知两个功率表的读数的代数和正好就是三相负载的总功率。

这里必须强调指出，两个功率表读数的代数和才等于三相总功率，任意一个表的单独读数都是没有意义的。

可以证明，在对称三相电路中，有

$$P_1 = U_{AC}I_A\cos(30°-\varphi)，\quad P_2 = U_{BC}I_B\cos(30°+\varphi)$$

式中，φ 为负载的阻抗角。P_1 是电压线圈跨接的相序为逆相序的功率表的读数，P_2 是电压线圈跨接的相序为顺相序的功率表的读数。若负载为感性，当 φ 大于 60° 时，功率表 W_2 出现反转，可将功率表的"极性旋钮"旋至"−"位置，此时 P_2 的读数应取负值，即

$$P = P_1 - P_2$$

例 7-5 已知对称三相负载的有功功率为 7.5kW，$\cos\varphi=0.866$，对称线电压为 380V。求该感性负载的线电流和两个功率表的读数（见图 7-21）。

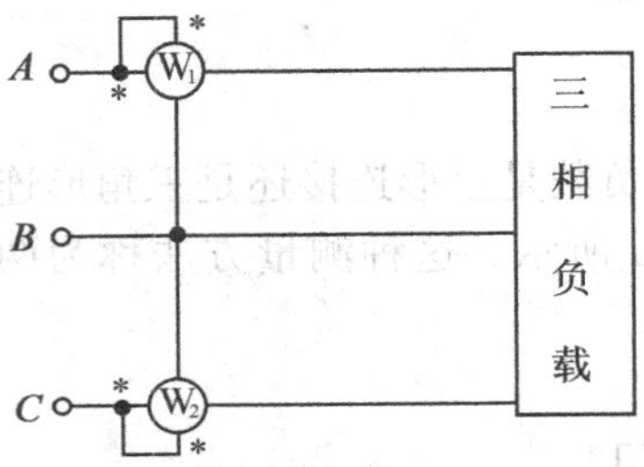

解 由于是对称负载，由三相电路的功率计算公式

$$P = \sqrt{3}\,U_l I_l \cos\varphi$$

可以求得负载的线电流

$$I_l = \frac{P}{\sqrt{3}\,U_l\cos\varphi} = \frac{7500}{\sqrt{3}\times380\times0.866} = 13.16\text{A}$$

功率因数角

$$\varphi = \arccos 0.866 = 30°$$

图 7-21

设 $\dot{U}_{AO'} = 220\angle 0°$ V，则

$$\dot{I}_A = 13.16\angle{-30°}\ \text{A}$$
$$\dot{I}_B = 13.16\angle{-150°}\ \text{A}$$
$$\dot{I}_C = 13.16\angle 90°\ \text{A}$$

两个功率表电压线圈上的电压为

$$\dot{U}_{AB} = 380\angle 30°\ \text{V}$$
$$\dot{U}_{CB} = 380\angle 90°\ \text{V}$$

两个功率表的读数分别为

$$P_1 = U_{AB}I_A\cos(30°+\varphi) = 380\times13.16\times\cos(30°+30°) = 2500\text{W}$$
$$P_2 = U_{CB}I_C\cos(30°-\varphi) = 380\times13.16\times\cos(30°-30°) = 5000\text{W}$$

7.5 对称制的推广

7.5.1 多相制

在发电机的定子上分布的导线可以任意划分为若干个绕组，也就是说从理论上讲可以

制造出任意相数的发电机,产生一相、二相、三相、四相、五相……电源,当电源的相数等于一相时称为单相电源,其相应的体系称为单相制;而电源的相数大于一相则称为多相电源,其相应的体系称为多相制。多相制与单相制相比固然有许多优点,但是相数太多就增加了结构上的复杂性而经济上却获益不大,所以除某些特殊需要外,电力系统大多为三相制。

对称 n 相正弦电压中包含 n 个大小相等的正弦电压,其中相邻的两个电压相量具有 $\frac{2\pi}{n}$ 的相位差。例如六相正弦电压中相邻的两个电压相量具有 60° 的相位差。

二相制是一种例外,如果按照上面的规律去推,对称二相正弦电压中相邻的两个电压相量具有 180° 的相位差,这样如果改变一个电压的正方向,就会得到两个相同的电压。这种二相正弦电压没有什么实际意义。因此规定"对称"二相正弦电压中相邻的两个电压相量具有的相位差不是 180° 而是 90°,即是相位正交。也就是说二相制不是一种对称制。二相制会在电气测量仪表和自动控制中遇到。

在没有三相电源的环境下,单相电源通过一个移相电路也可以获得三相电压。如图 7-22 所示。当合理选择 R、L、C 的参数值,可以使电压 $\dot{U}_{ab}$、$\dot{U}_{bc}$、$\dot{U}_{ca}$ 成为对称三相电压。

在三相电源的环境下,也可以产生六相电源。将三相变压器的每个副绕组的中心抽头 A'、B'、C' 三个端子连接在一起,如图 7-23 所示。图中每相副绕组的上端部分,即端子 AA'、BB'、CC' 引出的电压 $\dot{U}_{AA'}$、$\dot{U}_{BB'}$、$\dot{U}_{CC'}$ 仍与一般三相星形连接变压器副边绕组电压相同,它们的相位互相相差 120°。

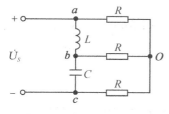

图 7-22 单相电源变三相电源

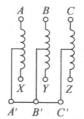

图 7-23 三相电源变六相电源

图 7-23 中每相副绕组的下端部分,即端子 XA'、YB'、ZC' 引出的电压 $\dot{U}_{XA'}$、$\dot{U}_{YB'}$、$\dot{U}_{ZC'}$ 虽然它们的相位互相相差 120°,但它们分别与电压 $\dot{U}_{AA'}$、$\dot{U}_{BB'}$、$\dot{U}_{CC'}$ 相差 180°。由于以上六个电压除相位不同外,它们的有效值都相等,所以组成一组对称的六相电源。按各电压的相位依次排列为 $\dot{U}_{AA'}$、$\dot{U}_{ZC'}$、$\dot{U}_{BB'}$、$\dot{U}_{XA'}$、$\dot{U}_{CC'}$、$\dot{U}_{YB'}$。它们的相量图如图 7-24 所示。按照类似的方式,在三相电源的环境下,还可以产生九相电源、十二相电源。六相制、十二相制在一些特殊设备中应用。

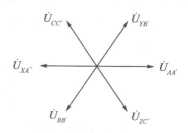

图 7-24 六相电压相量图

7.5.2 对称分量法

在 7.2 节中讨论的对称三相电路的计算,都是将三相电路简化为单相电路计算。如果三相电源不对称,即使三相负载对称,也不能化三相电路为单相电路计算。但是如果把不对称三相电源与待求的各相电流进行变换,将它们各分解为三组分量,使每一组分量自身对称,于是就可以采用化三相电路为单相电路计算的方法,先分别计算出各组分量,然后进行叠加。这种计算不对称三相电路的方法称为对称分量法。从电压、电流分解出来的各组分量自身都是对称的,称它们为对称分量。

首先分析一下有几种对称三相制。由对称的定义,如果三个电压相量 $\dot{U}_{Ak}$、$\dot{U}_{Bk}$、$\dot{U}_{Ck}$ 为对称,则其电压的有效值应相等,相位彼此相差 120°,即

$$\dot{U}_{Ak} = \dot{U}_{Bk}\angle\underline{\beta} = \dot{U}_{Ck}\angle\underline{2\beta} = \dot{U}_{Ak}\angle\underline{3\beta} \tag{7-15}$$

由此可见

$$1\angle\underline{3\beta} = 1$$

即

$$\beta = \frac{2k\pi}{3} \tag{7-16}$$

式中,k 为零或任意整数。

如果令 $k=0$,则 $1\angle\underline{\beta} = 1\angle\underline{0°} = 1$,于是得到

$$\dot{U}_{A0} = \dot{U}_{B0} = \dot{U}_{C0} \tag{7-17}$$

即三个相量 $\dot{U}_{A0}$、$\dot{U}_{B0}$、$\dot{U}_{C0}$ 不仅大小相等,而且相位也相同。这样三个对称相量是没有相序的,称为零序对称组,如图7-25(a)所示。

如果令 $k=1$,则 $1\angle\underline{\beta} = 1\angle\underline{120°} = \alpha$,于是得到

$$\dot{U}_{A1} = \alpha\dot{U}_{B1} = \alpha^2\dot{U}_{C1} \tag{7-18}$$

即三个相量 $\dot{U}_{A1}$、$\dot{U}_{B1}$、$\dot{U}_{C1}$ 依次滞后 120°,即是说对称相量的相序是 A—B—C 这样的次序,称为正序对称组,如图7-25(b)所示。

如果令 $k=2$,则 $1\angle\underline{\beta} = 1\angle\underline{240°} = \alpha^2$,于是得到

$$\dot{U}_{A2} = \alpha^2\dot{U}_{B2} = \alpha\dot{U}_{C2} \tag{7-19}$$

即三个相量 $\dot{U}_{A2}$、$\dot{U}_{B2}$、$\dot{U}_{C2}$ 依次滞后 240°,或者说它们依次超前 120°。就是说对称相量的相序是 A—C—B 这样的次序,称为负序对称组,如图7-25(c)所示。

如果令 $k=3$,则 $1\angle\underline{\beta} = 1\angle\underline{360°} = 1$,于是得到与 $k=0$ 一样的结果。再令 k 为其他整数,也都会得到与上述对称组相重复的结果。因此可以得出结论:对称三相制只有三种,即零序对称组、正序对称组、负序对称组。

如果三个不对称电压相量 $\dot{U}_A$、$\dot{U}_B$、$\dot{U}_C$ 各分解为三个相量,使形成三组不同相序的对称组,则应有

$$\dot{U}_A = \dot{U}_{A0} + \dot{U}_{A1} + \dot{U}_{A2}$$
$$\dot{U}_B = \dot{U}_{B0} + \dot{U}_{B1} + \dot{U}_{B2} = \dot{U}_{A0} + \alpha^2\dot{U}_{A1} + \alpha\dot{U}_{A2} \tag{7-20}$$
$$\dot{U}_C = \dot{U}_{C0} + \dot{U}_{C1} + \dot{U}_{C2} = \dot{U}_{A0} + \alpha\dot{U}_{A1} + \alpha^2\dot{U}_{A2}$$

这三个方程组里不对称电压相量 $\dot{U}_A$、$\dot{U}_B$、$\dot{U}_C$ 是已知的,只有三个未知量 $\dot{U}_{A0}$、$\dot{U}_{A1}$、$\dot{U}_{A2}$。由于 $1+\alpha+\alpha^2=0$,可以解得

$$\dot{U}_{A0} = \frac{1}{3}(\dot{U}_A + \dot{U}_B + \dot{U}_C) \tag{7-21}$$

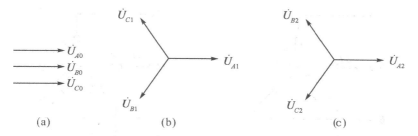

图 7-25 三相电压分解成三组分量

$$\dot{U}_{A1} = \frac{1}{3}(\dot{U}_A + \alpha\dot{U}_B + \alpha^2\dot{U}_C) \tag{7-22}$$

$$\dot{U}_{A2} = \frac{1}{3}(\dot{U}_A + \alpha^2\dot{U}_B + \alpha\dot{U}_C) \tag{7-23}$$

$\dot{U}_{A0}$、$\dot{U}_{A1}$、$\dot{U}_{A2}$ 称为电压相量 $\dot{U}_A$ 的三个对称分量。由这三个对称分量很容易推导出电压相量 $\dot{U}_B$ 的三个对称分量 $\dot{U}_{B0} = \dot{U}_{A0}$，$\dot{U}_{B1} = \alpha^2\dot{U}_{A1}$，$\dot{U}_{B2} = \alpha\dot{U}_{A2}$ 及电压相量 $\dot{U}_C$ 的三个对称分量 $\dot{U}_{C0} = \dot{U}_{A0}$，$\dot{U}_{C1} = \alpha\dot{U}_{A1}$，$\dot{U}_{C2} = \alpha^2\dot{U}_{A2}$。

如果有三个不对称电流相量，也可以用上述方法将它们各分解为三个相量，使形成三组不同相序的对称组，其结果的形式是一样的，只需将 $\dot{U}$ 换成 $\dot{I}$ 即可。

当不对称三相电压作用于对称三相负载时，首先将给定的不对称三相电压分解成对称分量，让这些对称电压分量分别作用于电路，计算出相应的电流分量，然后进行叠加即可。在负载对称的情况下，电流的零序分量只能由电压的零序分量产生，正序分量和负序分量亦然。我们将同一相序的电压和电流的比值称为这一相序的阻抗。例如把输入到对称星形负载的三相相电压分解为对称分量后，A 相电压的零序分量、正序分量、负序分量分别为 $\dot{U}_{A0}$、$\dot{U}_{A1}$、$\dot{U}_{A2}$；通过的三个相电流中 A 相电流的零序分量、正序分量、负序分量分别为 $\dot{I}_{A0}$、$\dot{I}_{A1}$、$\dot{I}_{A2}$；则零序、正序、负序阻抗为：$Z_{A0} = \dot{U}_{A0}/\dot{I}_{A0}$，$Z_{A1} = \dot{U}_{A1}/\dot{I}_{A1}$，$Z_{A2} = \dot{U}_{A2}/\dot{I}_{A2}$。如果对称三相星形负载中线阻抗为零，如图 7-26（a）所示。则这三个阻抗是相等的，即

$$Z_{A0} = Z_{A1} = Z_{A2} = Z \tag{7-24}$$

如果对称三相星形负载中线阻抗不为零，由于三个相电流的零序分量是同相位的，它们的相量和不等于零，中线上的零序阻抗就与正序、负序阻抗不一样。如图 7-26（b）所示，由于中线上流过的电流是零序电流 I_{A0} 的 3 倍，所以 A 相电压的零序分量为

$$\dot{U}_{A0} = Z\dot{I}_{A0} + Z_0 \times 3I_{A0} \tag{7-25}$$

由此得出零序阻抗

$$Z_{A0} = \frac{\dot{U}_{A0}}{\dot{I}_{A0}} = Z + 3Z_0 \tag{7-26}$$

但正序、负序阻抗不变，$Z_{A1} = Z_{A2} = Z$。

对于静止负载，正序阻抗、负序阻抗总是彼此相等的。但是，对于旋转电机，由于正序电流的旋转磁场与电机转子作同方向旋转，而负序电流的旋转磁场与电机转子作反方向旋转，

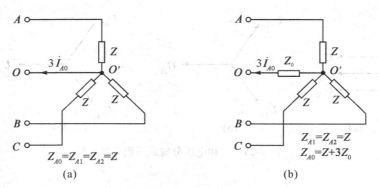

图 7-26 三相负载的阻抗

因而正序阻抗与负序阻抗有差异,即 $Z_1 \neq Z_2$。

例 7-6 不对称星形电源 $\dot{U}_A = 330 \underline{/0°}$ V,$\dot{U}_B = 156 \underline{/-90°}$ V,$\dot{U}_C = 156 \underline{/90°}$ V,加在一台三相电动机上。电动机在给定工作状态下的正序、负序阻抗分别为 $Z_1 = 3.6 + j3.6\,\Omega$,$Z_2 = 0.15 + j0.5\,\Omega$,没有中线。求各线电流。

解 $\dot{U}_A$ 的正序、负序分量分别为

$$\dot{U}_{A1} = \frac{1}{3}(\dot{U}_A + \alpha\dot{U}_B + \alpha^2\dot{U}_C) = \frac{1}{3}[330 + j156(-\alpha + \alpha^2)]$$

$$= \frac{1}{3}\left[330 + j156\left(\frac{1}{2} - j\frac{\sqrt{3}}{2} - \frac{1}{2} - j\frac{\sqrt{3}}{2}\right)\right] = 200 \underline{/0°}\ \text{V}$$

$$\dot{U}_{A2} = \frac{1}{3}(\dot{U}_A + \alpha^2\dot{U}_B + \alpha\dot{U}_C)$$

$$= \frac{1}{3}[330 + j156(-\alpha^2 + \alpha)]$$

$$= 20 \underline{/0°}\ \text{V}$$

$\dot{U}_A$ 的零序分量为

$$\dot{U}_{A0} = \frac{1}{3}(\dot{U}_A + \dot{U}_B + \dot{U}_C) = \frac{1}{3}(330 + j156 - j156) = 110\,\text{V}$$

$\dot{I}_A$ 的正序、负序分量分别为

$$\dot{I}_{A1} = \frac{\dot{U}_{A1}}{Z_1} = \frac{200}{3.6 + j3.6} = 39.3 \underline{/-45°}\ \text{A}$$

$$\dot{I}_{A2} = \frac{\dot{U}_{A2}}{Z_2} = \frac{20}{0.15 + j0.5} = 38.3 \underline{/-73.3°}\ \text{A}$$

由于没有中线,零序电流不存在,$\dot{I}_{A0} = 0$

根据所求得的 $\dot{I}_{A1}$、$\dot{I}_{A2}$ 可参照式(7-20)计算各线电流如下:

$$\dot{I}_A = \dot{I}_{A0} + \dot{I}_{A1} + \dot{I}_{A2}$$

$$= 39.3 \underline{/-45°} + 38.3 \underline{/-73.3°} = 38.8 - j64.5 = 75.3 \underline{/-59°}\ \text{A}$$

$$\dot{I}_B = \dot{I}_{B0} + \dot{I}_{B1} + \dot{I}_{B2} = \dot{I}_{A0} + \alpha^2 \dot{I}_{A1} + \alpha \dot{I}_{A2}$$

$$= 39.3 \angle -165° + 38.3 \angle 46.7° = -11.7 + j17.7 = 21.2 \angle 123.5° \text{ A}$$

$$\dot{I}_C = \dot{I}_{C0} + \dot{I}_{C1} + \dot{I}_{C2} = \dot{I}_{A0} + \alpha \dot{I}_{A1} + \alpha^2 \dot{I}_{A2}$$

$$= 39.3 \angle 75° + 38.3 \angle 166.7° = -27.1 + j46.8 = 54.1 \angle 120.1° \text{ A}$$

习   题

7-1   三相电路中,对称三相电源线电压有效值为 380V,输电线阻抗 $Z_l = 1 + j2\Omega$,对称三相负载作星形连接,其阻抗 $Z = 5 + j6\Omega$。求各相负载的电流相量、电压相量和线路电压降。

7-2   三相感应电动机的三相绕组作星形连接,接到线电压为 380V 的对称三相电源上,其线电流为 13.8 A。求:

(1)各相绕组上的相电压和相电流;

(2)各相绕组阻抗值;

(3)如果将电动机的三相绕组改作三角形连接,相电流和线电流是多少?

7-3   对称三相四线电路中,负载阻抗 $Z = 98 + j172.2\Omega$,输电线阻抗 $Z_l = 2 + j1\Omega$,中线阻抗 $Z_0 = 1 + j1\Omega$,对称电源线电压 $U_l = 380$ V。求负载的电流、负载端的线电压。

7-4   对称三相三线电路中,负载作三角形连接,阻抗 $Z = 98 + j172.2\Omega$,输电线阻抗 $Z_l = 2 + j1\Omega$,三相对称电源线电压 $U_l = 380$ V。求线电流、负载的相电流和相电压。

7-5   三相四线电路中,对称电源线电压 $U_l = 380$V,不对称星形负载分别为 $Z_A = 3 + j4\Omega$,$Z_B = 5 + j5\Omega$,$Z_C = 5 + j8.66\Omega$,设 A 相电压为参考相量。求:

(1)中线阻抗 $Z_0 = 0$ 时的线电流和中线电流;

(2)中线阻抗 $Z_0 = 4 + j3\Omega$ 时的中性电压、线电流和中线电流;

(3)中线阻抗 $Z_0 = 0$,A 相负载开路及短路时的线电流和中线电流;

(4)中线阻抗 $Z_0 = \infty$,A 相负载开路及短路时的线电流和中性点电压;

7-6   由两个相同的灯泡和一个电感线圈连接成星形构成相序指示器,如题 7-6 图所示。已知线电压是对称的且 $R = \omega L$,求两个灯泡所承受的电压。

7-7   电路如图题 7-7 图所示。三相对称电源线电压 $U_l = 380$V。$Z = 50 + j50\Omega$,$Z_l = 100 + j100\Omega$。试求:

(1)开关 S 断开时的线电流;

(2)开关 S 闭合时的线电流;

(3)当开关 S 闭合时,如果用两表法测量电源端三相功率,试画出接线图并求两个功率表的读数。

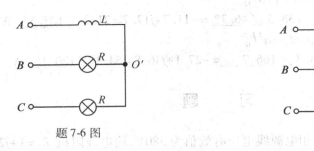

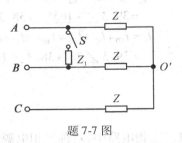

题 7-6 图　　　　　　　　　　　　　　　　题 7-7 图

7-8　已知对称三相电源接成三角形,如果其中一相(C 相)接反,求证回路电压数值为相电压的两倍。

7-9　已知三相对称电源线电压 $U_l = 380$V,线电流 $I_l = 20.8$A,三相感性负载功率 $P = 5.5$kW,求该负载的功率因数 $\cos\varphi$。

7-10　已知三相电动机的功率因数 $\cos\varphi = 0.86$,效率 $\eta = 0.88$,额定电压 $U_l = 380$V,输出功率 $P = 2.2$kW,求电动机的电流。

7-11　在题 7-11 图所示电路中的一个功率表可以测出三相负载的无功功率。已知功率 6 表的读数为 5kW,求负载吸收的无功功率。

题 7-11 图

7-12　在题 7-12 图所示的三相电路中,对称电源线电压 $U_l = 380$V,对称星形负载为 $Z_1 = 10 + j16\Omega$,对称三角形负载分别为 $Z_2 = 2 + j3\Omega$, $Z_3 = 3 + j21\Omega$。设电压表的内阻抗为无穷大,求电压表的读数。

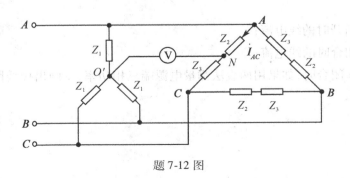

题 7-12 图

7-13　第7.5节图7-22电路中 $R=20\Omega$，要使星形连接的电阻获得对称三相电压，求 L、C 的值。

7-14　在题7-14图所示的三相电路中，对称电源线电压 $U_l=380\mathrm{V}$，对称星形负载为 Z，不对称星形负载分别为 $Z_A=10\Omega,Z_B=j10\Omega,Z_C=-j10\Omega$。设电压表的内阻抗为无穷大，求电压表的读数。

7-15　在题7-15图所示电路中，已知电源电压 $\dot{U}_{AB}=380 \angle 0° \text{ V}, \dot{U}_{BC}=380 \angle -120°$ V，$Z_1=30 \angle 30°\ \Omega$；网络 N 为对称三相负载，$\cos\varphi=0.5$（感性），三相功率 $P=2\mathrm{kW}$。求两电源分别发出的有功功率和无功功率。

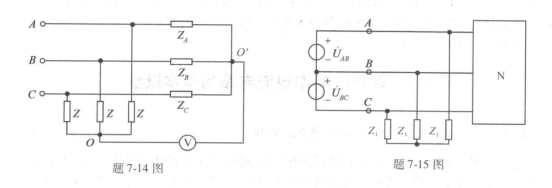

題7-14图　　　　　　　　題7-15图

7-16　将例7-6不对称三相电源加在一对称三相负载上，测得 A、B、C 三个线电流分别为 13.90A、9.83A、7.63A；另外测得线电压 $\dot{U}_{AB}$ 超前于线电流 $\dot{I}_A$ 的角度为 73.8°。求此负载的正序阻抗和负序阻抗。

第8章 非正弦周期电流电路和信号的频谱

本章首先介绍非正弦周期电流电路的基本概念,然后介绍非正弦周期电流电路的分析计算方法。主要内容有:周期函数分解为傅里叶级数;非正弦周期电流、电压的频谱;非正弦周期电流、电压的有效值、平均值和平均功率;非正弦周期电流电路的分析计算方法——谐波分析法;电力系统中对称三相电路的高次谐波;傅里叶级数的指数形式及其相应的频谱;傅里叶积分及傅里叶变换。

8.1 非正弦周期电流电路的基本概念

8.1.1 电路中的非正弦周期电流、电压

在电力系统和电子电路中,当激励和响应都是随时间按正弦规律变化时,称之为正弦交流电路。正弦交流电路是周期电流电路的基本形式。但是,在电力工程和电子工程中,还会遇到激励和响应随时间不按正弦规律变化的周期电路,我们将它称为非正弦周期电流电路。形成非正弦周期电流电路的原因,概括起来有以下几种情况:

发电机产生的电压波形并不是标准的正弦电压。这是因为设计和制造发电机时虽力求使发电机产生的电压波形是完全标准的正弦电压,但是由于在设计、设备加工、安装出现偏差等各种因素的影响,使发电机产生的电压波形并不是精确的正弦电压波形。

由于电路中存在非线性器件,即使是正弦激励,其响应是非正弦的。比如由半导体二极管构成的半波整流电路和全波整流电路,其输入是正弦波而输出则是非正弦波。另外,由于用户中有一些非线性用电设备,特别是某些工业用户的大功率可控硅装置,当这些可控硅元件被触发导通时的大电流在线路上引起突然的电压降,使局部电压波形发生变形,如图 8-1(c)所示。

通过电子电路传送的信号,许多都是非正弦的。由图像、语言、音乐转换过来的信号,都是非正弦量;雷达、自动控制装置、计算机中大量使用的脉冲信号也是非正弦的;实验室中为某些特殊试验使用的方波电源、示波器以及电视机中的扫描电路使用的锯齿波等都是非正弦信号。

当两个或两个以上不同频率的正弦激励同时作用于某一电路,其响应是非正弦的。如图 8-2(a)所示电路,电压源 $u_1 = U_{1m}\sin\omega t$,$u_2 = U_{2m}\sin3\omega t$,负载 R 上的电压 $u = u_1 + u_2$,显然电压 u 是非正弦的,如图 8-2(b)所示。

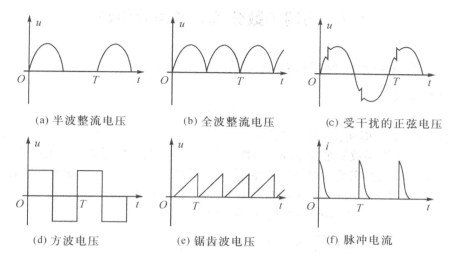

图 8-1　非正弦周期电流、电压波形

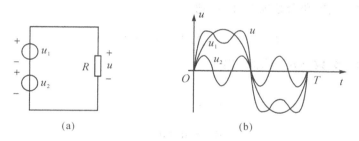

图 8-2　两个不同频率的电源作用于电路

8.1.2　非正弦周期电流电路的分析方法

非正弦电流电路有两种:非正弦周期电流电路和非正弦非周期电流电路,本章要学习的是前一种电路的分析计算方法。

分析非正弦周期电流电路的方法,首先是运用高等数学中的傅里叶级数将非正弦周期激励展开为一系列不同频率的正弦量之和,然后应用线性电路的叠加定理,让各种频率的正弦量分别作用于电路,计算出它们的响应,最后将这些响应叠加起来就得到非正弦周期激励的总响应。这种分析方法称为谐波分析法。当计算各种频率的正弦量的响应时,要用到直流和正弦交流电路的分析方法,这些方法前面已经学习过。在运用线性电路的叠加定理时,不同频率的电压、电流应如何叠加?不同频率的激励共同作用下的电路功率应如何计算?这些问题本章第8.4节将详细讨论。

8.2　周期函数分解为傅里叶级数

8.2.1　周期函数的傅里叶级数形式

周期函数表示为

$$f(t)=f(t+kT)$$

式中,T 为周期函数的周期;$k = 0,1,2,3,\cdots$

如果给定的周期函数满足狄里赫利条件,则可以展开成级数形式。电工技术中用到的非正弦周期函数一般都满足狄里赫利条件,故不需要去讨论条件。周期函数的级数形式为

$$f(t) = a_0+(a_1\cos\omega t+b_1\sin\omega t)+(a_2\cos2\omega t+b_2\sin2\omega t) +\cdots$$
$$+(a_k\cos k\omega t+b_k\sin k\omega t)+\cdots$$
$$=a_0+ \sum_{k=1}^{\infty} (a_k\cos k\omega t + b_k\sin k\omega t) \tag{8-1}$$

式中,角频率 $\omega = \dfrac{2\pi}{T}$。以上无穷三角级数称为傅里叶级数。a_0、a_k、b_k 称为傅里叶系数。

将上式中的正弦项和余弦项合并,得到

$$f(t) = A_0 + \sum_{k=1}^{\infty} A_{km}\sin(k\omega t + \psi_k) \tag{8-2}$$

比较以上两种级数形式,不难得出

$$A_0 = a_0 \tag{8-3a}$$

$$A_{km} = \sqrt{a_k^2 + b_k^2} \tag{8-3b}$$

$$\psi_k = \arctan\frac{a_k}{b_k} \tag{8-3c}$$

或

$$a_k = A_{km}\sin\psi_k \tag{8-4a}$$
$$b_k = A_{km}\cos\psi_k \tag{8-4b}$$

式(8-2) 中,常数项 A_0 称为 $f(t)$ 的直流分量,当 $k = 1$ 时得到 $A_{1m}\sin(\omega t + \psi_1)$,该项称为 $f(t)$ 的一次谐波分量或基波分量,当 $k = 2$ 时得到 $A_{2m}\sin(2\omega t + \psi_2)$,该项称为 $f(t)$ 的二次谐波分量,当 $k = 3$ 时得到 $A_{3m}\sin(3\omega t + \psi_3)$,该项称为 $f(t)$ 的三次谐波分量,等等。二次及二次以上的谐波分量称为高次谐波。习惯上将 k 为奇数的分量称为奇次谐波,将 k 为偶数的分量称为偶次谐波。

傅里叶级数是一个收敛的无穷级数,随着 k 取值的增大 A_{km} 的值减小。k 取值越大,三角级数越接近周期函数 $f(t)$,当 $k = \infty$ 时,三角级数就能准确代表周期函数 $f(t)$。但随着 k 取值的增大计算量也随之增大。实际运算时三角级数应取多少项,要根据计算精度要求和级数的收敛快慢而定。在工程计算中,一般取式中的前几项就可以满足精度要求了,后边的更高次项谐波可以忽略不计。

8.2.2　如何确定傅里叶系数

要将周期函数分解成傅里叶级数,就必须要求出傅里叶系数。傅里叶系数的计算公

式为

$$a_0 = \frac{1}{T}\int_0^T f(t)\,\mathrm{d}t = \frac{1}{T}\int_{-T/2}^{T/2} f(t)\,\mathrm{d}t \qquad (8\text{-}5\mathrm{a})$$

$$a_k = \frac{2}{T}\int_0^T f(t)\cos k\omega t\,\mathrm{d}t = \frac{1}{\pi}\int_0^{2\pi} f(t)\cos k\omega t\,\mathrm{d}(\omega t)$$

$$= \frac{1}{\pi}\int_{-\pi}^{\pi} f(t)\cos k\omega t\,\mathrm{d}(\omega t) \qquad (k = 1,2,3,\cdots) \qquad (8\text{-}5\mathrm{b})$$

$$b_k = \frac{2}{T}\int_0^T f(t)\sin k\omega t\,\mathrm{d}t = \frac{1}{\pi}\int_0^{2\pi} f(t)\sin k\omega t\,\mathrm{d}(\omega t)$$

$$= \frac{1}{\pi}\int_{-\pi}^{\pi} f(t)\sin k\omega t\,\mathrm{d}(\omega t) \qquad (k = 1,2,3,\cdots) \qquad (8\text{-}5\mathrm{c})$$

对于一个给定的非正弦周期函数,运用上面给出的公式来计算出它的傅里叶系数,运算量还是相当大的。为了减少计算,人们已将一些常见的非正弦周期函数的傅里叶系数计算出来,提供给使用者查阅,见表8-1。在数学手册或电工手册中还能查到更多的函数。

表8-1 　　　　　　　周期函数的傅里叶级数

序　号	$f(t)$ 的波形	$f(t)$ 的傅里叶级数
1 三角波		$f(t) = \dfrac{8A}{\pi^2}\sum\limits_{k=1,3,5}^{\infty} \dfrac{1}{k^2}\sin\dfrac{k\pi}{2}\sin k\omega t$
2 锯齿波		$f(t) = \dfrac{A}{2} - \dfrac{A}{\pi}\sum\limits_{k=1}^{\infty} \dfrac{1}{k}\sin k\omega t$
3 半波整流 正弦波		$f(t) = \dfrac{A}{\pi} + \dfrac{A}{2}\sin\omega t - \dfrac{2A}{\pi}\sum\limits_{k=2,4,6,}^{\infty} \dfrac{\cos k\omega t}{k^2 - 1}$
4 全波整流 正弦波		$f(t) = \dfrac{2A}{\pi} - \dfrac{4A}{\pi}\sum\limits_{k=1}^{\infty} \dfrac{\cos 2k\omega t}{4k^2 - 1}$
5 方波		$f(t) = \dfrac{4A}{\pi}\sum\limits_{k=1,3,5}^{\infty} \dfrac{1}{k}\sin k\omega t$

续表

序　号	$f(t)$ 的波形	$f(t)$ 的傅里叶级数
6 矩形脉冲	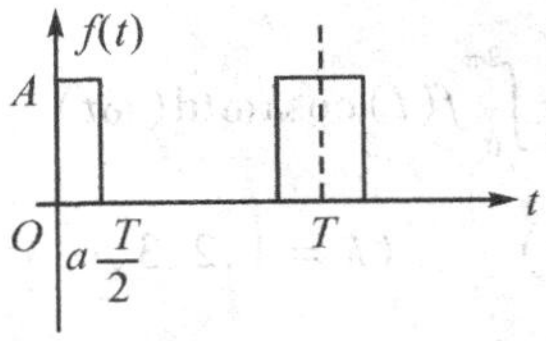	$f(t) = \alpha A + \dfrac{2A}{\pi} \displaystyle\sum_{k=1}^{\infty} \sin k\alpha\pi \cos k\omega t$

8.2.3　几种特殊的周期函数

在电工技术和电子技术中常遇到的非正弦周期函数波形往往具有某种对称性,利用这些性质,可以使傅里叶系数的计算得到简化,下面我们对几种特殊的波形进行分析。

(1)$f(t)$ 的波形在横轴的上下面积相等时,该函数的 $a_0 = 0$,即该函数不含直流分量,如图 8-3(b)、(c)、(e)所示。

(2)$f(t)$ 的波形对称于纵轴,即 $f(t) = f(-t)$,该函数是偶函数,如图 8-3(a)所示。由于

$$f(t) = a_0 + \sum_{k=1}^{\infty}(a_k \cos k\omega t + b_k \sin k\omega t) \tag{8-6}$$

$$f(-t) = a_0 + \sum_{k=1}^{\infty}(a_k \cos k\omega t - b_k \sin k\omega t) \tag{8-7}$$

式(8-6)与式(8-7)要相等,b_k 必须等于零,$f(t)$ 的傅里叶级数中只含有直流分量和余弦项。

(3)$f(t)$ 的波形对称于原点,即 $f(t) = -f(-t)$,该函数是奇函数,如图 8-3(b)。由于

$$-f(-t) = -a_0 + \sum_{k=1}^{\infty}(-a_k \cos k\omega t + b_k \sin k\omega t) \tag{8-8}$$

式(8-6)与式(8-8)要相等,a_0、a_k 必须等于零,$f(t)$ 的傅里叶级数中只含有正弦项。

(4)$f(t)$ 的波形后半周对横轴的镜像是前半周的重复,即 $f(t) = -f\left(t + \dfrac{T}{2}\right)$,这种函数称为镜对称函数,如图 8-3(c)。由于

$$-f\left(t + \frac{T}{2}\right) = -a_0 - \sum_{k=1}^{\infty}\left[a_k \cos\left(k\omega t + \frac{k\omega t}{2}\right) + b_k \sin\left(k\omega t + \frac{k\omega t}{2}\right)\right]$$

$$= -a_0 - \sum_{k=1}^{\infty}\left[a_k \cos(k\omega t + k\pi) + b_k \sin(k\omega t + k\pi)\right] \tag{8-9}$$

式(8-6)与式(8-9)要相等,必须

$$a_0 = 0$$
$$a_2 = a_4 = a_6 = \cdots = 0$$
$$b_2 = b_4 = b_6 = \cdots = 0$$

也就是说,镜对称函数的傅里叶级数展开式中 k 为奇数,只含有奇次谐波的正弦项和余弦项,因此这种函数也称为奇谐波函数。这种奇谐波函数在电力系统中常见。同步发电机的定子与转子之间的气隙中磁感应强度 B 的分布曲线如图 8-3(e)所示,这种曲线不是标准

的正弦函数而是一个奇谐波函数。发电机定子绕组的感应电势 $e = BlV$，感应电势 e 的波形与 B 的波形相似，也是一个奇谐波函数。也就是说发电机输出的电压并不是标准的正弦电压，还含有奇次项的高次谐波，本章第一节曾涉及这一问题。正因为如此，对于电力系统三相电路中的高次谐波在第六节中还要详细分析。

（5）$f(t)$ 的波形后半周就是前半周的重复，即 $f(t) = f(t + \dfrac{T}{2})$，如图 8-3（d）所示。由于

$$f(t + \frac{T}{2}) = a_0 + \sum_{k=1}^{\infty} [a_k \cos(k\omega t + k\pi) + b_k \sin(k\omega t + k\pi)] \tag{8-10}$$

式（8-6）与式（8-10）要相等，必须

$$a_1 = a_3 = a_5 = \cdots = 0$$
$$b_1 = b_3 = b_5 = \cdots = 0$$

也就是说，这种函数的傅里叶级数展开式中 k 为偶数，只含有偶次谐波的正弦项和余弦项，因此这种函数也称为偶谐波函数。

这里还须说明，某一个函数是奇函数还是偶函数，不仅与这个函数的波形有关，还与这个函数波形图中纵轴的位置，即计时起点的选择有关。例如图 8-3（b）所示的奇函数波形，它是对称于原点的，如果将它的纵轴的位置向右（或向左）移动四分之一个周期，它就变成了一个偶函数，它的波形就对称于纵轴了。而某一个函数是奇谐波函数还是偶谐波函数，只与这个函数的波形有关，与这个函数波形图中纵轴的位置，即与计时起点的选择无关。

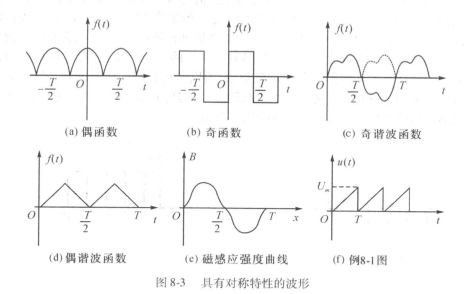

图 8-3　具有对称特性的波形

例 8-1　求图 8-3（f）锯齿波电压的傅里叶级数展开式。

解　锯齿波电压 $u(t)$ 可以用下式表示：

$$f(t) = u(t) = \frac{U_m}{T}t \quad (0 < t < T)$$

由式（8-5）求傅里叶系数

$$a_0 = \frac{1}{T}\int_0^T f(t)\,\mathrm{d}t = \frac{1}{T}\int_0^T \frac{U_m}{T}t\,\mathrm{d}t = \frac{U_m}{2}$$

$$a_k = \frac{2}{T}\int_0^T f(t)\cos k\omega t\,\mathrm{d}t = \frac{2}{T}\int_0^T \frac{U_m}{T}t\cos k\omega t\,\mathrm{d}t = 0$$

$$b_k = \frac{2}{T}\int_0^T f(t)\sin k\omega t\,\mathrm{d}t = \frac{2}{T}\int_0^T \frac{U_m}{T}t\sin k\omega t\,\mathrm{d}t$$

$$= \frac{2U_m}{T^2}\left(\frac{\sin k\omega t}{k^2\omega^2} - \frac{t\cos k\omega t}{k\omega}\right)\bigg|_0^T$$

$$= -\frac{U_m}{k\pi} \qquad (k = 1,2,3,\cdots)$$

$$u(t) = \frac{U_m}{2} + \sum_{k=1}^{\infty}\left(-\frac{U_m}{k\pi}\right)\sin k\omega t$$

$$= U_m\left[\frac{1}{2} - \frac{1}{\pi}\left(\sin\omega t + \frac{1}{2}\sin 2\omega t + \frac{1}{3}\sin 3\omega t + \cdots\right)\right]$$

8.2.4　非正弦周期电流、电压的频谱

我们将一个非正弦周期电流、电压函数展开成为傅里叶级数,这种无穷三角级数虽然能准确地描述组成非正弦周期函数的各次谐波分量,但显得不够直观。我们用一条长度与某一次谐波的幅值大小相对应的线段,来描述该次谐波分量在全部谐波分量中所占有的比例,按由低到高的频率顺序将这些线段排列起来构成一个图形,如图 8-4 就是例 8-1 锯齿波电压的各个谐波分量的幅度频谱,这个图形称为非正弦周期函数的频谱图,简称频谱。由于图形中线段长度代表的是各次谐波分量的三角函数表达式的幅值大小,故称它为幅度频谱。由于各次谐波的角频率是基波角频率 ω 的整数倍,所以非正弦周期函数的频谱图是离散的。如果将各次谐波分量的初相位也用相应的线段按由低到高的频率顺序排列起来,还可以画出相位频谱。如图 8-5 就是某种矩形波的相位频谱。

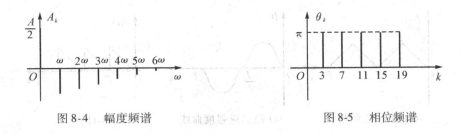

图 8-4　幅度频谱　　　　　　　　　　　图 8-5　相位频谱

8.3　非正弦周期电流、电压的有效值、平均值和平均功率

8.3.1　非正弦周期电流、电压的有效值

前面我们已经学习了正弦电流有效值的定义式

$$I = \sqrt{\frac{1}{T}\int_0^T i^2 \mathrm{d}t}$$

对于求非正弦周期电流的有效值上述定义式仍然是实用的。设有一个非正弦周期电流 $i(t)$ 的傅里叶级数展开式为

$$i(t) = I_0 + I_{1m}\sin(\omega t + \psi_1) + I_{2m}\sin(2\omega t + \psi_2) + I_{3m}\sin(3\omega t + \psi_3) + \cdots$$

将该式代入电流有效值的定义式

$$I = \sqrt{\frac{1}{T}\int_0^T [I_0 + I_{1m}\sin(\omega t + \psi_1) + I_{2m}\sin(2\omega t + \psi_2) + I_{3m}\sin(3\omega t + \psi_3) + \cdots]^2 \mathrm{d}t}$$

式中，根号内二项式平方的积分包含以下各项：

（1）各项平方的积分为

$$\frac{1}{T}\int_0^T I_0^2 \mathrm{d}t = I_0^2$$

$$\frac{1}{T}\int_0^T [I_{1m}\sin(\omega t + \psi_1)]^2 \mathrm{d}t = \frac{I_{1m}^2}{2} = I_1^2$$

……

（2）直流分量与各次谐波分量乘积的二倍的积分为

$$\frac{1}{T}\int_0^T 2I_0 I_{1m}\sin(\omega t + \psi_1)\mathrm{d}t = 0$$

$$\frac{1}{T}\int_0^T 2I_0 I_{2m}\sin(2\omega t + \psi_2)\mathrm{d}t = 0$$

……

（3）不同频率谐波分量乘积的二倍的积分为

$$\frac{1}{T}\int_0^T 2I_{1m}\sin(\omega t + \psi_1)I_{2m}\sin(2\omega t + \psi_2)\mathrm{d}t = 0$$

$$\frac{1}{T}\int_0^T 2I_{1m}\sin(\omega t + \psi_1)I_{3m}\sin(3\omega t + \psi_3)\mathrm{d}t = 0$$

……

将以上结果代入有效值计算式并求出电流的有效值，有

$$I = \sqrt{I_0^2 + I_1^2 + I_2^2 + I_3^2 + \cdots} = \sqrt{I_0^2 + \frac{I_{1m}^2}{2} + \frac{I_{2m}^2}{2} + \frac{I_{3m}^2}{2} + \cdots} \tag{8-11}$$

同理，可以求出电压有效值为

$$U = \sqrt{U_0^2 + U_1^2 + U_2^2 + U_3^2 + \cdots} = \sqrt{U_0^2 + \frac{U_{1m}^2}{2} + \frac{U_{2m}^2}{2} + \frac{U_{3m}^2}{2} + \cdots} \tag{8-12}$$

例 8-2 已知 $i(t) = 33.3 + 55\sin\omega t + 27.6\sin2\omega t - 13.8\sin4\omega t$ A，求电流有效值 I。

解
$$I = \sqrt{33.3^2 + \frac{55^2}{2} + \frac{27.6^2}{2} + \frac{(-13.8)^2}{2}} = 55.6\text{A}$$

8.3.2　平均值

由平均值的概念，一个周期函数 $f(t)$ 的平均值为 $\frac{1}{T}\int_0^T f(t)\mathrm{d}t$，这就是傅里叶系数 a_0 或者

A_0，也就是非正弦周期函数的直流分量。

在电工技术和电子技术中，为了描述交流电压、电流经过整流后的特性，将平均值定义为取绝对值之后的平均值。以电流为例

$$I_{av} = \frac{1}{T}\int_0^T |f(t)|\,\mathrm{d}t \tag{8-13}$$

设正弦电流 $i(t) = I_m\sin\omega t$，则 $|I_m\sin\omega t|$ 就是 $i(t)$ 全波整流后的波形，如图 8-1(b) 所示。

$$I_{av} = \frac{1}{T}\int_0^T |I_m\sin\omega t|\,\mathrm{d}t = \frac{2}{T}I_m\int_0^{T/2}\sin\omega t\mathrm{d}t$$

$$= \frac{2I_m}{\omega t}(-\cos\omega t)\ \Big|_0^{T/2} = \frac{2I_m}{\pi} = 0.637I_m = 0.898I \tag{8-14}$$

即

$$I = \frac{I_{av}}{0.898} = 1.11\,I_{av}$$

正弦交流电的平均值就是指的取绝对值之后的平均值。

当使用不同类型的电工仪表测量同一个非正弦周期电流或电压时，会得出不同的结果。磁电系仪表的指针偏转角正比于周期函数的平均值 $\frac{1}{T}\int_0^T f(t)\,\mathrm{d}t$，用它测出的是电流或电压的直流分量，故测量直流电流或电压就用这种仪表，用这种直流仪表去测量正弦交流电，其指针将指向零位(略有颤动)。整流式仪表的指针偏转角正比于周期函数绝对值的平均值，但是在制造仪表时已经把它的刻度校准为正弦波的有效值，即全部刻度都扩大了 1.11 倍，故用它测出的是电流或电压的有效值。如万用电表的交流电压档和交流电流档。电磁系仪表或电动系仪表的指针偏转角正比于周期函数的有效值，故用它测出的是电流或电压的有效值。这两种仪表既可以测量交流也可以测量直流。

例 8-3　一个矩形波电源 $u(t)$ 加在电阻 R 两端，如图 8-6 所示。已知 $U_m = 100\mathrm{V}$，现在分别用磁电系电压表、电磁系电压表及整流式电压表测量电阻电压 $u(t)$，求各种表的读数。

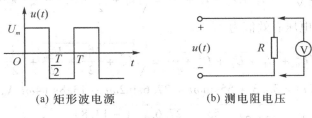

(a) 矩形波电源　　　(b) 测电阻电压

图 8-6

解　磁电系电压表测出的是电压 $u(t)$ 的直流分量，由于电压 $u(t)$ 的波形在横轴的上下面积相等，即 $a_0 = 0$，所以磁电系电压表的读数为零。

电磁系电压表测出的是电压 $u(t)$ 的有效值，根据有效值定义

$$U = \sqrt{\frac{1}{T}\int_0^T u^2(t)\,\mathrm{d}t} = \sqrt{\frac{2}{T}\int_0^{T/2} U_m^2\,\mathrm{d}t} = U_m = 100\mathrm{V}$$

所以电磁系电压表的读数为 100V。

要求整流式电压表的读数,应先计算出电压 $u(t)$ 的平均值 U_{av}

$$U_{av} = \frac{1}{T}\int_0^T |u(t)|\,\mathrm{d}t = \frac{2}{T}\int_0^{T/2} U_m\,\mathrm{d}t = U_m = 100\mathrm{V}$$

所以整流式电压表的读数为

$$1.11\ U_{av} = 1.11 \times 100 = 111\mathrm{V}$$

8.3.3 非正弦周期电流电路的平均功率

由平均功率的定义

$$P = \frac{1}{T}\int_0^T p(t)\,\mathrm{d}t = \frac{1}{T}\int_0^T u(t)\,i(t)\,\mathrm{d}t$$

将电压和电流的傅里叶级数展开式代入上式,其中

$$p(t) = u(t)i(t) = \left[U_0 + \sum_{k=1}^{\infty} U_{km}\sin(k\omega t + \psi_{ku})\right] \times \left[I_0 + \sum_{k=1}^{\infty} I_{km}\sin(k\omega t + \psi_{ki})\right]$$

用类似于计算非正弦周期函数的有效值一样的积分,对于不同频率的电压、电流之积的积分为零;而同频率的电压、电流之积的积分不为零。可以得到

$$\begin{aligned}
P &= U_0 I_0 + U_1 I_1 \cos\varphi_1 + U_2 I_2 \cos\varphi_2 + \cdots + U_k I_k \cos\varphi_k + \cdots \\
&= P_0 + P_1 + P_2 + \cdots + P_k + \cdots
\end{aligned} \tag{8-15}$$

式中,U_k、I_k 分别是第 k 次电压电流谐波分量的有效值,φ_k 是第 k 次电压电流谐波分量的相位差,P_k 是第 k 次谐波分量的平均功率。

由上述分析结果表明只有同频率的电压、电流谐波分量才构成平均功率,不同频率的电压、电流谐波分量不构成平均功率;非正弦周期电流电路的平均功率等于各次谐波平均功率之和。

例 8-4 已知某负载端的电压、电流分别为

$$u(t) = 50 + 10\sqrt{2}\sin(\omega t + 45°) + 4\sqrt{2}\sin(3\omega t - 15°)\,\mathrm{V}$$

$$i(t) = 3 + 0.5\sqrt{2}\sin(\omega t + 10°) + 0.2\sqrt{2}\sin(3\omega t + 30°)\,\mathrm{A}$$

求负载吸收的有功功率。

解 由平均功率的计算公式

$$\begin{aligned}
P &= 50 \times 3 + 10 \times 0.5\cos(45° - 10°) + 4 \times 0.2\cos(-15° - 30°) \\
&= 150 + 4.33 + 0.57 = 154.9\mathrm{W}
\end{aligned}$$

负载吸收的有功功率为 154.9W。

8.4 非正弦周期电流电路的分析计算

8.4.1 非正弦周期电流电路的计算步骤

正弦激励作用于线性稳态电路时,电路中各条支路的响应也是同频率的正弦量。在这

个前提下,正弦交流电路的分析计算采用了相量法。当非正弦激励作用于线性稳态电路时,将激励作适当处理之后,仍然可以沿用已经介绍过的线性稳态电路的分析计算方法。对于非正弦周期电流电路的分析计算,具体步骤如下:

（1）将非正弦激励展开成为傅里叶级数。即将非正弦函数展开成为直流分量和各次谐波分量之和,谐波分量取多少项应根据工程要求而定。

（2）分别计算直流分量和各次谐波分量作用于电路时各条支路的响应。当直流分量作用于电路时,采用直流稳态电路的计算方法;当各次谐波分量作用于电路时,采用交流稳态电路的计算方法 —— 相量法。

（3）运用叠加原理,将属于同一条支路的直流分量和各次谐波分量作用产生的响应叠加在一起,这就是非正弦激励在该支路产生的响应。

8.4.2　应注意的问题

由于非正弦周期电流电路具有其特殊性,在电路计算时应注意以下问题:

（1）当直流分量作用于电路时,电路中的电感相当于短路,电容相当于开路。

（2）当各次谐波分量作用于电路时,不同频率的激励不能放在一起运算。因为电感和电容对于不同的谐波呈现不同的电抗值,例如电感 L 对于基波呈现的感抗值为 ωL,而对于 k 次谐波呈现的感抗值为 $k\omega L$;电容 C 对于基波呈现的容抗值为 $\dfrac{1}{\omega C}$,而对于 k 次谐波呈现的容抗值为 $\dfrac{1}{k\omega C}$。这就是说,随着谐波频率的升高,感抗值增大,容抗值减小。

（3）在含有电感 L、电容 C 的电路中,可能对于某一频率的谐波分量发生串联谐振或并联谐振,计算过程中应注意。

例 8-5　图 8-7（a）为一全波整流的滤波电路,其中 $L = 2.5\mathrm{H}, C = 9\mu\mathrm{F}$。负载电阻 $R = 2000\Omega$。加在滤波电路的入端电压 $u(t)$ 是一个全波整流电压,波形如图 8-7（b）所示,其中 $U_m = 314\mathrm{V}, \omega = 314\mathrm{rad/s}$。求负载电阻 R 两端各次谐波分量电压幅值及 R 两端电压的有效值。

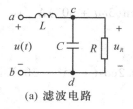 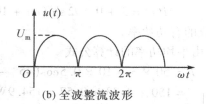

(a) 滤波电路　　　　　　　　(b) 全波整流波形

图 8-7

解　（1）查表将 $u(t)$ 分解为傅里叶级数:

$$u(t) = \frac{2}{\pi}U_m - \frac{4}{\pi}U_m\left(\frac{1}{3}\cos 2\omega t + \frac{1}{15}\cos 4\omega t + \cdots\right)\mathrm{V}$$

我们取到 4 次谐波,将 $U_m = 314\mathrm{V}$ 代入

$$u(t) = 200 - 133.3\cos2\omega t - 26.7\cos4\omega t \text{V}$$

（2）计算各次谐波分量电压幅值。

① 当直流分量作用于电路时，电感相当于短路，电容相当于开路，电阻 R 两端直流分量电压 $U_{R(0)} = 200\text{V}$。

② 当二次谐波分量作用于电路时

感抗 $$X_{L(2)} = 2\omega L = 2 \times 314 \times 2.5 = 1570\Omega$$

容抗 $$X_{C(2)} = \frac{1}{2\omega C} = \frac{1}{2 \times 314 \times 9 \times 10^{-6}} = 177\Omega$$

$$Z_{cd(2)} = \frac{R \times (-jX_{C(2)})}{R - jX_{C(2)}} = \frac{-j2000 \times 177}{2000 - j177} = 176 \angle -84.9° \ \Omega$$

$$Z_{ab(2)} = jX_{L(2)} + Z_{cd(2)} = j1570 + 176 \angle -84.9° = 1395 \angle 89.4° \ \Omega$$

电阻 R 两端二次谐波分量电压幅值为

$$U_{Rm(2)} = \frac{|Z_{cd(2)}|}{|Z_{ab(2)}|}U_{m(2)} = \frac{176}{1395} \times 133.3 = 16.8\text{V}$$

③ 当四次谐波分量作用于电路时

感抗： $$X_{L(4)} = 4\omega L = 4 \times 314 \times 2.5 = 3140\Omega$$

容抗： $$X_{C(4)} = \frac{1}{4\omega C} = \frac{1}{4 \times 314 \times 10^{-6}} = 88.5\Omega$$

$$Z_{cd(4)} = \frac{R \times (-jX_{C(4)})}{R - jX_{C(4)}} = \frac{-j2000 \times 88.5}{2000 - j88.5} = 88.4 \angle -87.5° \ \Omega$$

$$Z_{ab(4)} = jX_{L(4)} + Z_{cd(4)} = j3140 + 88.4 \angle -87.5° = 3051.7 \angle 89.9° \ \Omega$$

电阻 R 两端四次谐波分量电压幅值为

$$U_{Rm(4)} = \frac{|Z_{cd(4)}|}{|Z_{ab(4)}|}U_{m(4)} = \frac{88.4}{3051.7} \times 26.7 = 0.773\text{V}$$

（3）求电阻 R 两端电压有效值。

$$U_R = \sqrt{U_{R(0)}^2 + \frac{U_{Rm(2)}^2}{2} + \frac{U_{Rm(4)}^2}{2}} = \sqrt{200^2 + \frac{16.8^2}{2} + \frac{0.773^2}{2}} = 200.35\text{V}$$

R 两端四次谐波分量电压幅值与直流分量的比值为

$$\frac{0.773}{200} \times 100\% = 0.387\%$$

8.4.3 滤波器的基本概念

由以上例题分析计算的结果可知，四次谐波分量的幅值仅为直流分量的 0.387%，六次谐波分量电压幅值与直流分量的比值就更小，故可以忽略不计。全波整流输出电压 $u(t)$ 经过 L、C 组成的滤波电路之后，负载电阻 R 两端电压有效值为 200.35V，基本上接近于直流分量，也就是说，该滤波电路具有允许直流分量（零次谐波）通过而阻止高次谐波通过的功能，习惯上称它为低通滤波器。利用电感随着谐波频率的升高感抗值增大，电容随着谐波频率的升高容抗值减小这一特点，可以将电感和电容组成各种不同的滤波电路，把电路接在输入和输出之间，让某些需要的谐波通过而抑制某些不需要的谐波。滤波电路广泛地运用在电子电路中,按其功能分为低通滤波器、高通滤波器、带通滤波器和带阻滤波器。按其接线方式又分为 T 型滤波器、π 型滤波器和 Γ 型滤波器。图 8-8、图 8-9 分别画出了几种滤波器电路。

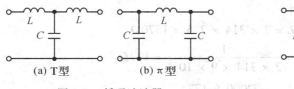

| (a) T型 | (b) π型 | (a) π型 | (b) T型 |

| 图 8-8　低通滤波器 | 图 8-9　高通滤波器 |

例 8-6 已知无源网络 N 的入端电压为 $u(t) = 100\sin314t + 50\sin(942t - 30°)$ V,入端电流为 $i(t) = 10\sin314t + 1.755\sin(942t + \theta_3)$ A,如果 N 可以看做是 R、L、C 串联电路,试求:

(1)R、L、C 的值;

(2)θ_3 的值;

(3)无源网络 N 消耗的有功功率。

解 (1)基波电压作用于网络时,电流与电压同相位,故此时为串联谐振,即

$$\omega L = \frac{1}{\omega C}, 314L = \frac{1}{314C}$$

$$R = \frac{U_{(1)}}{I_{(1)}} = \frac{100 \div \sqrt{2}}{10 \div \sqrt{2}} = 10\Omega$$

三次谐波电压作用于网络时,复阻抗的模 $z_{(3)} = \dfrac{50 \div \sqrt{2}}{1.755 \div \sqrt{2}} = 28.5\Omega$, 即

$$z_{(3)} = \sqrt{R^2 + \left(942L - \frac{1}{942C}\right)^2} = 28.5\Omega$$

将 $L = \dfrac{1}{314^2C}$,$R = 10\Omega$ 代入上式:

$$28.5^2 = 10^2 + \left(942 \times \frac{1}{314^2C} - \frac{1}{942C}\right)^2$$

解得 $C = 318.3\mu\text{F}$,$L = 31.9\text{mH}$。

(2)三次谐波作用时的复阻抗为

$$Z_{(3)} = 10 + j\left(942 \times 31.9 \times 10^{-3} - \frac{1}{942 \times 318.3 \times 10^{-6}}\right)$$

$$= 10 + j(30 - 3.3) = 28.5 \underline{/69.46°} \ \Omega$$

$$\dot{U}_{m(3)} = 50 \underline{/-30°} \ \text{V}$$

$$\dot{I}_{m(3)} = \frac{\dot{U}_{(3)}}{Z_{(3)}} = \frac{50 \underline{/-30°}}{28.5 \underline{/69.46°}}$$

$$= 1.755 \underline{/-99.46°} \ \text{A}$$

故 $\theta_3 = -99.46°$

（3）无源网络 N 消耗的有功功率为

$$P = U_1 I_1 \cos\varphi_1 + U_3 I_3 \cos\varphi_3$$

$$= \frac{100}{\sqrt{2}} \times \frac{10}{\sqrt{2}} \cos 0° + \frac{50}{\sqrt{2}} \times \frac{1.755}{\sqrt{2}} \cos[-30° - (-99.46°)]$$

$$= 500 + 15.4 = 515.4\,\text{W}$$

也可以用另外的公式计算无源网络 N 消耗的有功功率。流入无源网络 N 的电流有效值为

$$I = \sqrt{\frac{10^2}{2} + \frac{1.755^2}{2}} = 7.18\,\text{A}$$

$$P = I^2 R = 7.18^2 \times 10 = 515.4\,\text{W}$$

8.5 对称三相电路的高次谐波

8.5.1 三相发电机产生的高次谐波电压

由于在同步发电机的定子与转子之间的气隙中，磁感应强度 B 的分布曲线并不是标准的正弦函数，而是一个奇谐波函数。发电机定子绕组的感应电势 $e = BLV$，感应电势 e 的波形也是一个奇谐波函数。也就是说发电机输出的电压并不是标准的正弦电压，还含有奇次项的高次谐波。发电机输出的三相电压表示为

$$u_A = u(t),\ u_B = u\left(t - \frac{T}{3}\right),\ u_C = u\left(t - \frac{2T}{3}\right)$$

式中，T 为基波的周期。由于发电机输出的三相电压为奇谐波函数，其展开式为

$$u_A = U_{1m}\sin(\omega t + \psi_1) + U_{3m}\sin(3\omega t + \psi_3) + U_{5m}\sin(5\omega t + \psi_5)$$
$$+ U_{7m}\sin(7\omega t + \psi_7) + \cdots$$

$$u_B = U_{1m}\sin\left[\omega\left(t - \frac{T}{3}\right) + \psi_1\right] + U_{3m}\sin\left[3\omega\left(t - \frac{T}{3}\right) + \psi_3\right]$$
$$+ U_{5m}\sin\left[5\omega\left(t - \frac{T}{3}\right) + \psi_5\right] + U_{7m}\sin\left[7\omega\left(t - \frac{T}{3}\right) + \psi_7\right] + \cdots$$

$$u_C = U_{1m}\sin\left[\omega\left(t - \frac{2T}{3}\right) + \psi_1\right] + U_{3m}\sin\left[3\omega\left(t - \frac{2T}{3}\right) + \psi_3\right]$$
$$+ U_{5m}\sin\left[5\omega\left(t - \frac{2T}{3}\right) + \psi_5\right] + U_{7m}\sin\left[7\omega\left(t - \frac{2T}{3}\right) + \psi_7\right] + \cdots$$

因为 $\omega T = 2\pi$，即 $T = 2\pi/\omega$。将此代入 u_B、u_C 的表达式：

$$u_B = U_{1m}\sin\left(\omega t - \frac{2\pi}{3} + \psi_1\right) + U_{3m}\sin(3\omega t + \psi_3) + U_{5m}\sin\left(5\omega t - \frac{4\pi}{3} + \psi_5\right)$$
$$+ U_{7m}\sin\left(7\omega t - \frac{2\pi}{3} + \psi_7\right) + \cdots$$

$$u_C = U_{1m}\sin\left(\omega t - \frac{4\pi}{3} + \psi_1\right) + U_{3m}\sin(3\omega t + \psi_3) + U_{5m}\sin\left(5\omega t - \frac{2\pi}{3} + \psi_5\right)$$

$$+ U_{7m}\sin\left(7\omega t - \frac{4\pi}{3} + \psi_7\right) + \cdots$$

取以上 u_A、u_B、u_C 三相电压的同次谐波进行比较：基波、7 次谐波（13 次谐波、19 次谐波等），分别都是对称的三相电压，其相序为 $A—B—C$，即为顺序，构成顺序对称组；3 次谐波（9 次谐波、15 次谐波等），电压有效值都是相等的，其初相位相同，相位差为零，构成零序对称组；5 次谐波（11 次谐波、17 次谐波等），分别都是对称的三相电压，其相序为 $A—C—B$，即为逆序，构成逆序对称组。这就是说，对称三相非正弦电压可以分解为三个对称组：顺序对称组、零序对称组、逆序对称组。

8.5.2　对称三相非正弦电路的连接

下面分别分析对称三相非正弦电路作星形连接和三角形连接时，电路中电压、电流的关系。

1. 电源星形连接

对称三相非正弦电源的相电压分别由各次谐波分量构成，即

$$u_A = u_{A(1)} + u_{A(3)} + u_{A(5)} + u_{A(7)} + \cdots$$
$$u_B = u_{B(1)} + u_{B(3)} + u_{B(5)} + u_{B(7)} + \cdots$$
$$u_C = u_{C(1)} + u_{C(3)} + u_{C(5)} + u_{C(7)} + \cdots$$

基波线电压的瞬时值为 $u_{AB(1)} = u_{A(1)} - u_{B(1)}$，其相量为

$$\dot{U}_{AB(1)} = \dot{U}_{A(1)} - \dot{U}_{B(1)} = \sqrt{3}\,\dot{U}_{A(1)} \angle 30°$$

即得出其有效值关系为：$U_{l(1)} = \sqrt{3}\,U_{P(1)}$

三次谐波线电压的瞬时值为 $u_{AB(3)} = u_{A(3)} - u_{B(3)}$，其相量为

$$\dot{U}_{AB(3)} = \dot{U}_{A(3)} - \dot{U}_{B(3)} = 0$$

即得出其有效值关系为：$U_{l(3)} = 0$，这说明线电压中不含零序分量。

五次谐波线电压的瞬时值为 $u_{AB(5)} = u_{A(5)} - u_{B(5)} = 0$，其相量为

$$\dot{U}_{AB(5)} = \dot{U}_{A(5)} - \dot{U}_{B(5)} = \sqrt{3}\,\dot{U}_{A(5)} \angle -30°$$

即得出其有效值关系为：$U_{l(5)} = \sqrt{3}\,U_{P(5)}$

由以上的分析结果类推：7 次谐波、13 次谐波等同基波一样；9 次谐波、15 次谐波等同三次谐波一样；11 次谐波、17 次谐波等同五次谐波一样。

三相电源相电压有效值为

$$U_P = \sqrt{U_{P(1)}^2 + U_{P(3)}^2 + U_{P(5)}^2 + U_{P(7)}^2 + \cdots}$$

三相电源线电压有效值为

$$U_l = \sqrt{U_{l(1)}^2 + U_{l(5)}^2 + U_{l(7)}^2 + \cdots}$$

由于线电压中不含零序分量，所以 $U_l < \sqrt{3}\,U_P$，这里和正弦交流电路中线电压和相电压

的关系是不一样的。

2. 负载星形连接

如果三相负载星形连接且无中线,由于电源线电压中不含零序分量,所以负载的相电压和线电压中都不含零序分量,线电流中也不含零序分量。负载中点与电源中点之间的电压为零序分量电压,这里和 Y-Y 连接的对称三相正弦交流电路中,两中点间电压为零的结论是不一样的。由于负载的相电压和线电压中都不含零序分量,所以在负载端 $U_l = \sqrt{3}\, U_P$。

如果三相负载星形连接且有中线,则线电流(等于相电流)中含零序分量,中线上的电流是每一相负载零序电流的三倍。在化三相电路为单相电路计算时,一相等值电路中的中线阻抗要乘以三。由于负载相电流中含有零序分量,所以负载的相电压中含零序分量,负载的线电压中仍然不含零序分量,所以 $U_l < \sqrt{3}\, U_P$。

例 8-7 对称三相电源作星形连接,供电给三相四线制负载,如图 8-10(a) 所示。
A 相电压为 $u_A = 100\sqrt{2}\sin\omega t + 30\sqrt{2}\sin3\omega t + 3.54\sqrt{2}\sin5\omega t\,\text{V}$。基波阻抗为 $Z = 4 + j4.8\,\Omega$,
$Z_0 = j1\,\Omega$,$Z_l = 0.5 + j0.5\,\Omega$。求中线电流和负载相电流。

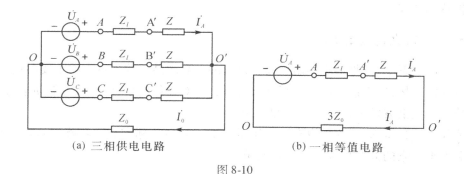

(a) 三相供电路　　　　　(b) 一相等值电路

图 8-10

解 中线上只有零序电流,中线上的零序电流是每一相负载零序电流的三倍。在化三相电路为单相电路计算时,一相等值电路中的中线阻抗要乘以 3。画出一相等值电路如图 8-10(b) 所示。三次谐波阻抗 $Z_{(3)} = 4 + 3 \times j4.8\,\Omega$,$Z_{0(3)} = 3 \times j1\,\Omega$,$Z_{l(3)} = 0.5 + 3 \times j0.5\,\Omega$。$A$ 相电源电压相量 $\dot{U}_{A(1)} = 100 \angle 0°\,\text{V}$,$\dot{U}_{A(3)} = 30 \angle 0°\text{V}$,$\dot{U}_{A(5)} = 3.54 \angle 0°\,\text{V}$。

$$\dot{I}_{A(3)} = \frac{\dot{U}_{A(3)}}{Z_{(3)} + 3Z_{0(3)} + Z_{l(3)}} = \frac{30 \angle 0°}{4 + j14.4 + 3 \times j3 + 0.5 + j1.5}$$

$$= \frac{30 \angle 0°}{25.3 \angle 79.8°} = 1.186 \angle -79.8°\,\text{A}$$

中线电流是 A 相负载零序电流的三倍,即 $I_0 = 3I_A = 3 \times 1.186 = 3.558\,\text{A}$。

负载相电流中除含有零序分量外,还含有顺序分量和逆序分量。对于基波分量和五次谐波分量分别有

$$\dot{I}_{A(1)} = \frac{\dot{U}_{A(1)}}{Z_{(1)} + Z_{l(1)}} = \frac{100 \angle 0°}{4 + j4.8 + 0.5 + j0.5} = 14.4 \angle -49.7° \text{ A}$$

$$\dot{I}_{A(5)} = \frac{\dot{U}_{A(5)}}{Z_{(5)} + Z_{l(5)}} = \frac{3.54 \angle 0°}{4 + 5 \times j4.8 + 0.5 + 5 \times j0.5} = 0.132 \angle -80.36° \text{ A}$$

所以负载相电流的有效值为

$$I = \sqrt{I_{(1)}^2 + I_{(3)}^2 + I_{(5)}^2} = \sqrt{14.4^2 + 1.186^2 + 0.132^2} = 14.45 \text{A}$$

3. 电源三角形连接

三相电源作三角形连接,将形成一个闭合回路。在这个闭合回路中顺序对称组电压和逆序对称组电压为零,而零序对称组电压则不为零,它是一相电源零序电压的三倍,并在回路中产生环流。由于三相电源的内阻很小,所以环流相当大,它对电机运行产生不良影响。故零序分量电压较高的电源,不应作三角形连接;在变压器中,由于铁心的磁化曲线非线性的影响,副端有时采用三角形连接,以便消除零序分量电压,使输出电压的波形得到改善。由于三相电源的零序分量在形成环流时会在内阻上产生电压降,也就是说在三角形环路中,电源零序分量电压与内阻上产生的零序分量电压降的代数和等于零,对于三条输电线而言线电压仍然不含零序分量。

8.5.3　高次谐波的危害

在三相电力系统中,是不希望出现高次谐波的。高次谐波的不良影响主要有:它使电动机的运行性能变坏;增大仪表误差,比如整流式仪表;对通信信号有干扰;可能使电力系统的局部电路对某次谐波发生谐振,产生谐振过电压。

电能作为一种特殊的产品,也有它的质量标准。其质量标准有三项指标:额定电压、额定频率和波形。它的波形越接近于正弦波越好。

8.6　傅里叶级数的指数形式及其相应的频谱

8.6.1　傅里叶级数的指数形式

在本章第二节中,我们将一个非正弦周期函数分解为傅里叶级数形式,有

$$f(t) = a_0 + \sum_{k=1}^{\infty} (a_k \cos k\omega t + b_k \sin k\omega t)$$

我们还可以将上述非正弦周期函数分解为另外一种形式,由欧拉公式

$$\cos k\omega t = \frac{1}{2}(e^{jk\omega t} + e^{-jk\omega t})$$

$$\sin k\omega t = \frac{1}{2j}(e^{jk\omega t} - e^{-jk\omega t})$$

代入傅里叶级数可得

$$f(t) = a_0 + \sum_{k=1}^{\infty} \left[a_k \cdot \frac{1}{2} (e^{jk\omega t} + e^{-jk\omega t}) + b_k \cdot \frac{1}{2j} (e^{jk\omega t} - e^{-jk\omega t}) \right]$$

$$= a_0 + \sum_{k=1}^{\infty} \left[\frac{1}{2} (a_k - jb_k) e^{jk\omega t} + \frac{1}{2} (a_k + jb_k) e^{-jk\omega t} \right]$$

$$= a_0 + \sum_{k=1}^{\infty} \left[C_k e^{jk\omega t} + \widehat{C}_k e^{-jk\omega t} \right] \qquad (8\text{-}16)$$

式中:

$$C_k = \frac{1}{2}(a_k - jb_k) = \frac{1}{2} \cdot \frac{2}{T} \left[\int_0^T f(t) \cos k\omega t \mathrm{d}t - j \int_0^T f(t) \sin k\omega t \mathrm{d}t \right]$$

$$= \frac{1}{T} \left\{ \int_0^T f(t) \cdot \left[\frac{1}{2}(e^{jk\omega t} + e^{-jk\omega t}) - j\frac{1}{2j}(e^{jk\omega t} - e^{-jk\omega t}) \right] \mathrm{d}t \right\}$$

$$= \frac{1}{T} \int_0^T f(t) e^{-jk\omega t} \mathrm{d}t \qquad (8\text{-}17)$$

$$\widehat{C}_k = \frac{1}{T} \int_0^T f(t) e^{jk\omega t} \mathrm{d}t \qquad (8\text{-}18)$$

令 $C_0 = a_0$,将 C_k、$\widehat{C}_k$ 代入式(8-16),可化简为

$$f(t) = \sum_{k=-\infty}^{\infty} C_k e^{jk\omega t} \qquad (8\text{-}19)$$

上式就是傅里叶级数的指数形式。

8.6.2 傅里叶指数形式的频谱

将一个非正弦周期函数展开成为傅里叶级数的指数形式,除了写出它的数学表示式以外,还可以用频谱图来形象地描述它的振幅和相位角随角频率 $k\omega$ 的变化关系。振幅频谱和相位频谱是一个离散的图形。其画法与傅里叶级数的三角函数形式的频谱图大致是一样的。以下面的一个例题加以说明。

例 8-8 试将图 8-11 所示高度为 U,宽度为 τ,周期为 T,且 $T = 4\tau$ 的矩形脉冲波分解为傅里叶级数的指数形式,并画出它的频谱图,如图 8-12 所示。

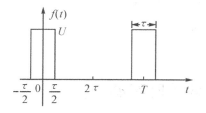

图 8-11   矩形脉冲波

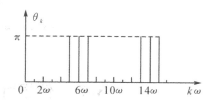

图 8-12   矩形脉冲波的相位频谱

解   首先要求出矩形脉冲波的傅里叶级数指数形式,然后根据振幅 C_k 和相位角 θ_k 随角频率 $k\omega$ 的变化关系,绘出矩形脉冲波的傅里叶级数指数形式频谱图。

矩形脉冲波的数学表示式为

$$f(t) = \begin{cases} U & -\dfrac{\tau}{2} \leqslant t < \dfrac{\tau}{2} \\ 0 & -\dfrac{T}{2} \leqslant t < -\dfrac{\tau}{2}, \dfrac{\tau}{2} \leqslant t < \dfrac{T}{2} \end{cases}$$

$$C_k = \frac{1}{T}\int_0^T f(t)\,\mathrm{e}^{-jk\omega t}\,\mathrm{d}t = \frac{1}{T}\int_{-T/2}^{T/2} U\mathrm{e}^{-jk\omega t}\,\mathrm{d}t = \frac{U\mathrm{e}^{-jk\omega t}}{-jk\omega T}\bigg|_{-T/2}^{T/2}$$

$$= \frac{\tau U}{T}\frac{\sin\dfrac{k\omega\tau}{2}}{\dfrac{k\omega\tau}{2}}$$

矩形脉冲波的傅里叶级数指数形式为

$$f(t) = \sum_{k=-\infty}^{\infty} \frac{\tau U}{T}\frac{\sin\dfrac{k\omega\tau}{2}}{\dfrac{k\omega\tau}{2}}e^{jk\omega\tau}$$

第 k 次谐波的幅值为

$$|C_k| = \frac{\tau U}{T}\left|\frac{\sin\dfrac{k\omega\tau}{2}}{\dfrac{k\omega\tau}{2}}\right|$$

利用该式, 令 $k = 0,1,2,3\cdots, T = 4\tau$, 可以分别求出各次谐波的幅值 $C_0 = 0.25U$, $C_1 = 0.225U, C_2 = 0.159U, C_3 = 0.075U, C_4 = 0\cdots$, 同样可以求出各次谐波的幅角。将所求得的结果画出如图 8-12 所示的相位频谱和图 8-13 所示的振幅频谱。

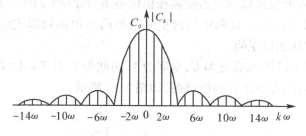

图 8-13　矩形脉冲波的振幅频谱

8.7　傅里叶积分及傅里叶变换

在上一节里,我们研究了非正弦周期信号的傅里叶级数指数形式及其频谱。周期信号的振幅频谱和相位频谱的特点是:频谱线都是离散的,随着周期 T 增大,相邻谱线间的间隔减小,振幅值也相应变小。对于单个不重复的非周期信号就不能用傅里叶级数来分解,当然也就不能用上一节的方法来画其频谱。但是我们可以将非周期信号看成是一种周期信号的特例,其周期 T 趋向无限大。$\omega = 2\pi/T$,角频率 ω 就趋近于零,然后求出极限形式的傅里叶级数指数形式。由于 ω 趋近于零,$k\omega$ 也就趋近于零。非周期信号的频谱就成为连续的了。利用傅里叶级数指数形式

$$f(t) = \sum_{k=-\infty}^{\infty} C_k e^{jk\omega t}$$

C_k 为复系数,且

$$C_k = \frac{1}{T}\int_0^T f(t) e^{-jk\omega t} dt$$

当信号的周期 T 趋向无限大时,$\omega = 2\pi/T$ 就趋近于无限小 $\Delta\omega$,由于 ω 趋近于零,$k\omega$ 也就成为连续变量了,谐波振幅值 $|C_k|$ 也相应变为无限小,但 TC_k 仍然为有限值。这样我们定义一个新的函数

$$F(j\omega) = TC_k = \int_0^T f(t) e^{-jk\omega t} dt = \int_{-T/2}^{T/2} f(t) e^{-jk\omega t} dt \qquad (8\text{-}20)$$

式(8-20)中,令 $T \to \infty$,取极限得

$$F(j\omega) = \int_{-\infty}^{\infty} f(t) e^{-j\omega t} dt \qquad (8\text{-}21)$$

由式(8-20)可得

$$C_k = F(j\omega)/T = \frac{\Delta\omega_k F(jk\omega)}{2\pi}$$

将上式代入式(8-19)可得到

$$f(t) = \sum_{k=-\infty}^{\infty} \frac{\Delta\omega_k F(jk\omega)}{2\pi} e^{jk\omega t}$$

令 $T \to \infty$,上式中的求和就变成为积分,而原函数为

$$f(t) = \frac{1}{2\pi}\int_{-\infty}^{\infty} F(j\omega) e^{j\omega t} d\omega \qquad (8\text{-}22)$$

式(8-21)称为傅里叶积分或傅里叶正变换,它将一个时间函数变换成为频率函数。式(8-22)称为傅里叶反变换,它将一个频率函数变换成为时间函数。

$F(j\omega)$ 是一个复变函数,可以表示为

$$F(j\omega) = F(\omega) e^{j\theta(\omega)}$$

式中,$F(\omega)$ 是复变函数 $F(j\omega)$ 的模,它反映非周期函数的各个频率分量幅值之间的关系,画出它的图形就是非周期函数的振幅频谱。式中 $\theta(\omega)$ 是复变函数 $F(j\omega)$ 的辐角,它反映非周期函数的各个频率分量的初相位,画出它的图形就是非周期函数的相位频谱。

例 8-9 试求图 8-14(a)所示单个矩形脉冲波形的傅里叶积分并画出其振幅频谱。

解 单个矩形脉冲波形的傅里叶积分为

$$F(j\omega) = \int_{-\infty}^{\infty} f(t) e^{-j\omega t} dt = \int_{-\tau/2}^{\tau/2} e^{-j\omega t} dt$$

$$= \frac{1}{-j\omega} e^{-j\omega t} \Big|_{-\tau/2}^{\tau/2} = \frac{2}{\omega} \sin\frac{\omega\tau}{2}$$

$F(j\omega)$ 的模为

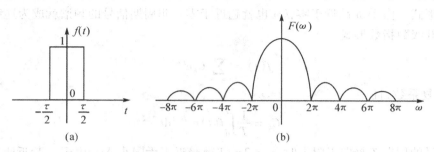

图 8-14   矩形脉冲波形及其幅频特性

$$F(\omega) = \frac{2}{\omega}\left|\sin\frac{\omega\tau}{2}\right|$$

即为振幅频谱。画出单个矩形脉冲波形的振幅频谱,如图 8-14(b) 所示。当 $\frac{\omega\tau}{2} = \pm\pi$,

$\pm2\pi$,$\pm3\pi$,$\pm4\pi$… 时,$F(j\omega) = 0$。画出的频谱与图 8-3 是相似的,但傅里叶指数形式的频谱图是离散的,而傅里叶积分的频谱图是连续的。

习　　题

8-1　试求题 8-1 图所示半波整流电压波形的傅里叶级数。

8-2　某电源的电压波形如题 8-2 图所示。试用傅里叶级数表示。

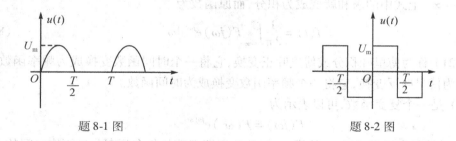

题 8-1 图　　　　　　　　　　　　　　题 8-2 图

8-3　试求题 8-2 图所示电压波的有效值。

8-4　在题 8-4 图所示的电路中,已知 $u(t) = 100 + 30\sin\omega t + 10\sin2\omega t + 5\sin3\omega t\mathrm{V}$, $R = 25\Omega$,$L = 40\mathrm{mH}$,$\omega = 314\mathrm{rad/s}$。求电路中的电流和平均功率。

8-5　为了测量电容器的容量,可采用题 8-5 图所示的测量电路进行测量。其中 A 和 V 分别是电动系电流表和电压表。若已知 $u(t) = U_m(\sin\omega t + h_3\sin3\omega t)\mathrm{V}$,电流表的读数为 I,电压表的读数为 U。求电容 C。

题 8-4 图　　　　　　　　　　　题 8-5 图

8-6　电路如题 8-6 图所示。设输入电压 $u_1(t)$ 含有两个不希望出现的谐波分量,它们的角频率各为 3rad/s 和 7rad/s 。为了消除这些谐波,试确定 L_1 和 C_2 的值。

8-7　在题 8-7 图所示电路中,电源电压 $u(t) = 50 + 100\sin 1000t + 15\sin 2000t\,\mathrm{V}$, $L = 40\mathrm{mH}, C = 25\mu\mathrm{F}, R = 30\Omega$ 。试求电流表 A_1 和 A_2 的读数(有效值) 。

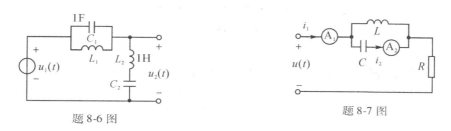

题 8-6 图　　　　　　　　　　　题 8-7 图

8-8　在题 8-8 图所示电路中,已知 $i(t) = 4\sin\omega t + 2\sin(3\omega t + \theta_3)\,\mathrm{A}, R = 15\Omega, L = 30\mathrm{mH}$, $\omega = 314\mathrm{rad/s}$ 。求电路所消耗的有功功率。

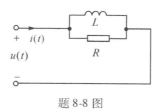

题 8-8 图

8-9　三相发电机作星形连接,输出对称非正弦电压,供给一组对称的三相电阻负载,负载为三角形,如题 8-9(a) 图所示。此时电路消耗的总功率为 12000W。如果将电阻负载改为星形连接,如题 8-9(b) 图所示。此时电路消耗的总功率为 4750W,中线电流为 15A。求电源的相电压和线电压。

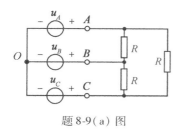

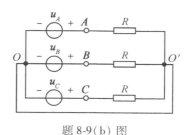

题 8-9(a) 图　　　　　　　　　　　题 8-9(b) 图

8-10　对称三相发电机 A 相电压为 $u_A(t) = 215\sqrt{2}\sin\omega t - 80\sqrt{2}\sin3\omega t + 10\sqrt{2}\sin5\omega t\,\mathrm{V}$，供给三相四线制的负载如题 8-10 图所示。 基波阻抗为 $Z = 6 + j3\Omega$，中线阻抗 $Z_0 = 1 + j2\Omega$。（1）求:线电流、中线电流、负载吸收的功率。（2）如果中线断开,再求线电流、中线电流、负载吸收的功率及两中点间的电压。

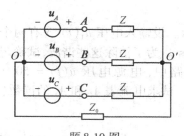

题 8-10 图

8-11　求下列衰减指数函数的频谱函数,并画出其振幅频谱图。

$$f(t) = \begin{cases} \mathrm{e}^{-\alpha t} & t > 0 \\ 0 & t < 0 \end{cases}$$

习题参考答案

第1章

1-1 　(a)$i = 1\text{A}, p = 10\text{W}$

　　(b)$i = -50 \times 10^{-6}\omega\cos\omega t\text{A}, p = 1.25 \times 10^{4}\omega\sin2\omega t\text{W}$

　　(c)$u = 0.025\omega\cos\omega t\text{V}, p = 0.0625\omega\sin2\omega t\text{W}$

　　(d)$p = -30\text{W}$

　　(e)$p = 10\text{W}$

1-2 　(a)$u = 30\text{V}, P_u = -20\text{W}(吸收), P_i = 60\text{W}(发出)$

　　(b)$u = 10\text{V}, P_u = 20\text{W}(发出), P_i = 20\text{W}(发出)$

　　(c)$i = 1\text{A}, P_u = -10\text{W}(吸收), P_i = 20\text{W}(发出)$

　　(d)$i = 3\text{A}, P_u = 30\text{W}(发出), P_i = -20\text{W}(吸收)$

1-3 　$U_{\max} = 50\text{V}, I_{\max} = 5\text{mA}$

1-4 　(1)0.714Ω,　(2)0.056W,　0.784W

1-5 　(a)值为μR的电阻　(b)值为R/β电阻

1-6 　$i_c = 0.1\cos1000t\text{A}$,　$p_c = 0.5\sin2000t\text{W}$,　$i_R = \sin1000t\text{A}$,

　　$p_R = 0.5(1 - \cos2000t)\text{W}, u_L = 12.5\cos500t\text{V}, p_L = 31.25\sin1000t\text{W}$

　　$p_u = 10\sin1000t(0.1\cos1000t + \sin1000t - 5\sin500t)\text{W}$

　　$p_i = (10\sin1000t + 12.5\cos500t) \times 5\sin500t\text{W}$

1-7 　$u_a = 8\text{V}, u_b = 18\text{V}, u_c = 20\text{V}, u_d = 24\text{V}, u_e = 30\text{V}$

1-8 　(1)400V,　(2)$368.5\text{V}, 399.95\text{V}$,　(3)损坏变阻器和电流表

1-9 　(a)$u = 5\text{V}, R = 15\Omega$,　(b)$i_s = 3\text{A}$

1-10 　(a)$u = -40\text{V}$,　(b)$i_1 = 3\text{A}, i_2 = 2\text{A}, i_3 = 1\text{A}$

第2章

2-1 　2.211A,　1.263A,　0.948A,　0.474A,　0.474A

2-2 　0.8A

2-3 　(a)1.429Ω,　(b)5.133Ω,　(c)6Ω

2-4 　1.2688Ω

2-5 　$3R/2$

2-6 　-0.5A

2-8 　1.25Ω

2-9 　$1.5\Omega, 2\text{A}$

2-10 　3V

2-11 　$17\Omega, -0.4\text{A}$

第3章

3-4 4A，6A，2A，3A，3A，1A

3-5 144W，48W

3-6 1583W

3-7 1A，−1A，3A，5A，4A

3-8 3A，2A，2A，27W，12W

3-9 9V，7V，6V，3A，1A，2A，1A，1A，3A

3-10 6.25A，2.5A，3.75A，2.5A，1.25A，3.75A

3-11 40V，25V

3-12 1A，−7A，18A，3A，10A，8A，−15V

3-13 −1A，6A，0A，6A，−5A

第4章

4-1 2A，0.5A，1.5A，1A，0.5A，1.5A，0A，90W，90W

4-2 3.4A

4-3 5.52V

4-4 6A

4-5 0.625A

4-6 0.4A，4V

4-7 4.5V，1.5Ω；8V，8Ω

4-8 1.818A，1.25A，0.769A

4-9 3.176Ω，1.74W

4-10 3A

4-11 4A

4-12 1mA

4-13 −10A

4-14 1.6V，2A

4-15 0.2A

第5章

5-1 $(1)0.693 + j0.4$；$(2) - 110 + j190.5$；$(3) - 25.4 + j54.4$；$(4) - 4.70 - j1.71$
$(5) - 0.416 - j0.24$；$(6)6.25 + j35.45$

5-2 $(1)5 \underline{/53.13°}$；$(2)1 \underline{/-53.13°}$；$(3)148.4 \underline{/142.7°}$；$(4)18.03 \underline{/-146.3°}$；
$(5)82.46 \underline{/166°}$；$(6)80.2 \underline{/-85.7°}$

5-3 $(1)\dot{U} = 220 \underline{/30°}$ V，$\dot{I} = 5 \underline{/-45°}$ A,电压超前电流75°；$(2)\dot{U} = 80 \underline{/-60°}$ V,$\dot{I} = 10 \underline{/90°}$
A,电压滞后电流150°

5-4 $(1)50\sqrt{2}\sin(\omega t + 53.13°)$V，$60\sqrt{2}\sin(\omega t - 45°)$A；
$(2)12.8\sqrt{2}\sin(\omega t + 141.3°)$V，
$5\sqrt{2}\sin(\omega t + 40°)$A

5-5 $17.6\sqrt{2}\sin(\omega t + 3.09°)$A，$16.4\sqrt{2}\sin(\omega t + 59.1°)$A

5-6 40.6mH，16.24J

5-7 400V，$400\sqrt{2}\sin(10^6 \tau - 60°)$V

5-8　11A

5-9　0.11μF，8.16kV

5-10　$7\sqrt{2}\sin(314t - 60°)A$；7A

5-11　3A

5-12　25V

5-13　7.5Ω，0.127H，63.7μF

5-14　$(3 + j1.55)Ω$；$5.92\sqrt{2}\sin(314t - 27.32°)A$

5-15　(1)$(10 - j10)Ω$,3.54$\angle -45°$ A，- 45°；(2)$(10 - j20)Ω$，2.24$\angle -63.43°A$，- 63.43°；
　　　(3)$- j10Ω$，5$\angle -90°$ A，- 90°

5-16　(1)$(0.1 - j0.05)s$，89.45$\angle -26.57°$ V；(2)$(0.1 + j0.1)s$，70.72$\angle -45°$ V；
　　　(3)0.1s，100$\angle 0°$V

5-17　1Ω,0.79$\angle 11.57°$ A，0.35$\angle 75°$A

5-18　(1)2.2$\angle -36.87°$ A,387.2W,290.4Var,484VA；
　　　(2)4.4$\angle 53.13°$ A，580.8W，774.4Var，968VA

5-19　0.84，92.4W，59.9Var

5-20　0.45(感性),0.8(感性),0.45(容性),91.68A,0.98(感性)

5-21　9.55$\angle -17.77°$ V

5-22　4.31Ω,13.73mH

5-23　16.3$\angle 3.9°$ A，14.1$\angle 17.1°$A,4.18$\angle -46.1°$ A，209$\angle -9.3°$ V

5-26　15Ω，0.15H

5-27　0.5$\angle 0°$A，1$\angle 60°$A，0.866$\angle -90°$A，$(115.47 + j200)Ω$

5-28　1.21H

5-29　110Ω，2A，0A

5-30　$\dfrac{R_2}{\sqrt{R_2^2 LC - L^2}}$

5-31　1000 rad/s,159Hz,0A,0.01$\angle -90°$ A,0.01$\angle 90°$A,10$\angle 0°$V

5-32　1092kHz,117kΩ

5-33　3A，16Ω，1.2H，0.003F

5-34　$LC = \dfrac{1}{2\omega^2}$

5-35　312.6W，125W，625W

第6章

6-2　$5\sin(t - 135°)V$

6-3　10A，$j800V$

6-4　0.135$\angle -36.9°$ A，0.108A，$- j0.0811A$

6-5　200V

6-6　0.025A，0.1A

6-7　597.6rad/s

6-8　16.39$\angle 32.35°$ Ω

6-9　0.77$\angle -59.45°$ A，0.688$\angle 93.95°$ A，77$\angle 59.45°$ VA　130$\angle 59.45°$ Ω

6-10　866rad/s,$R > 50Ω$

6-11　39.22$\angle -11.3°$ V

6-12 40Ω, 2.5W, 25V

6-13 $1\angle 0°$ A

6-14 $9.71\sin(t - 14°)$A

6-15 $0.5 + j0.5\Omega$, 4W

第 7 章

7-1 22A, 171.8V, 49.2V

7-2 (1)220V, 13.80A; (2)15.94Ω; (3)23.90A, 41.40A

7-3 1.1A, 377.5V

7-4 3.23A, 1.87A, 369.5V

7-5 (1)$44\angle -53.13°$ A, $31.11\angle -165°$ A, $22\angle 60°$ A, $25.3\angle -73°$ A;

  (2)$36.98\angle -47.77°$ A, $32\angle -175.1°$ A, $25.4\angle 65.1°$ A,$7.97\angle -62.54°$ A;

  (3)0A; $31.11\angle -165°$ A, $22\angle 60°$ A,$21.95\angle 149°$ A, ∞, $31.11\angle -165°$ A,

  $22\angle 60°$ A, ∞;

  (4) 0A, $22.45\angle -143.8°$ A, $22.45\angle 36.2°$ A, $92.1\angle -158.57°$ V, $73.61\angle 135°$ A,

  $53.89\angle 165°$ A, $38\angle 90°$ A, $220\angle 0°$ V

7-6 $0.40U_P\angle -138.44°$ V, $1.5U_P\angle 101.6°$ V

7-7 (1)$3.11\angle -45°$ A, $3.11\angle -165°$ A, $3.11\angle 75°$A;

  (2)$5.60\angle -31.1°$ A, $5.60\angle -178.9°$ A, $3.11\angle 75°$ A

7-9 0.4

7-10 4.42 A

7-11 8660 Var

7-12 190.7 V

7-13 110.3 mH,91.9 μF

7-14 161.05 V

7-15 1.390 kW, 4.724 kVar, 4.787 kW, 1.158 kVar

7-16 $20\angle 53.1°\Omega$, $5\angle 36.9°\Omega$

第 8 章

8-1 $\dfrac{U_m}{\pi}\left(1 + \dfrac{\pi}{2}\sin\omega t - \dfrac{2}{3}\cos2\omega t - \dfrac{2}{15}\cos4\omega t - \cdots\right)$ V

8-2 $4\dfrac{U_m}{\pi}\left(\sin\omega t + \dfrac{1}{3}\sin3\omega t + \dfrac{1}{5}\sin5\omega t + \cdots\right)$ V

8-3 U_m

8-4 $[4 + 1.07\sin(\omega t - 26.67°) + 0.28\sin(2\omega t - 45.14°) + 0.11\sin(3\omega t - 56.44°)]$A, 415.48W

8-5 $\dfrac{I\sqrt{1 + h_3^2}}{\omega U\sqrt{1 + 9h_3^2}}$

8-6 20 mH, 0.11F

8-7 1.688A, 1.803A

8-8 57.19W

8-9 125.9W, 200V

8-10 (1)32.179A, 8.43A, 18639W; (2)32.056A, 0A, 18497W, 80V

8-11 $\dfrac{1}{\alpha + j\omega}$